EM CHAMAS

UMA (ARDENTE) BUSCA POR UM NOVO ACORDO ECOLÓGICO

NAOMI KLEIN

Rio de Janeiro, 2021

Em Chamas

Impresso no Brasil — 1ª Edição, 2021 — Edição revisada conforme o Acordo Ortográfico da Língua Portuguesa de 2009.

Dados Internacionais de Catalogação na Publicação (CIP) de acordo com ISBD

K64c Klein, Naomi

Em Chamas: uma (ardente) por um novo acordo ecológico / Naomi Klein ; traduzido por Ana Clara. - Rio de Janeiro : Alta Books, 2021.
320 p. : il. ; 14cm x 21cm.

Tradução de: On Fire
Inclui índice.
ISBN: 978-85-5081-478-0

1. Ecologia. 2. Novo acordo ecológico. 3. Clima. I. Clara, Ana. II. Título.

2021-3321 CDD 577
CDU 574

Elaborado por Vagner Rodolfo da Silva - CRB-8/9410

Rua Viúva Cláudio, 291 — Bairro Industrial do Jacaré
CEP: 20.970-031 — Rio de Janeiro (RJ)
Tels.: (21) 3278-8069 / 3278-8419
www.altabooks.com.br — altabooks@altabooks.com.br

Produção Editorial
Editora Alta Books

Diretor Editorial
Anderson Vieira

Gerência Comercial
Daniele Fonseca

Coordenação Financeira
Solange Souza

Editor de Aquisição
José Rugeri
acquisition@altabooks.com.br

Produtores Editoriais
Illysabelle Trajano
Maria de Lourdes Borges
Thales Silva

Produtor da Obra
Thiê Alves

Marketing Editorial
Livia Carvalho
Gabriela Carvalho
Thiago Brito
marketing@altabooks.com.br

Equipe Ass. Editorial
Brenda Rodrigues
Caroline David
Luana Rodrigues
Mariana Portugal
Raquel Porto

Equipe de Design
Larissa Lima
Marcelli Ferreira
Paulo Gomes

Equipe Comercial
Adriana Baricelli
Daiana Costa
Fillipe Amorim
Kaique Luiz
Victor Hugo Morais
Viviane Paiva

Atuaram na edição desta obra:

Tradução
Ana Clara

Revisão Gramatical
Alessandro Thomé
Samuri Prezzi

Copidesque
Matheus Araújo

Diagramação
Lucia Quaresma

Copidesque
Guilherme Calôba

Capa
Marcelli Ferreira

Ouvidoria: ouvidoria@altabooks.com.br

Editora afiliada à:

ASSOCIADO

Para

ARTHUR MANUEL, 1951–2017

"O futuro não está designado a seguir um curso inevitável. Pelo contrário, podemos causar a sexta maior extinção em massa da história da Terra ou podemos criar uma civilização próspera e sustentável no longo prazo. Qualquer uma dessas opções pode começar agora."

— KIM STANLEY ROBINSON

AGRADECIMENTOS

ESTE LIVRO FOI ACOMPANHADO POR JONATHAN KARP, DA SIMON & SCHUSTER, DESDE a sua concepção até o momento da publicação. Sou grata por sua fé em mim, por ter me ajudado com muitas ideias editoriais e pelo seu senso de urgência sobre o estado de nosso mundo. Cada passo desse caminho teve o auxílio de Lake Bunkley, e Jenna Dolan proporcionou ao texto uma revisão cuidadosa. Fico extremamente encantada por poder trabalhar novamente com minha editora de longa data, colaboradora e querida amiga Louise Dennys, da Penguin Random House Canada, que forneceu para esse livro muitas notas interessantes e criativas. Trabalhar com a equipe dedicada da Penguin Random House UK é um enorme prazer para todos nós.

Ao meu amigo Anthony Arnove, por ter encontrado ao redor do mundo diversos lugares especiais e acolhedores para a tradução deste livro, e também por ter fornecido comentários editoriais valiosos. Jackie Joiner fez com que todas as etapas funcionassem, desde o lançamento do site até o planejamento da turnê. Eu estaria perdida se não fosse sua colaboração. Nós duas somos igualmente gratas a Julia Prosser, Shona Cook, Annabel Huxley e tantos outros nomes, que não caberiam aqui.

Desde *Tudo Pode Mudar*, posso contar com a colaboração do brilhante Rajiv Sicora, que me ajudou na pesquisa da maioria dos ensaios deste livro. Sharon J. Riley foi a pesquisadora em "Temporada de Fumaça" e "Anos de Salto: acabando com a história do inacabável", e Jennifer Natoli e Nicole Weber foram fundamentais nas novas pesquisas e atualizações. Agradeço a Eyal Weizman por ter autorizado o uso de seu mapa da linha de aridez da mesma forma que aparece em *Forensic Architecture*.

A Johann Hari, por ser um amigo tão querido e ter feito uma primeira leitura incrivelmente astuta. Também preciso agradecer aos editores originais desses ensaios, especialmente meus colegas e amigos de longa data: Betsy Reed, Roger Hodge, Richard Kim e Katharine Viner. Jamais poderia ter percorrido essa estrada sem a sabedoria e o apoio de outros amigos e membros da família, entre eles: Kyo Maclear, Bill McKibben, Eve Ensler, Nancy Friedland, Andréa Schmidt, Astra Taylor, Keeanga-Yamahtta Taylor, Harsha Walia, Molly Crabapple, Janice Fine, Seumas Milne, Jeremy Scahill, Cecilie Surasky, Melina Laboucan-Massimo, Bonnie Klein, Michael Klein, Seth Klein, Misha Klein, Christine Boyle, Michele Landsberg e o indomável Stephen Lewis. E Courtney Butler e Fátima Lima, por me permitirem ter um espaço protegido para trabalhar.

Durante a escrita deste material, recebi o apoio de minha nova comunidade de colegas na Universidade Rutgers, incluindo Jonathan Potter, Dafna Lemish, Juan Gonzáles, Mary Chayko, Lisa Hetfield e, especialmente, Kylie Davidson. Tenho uma dívida com Gloria Steinem, cujos trabalho e dedicação de toda uma vida me proporcionaram a posição profissional que hoje em dia posso sustentar. A todos do *The Intercept*, pelo engajamento em um jornalismo destemido e por darem ao meu trabalho um espaço tão acolhedor, só consigo me sentir grata; o mesmo vale para o *Type Media Institute* (anteriormente *The Nation Institute*), onde sou uma presença cativa. Ao time arrasador do *The Leap*, que trabalha 24 horas por dia, todos os dias, para que a visão por trás dessas páginas se torne uma realidade para o mundo todo. Não tenho palavras para dizer o quanto eles me inspiraram, e nossa equipe de gerenciamento formada por Leah Henderson, Katie McKenna e Bianca Mugyenyi teve ambição e confiança inabaláveis para nos guiar por esse caminho.

Dedico este livro à memória de meu amigo e mestre Arthur Manuel, cuja ausência provocou em minha vida e nos movimentos globais pela justiça climática e soberania indígena um vazio que não poderá ser preenchido. Sou grata aos membros de toda a família de Manuel, que fazem com que seu legado permaneça vivo, nos mostrando o que é uma verdadeira liderança.

Ao meu marido, Avi Lewis, pelos conselhos editoriais sem precedentes, como fez em todos os livros que escrevi. Eu ficava extremamente desnorteada pelo fato de ele conseguir estar sempre ocupado fazendo filmes sobre o Novo Acordo Ecológico ao mesmo tempo em que ajuda a erguer novas coalizões do Novo Acordo Ecológico em mais de um país diferente. Diariamente somos lembrados pelo nosso filho, Toma, que o fracasso não é uma opção.

SUMÁRIO

INTRODUÇÃO: "NÓS SOMOS O INCÊNDIO"

EM UMA SEXTA-FEIRA, EM MEADOS DO MÊS DE MARÇO DE 2019, ELES CORRERAM para fora das escolas em pequenas correntes que fervilhavam de excitação e rebeldia em um ato ilícito de abandono escolar. Essas pequenas correntes dispersaram-se nas grandes avenidas e quarteirões, sendo incorporadas a outras correntes de crianças e adolescentes que cantavam e conversavam, vestidos com calças de leopardo, rígidos uniformes e qualquer coisa entre os dois.

Logo, as correntes tornaram-se rios: 100 mil pessoas em Milão, 40 mil em Paris, 150 mil em Montreal.

Cartazes balançavam acima das ondas da multidão: NÃO EXISTE UM PLANETA B! NÃO QUEIMEM O NOSSO FUTURO. A CASA ESTÁ EM CHAMAS!

Alguns anúncios eram mais sofisticados. Na cidade de Nova York, uma garota segurava uma pintura exuberante de delicadas mamangavas, flores e animais da selva. De uma certa distância, parecia um projeto escolar sobre a biodiversidade. Olhando mais de perto, tratava-se de um protesto em razão da sexta extinção em massa: QUARENTA E CINCO POR CENTO DOS INSETOS FORAM PERDIDOS PARA O AQUECIMENTO GLOBAL. SESSENTA POR CENTO DOS ANIMAIS DESAPARECERAM NOS ÚLTIMOS 50 ANOS. No centro da pintura havia uma ampulheta que rapidamente ficava sem areia.

Para os jovens que participaram da primeira Greve Escolar Global pelo Clima, aprender se tornou um ato de radicalização. Nas suas primeiras leituras, nos livros didáticos e em documentários de grande orçamento, eles aprenderam sobre desde a existência de geleiras antigas aos fascinantes recifes de corais e mamíferos exóticos que compõem a beleza extraordinária do nosso planeta. E então, quase simultaneamente — fosse pelos professores, irmãos mais velhos ou continuações desses mesmos filmes —, descobriram que uma grande parte dessas maravilhas já desapareceu, e muito do que sobrou entrará em extinção antes que eles cheguem aos seus 30 anos.

Mas o motivo para que esses jovens se mobilizassem a marchar em massa para fora das salas de aula não era apenas uma questão de aprender sobre a mudança climática, mas, sim, de vivê-la. Do lado de fora do prédio legislativo da Cidade do Cabo, na África do Sul, centenas de jovens grevistas entoavam para seus líderes eleitos que parassem de aprovar novos projetos de combustíveis fósseis. Fazia apenas um ano que essa cidade de quatro milhões de pessoas estivera nas garras de uma seca tão severa que três quartos de toda a população teve de enfrentar a possibilidade de abrir a torneira e não ter uma gota de água que saísse dela. A CIDADE DO CABO ESTÁ SE APROXIMANDO DO "DIA ZERO" DA SECA, lê-se em uma típica manchete. A mudança climática, para essas crianças, não é apenas algo para se ler em livros ou para temer à distância. Ela é tão presente e urgente quanto a própria sede em questão.

Pode-se dizer o mesmo em relação à greve a favor do clima que aconteceu em Vanuatu, um país formado por ilhas no sul do Pacífico, onde seus moradores vivem com medo do avanço na erosão da costa. O arquipélago das Ilhas Salomão, vizinho de Vanuatu, já perdeu cinco ilhas pequenas devido ao aumento da água, além de outras seis estarem sob o risco de desaparecer para sempre.

"Levante sua voz, e não o nível dos oceanos!", os estudantes gritavam.

Em Nova York, 10 mil crianças de diversas escolas se encontraram na rotatória *Columbus Circle* e começaram a marchar em direção ao arranha-céu *Trump Tower*, gritando "O dinheiro não vale nada quando estamos mortos!" Os adolescentes mais velhos na multidão ainda guardam fortes lembranças do dia em que o furacão Sandy assolou o litoral da cidade em 2012. "A minha casa foi inundada e eu fiquei completamente desnorteada", recorda Sandra Rogers. "Isso fez com que eu realmente olhasse para o que está acontecendo, porque coisas assim você não aprende na escola."

A enorme comunidade porto-riquenha de Nova York também compareceu em peso naquele dia fervoroso. Algumas crianças chegaram enroladas na bandeira da Ilha de Porto Rico, usando-a como lembrete dos amigos e parentes que ainda sofrem as consequências do Furacão Maria, o ciclone tropical que em 2017 acabou com a eletricidade e o acesso a água em grandes partes do território durante quase todo o ano. Essa quebra total da infraestrutura foi responsável por tirar a vida de cerca de três mil pessoas.

O clima também era intenso em São Francisco, quando mais de mil estudantes grevistas compartilharam como é viver com asma crônica por causa da poluição industrial em seus bairros — e então ficar ainda mais doente quando a fumaça de um incêndio cruzou a área da Baía de São Francisco poucos meses antes da greve. Os depoimentos eram muito parecidos por todo o noroeste do Pacífico, onde durante dois verões seguidos não se podia mais ver o sol por conta da fumaça de incêndios, que ultrapassaram o nível recorde na região. Do outro lado da fronteira norte, em Vancouver, jovens haviam conseguido pressionar o conselho da cidade a declarar "situação de emergência".

A sete mil quilômetros de distância, em Délhi, os estudantes grevistas enfrentaram a sempre presente poluição do ar (geralmente a pior do mundo) para gritar através das típicas máscaras cirúrgicas: "Vocês venderam o nosso futuro só pelo lucro!" Alguns participantes falaram em entrevistas das mais de 400 pessoas mortas em 2018 pelas inundações devastadoras em Kerala.

Já na Austrália, o ministro de Recursos, obcecado pelo carvão mineral, declarou que "A melhor coisa que você vai aprender indo em um protesto é como se juntar à fila de espera". Sem se deixar intimidar, 150 mil jovens marcharam em direção às praças de Sydney, Melbourne, Brisbane, Adelaide e outras cidades.

Essa geração de australianos decidiu que simplesmente não se pode fingir que tudo está normal. Não quando, no início de 2019, a cidade de Port Augusta, no sul da Austrália, atingiu 121° F (49,5° C), uma temperatura digna de estufa. Não quando metade da Grande Barreira de Corais, a maior estrutura natural do mundo composta por seres vivos, foi transformada em um cemitério que apodrece embaixo d'água. Não quando, nas semanas anteriores à greve em questão, esses mesmos jovens assistiram ao momento em que as queimadas da região culminaram em chamas extensivas no estado da Victoria — forçando milhares de pessoas a deixar suas casas, enquanto, na Tasmânia, incêndios destruíram florestas primárias tropicais, ecossistemas únicos e incomparáveis no mundo. Não quando, em janeiro de 2019, oscilações extremas na temperatura, combinadas a uma gestão precária dos recursos hídricos, levou todo o país a acordar com imagens apocalípticas do rio Darling obstruído pelas carcaças flutuantes de um milhão de peixes mortos.

"Vocês falharam terrivelmente com a humanidade", disse Nosrat Fareha, 15 anos de idade e um dos organizadores da greve, endereçando seu discurso para a classe política como um todo. "Nós merecemos algo melhor do que isso. Adolescentes e crianças não podem nem votar, mas vamos ter que viver com as consequências de sua inércia".

Não houve greve estudantil em Moçambique. No dia 15 de março, a data mundial das paralisações, todo o país estava se preparando para enfrentar os impactos do Ciclone Idai, uma das piores tempestades da história da África, que levou diversas pessoas a se refugiar no topo das árvores enquanto o nível da água se elevava, acabando por matar mais de mil pessoas. E então, apenas seis semanas depois, enquanto Moçambique ainda estava removendo os destroços, mais uma tempestade recorde — o Ciclone Kenneth — atingiu a região.

Seja qual for o lugar do mundo em que vivem, essa geração tem algo em comum: eles são os primeiros a presenciar as alterações climáticas em escala planetária não como uma ameaça futura, mas, sim, como uma realidade concreta. E isso não afeta apenas alguns pontos quentes e sem sorte ao redor do mundo, mas cada um dos continentes, com quase tudo se desmantelando significativamente mais rápido do que a maioria dos modelos científicos havia previsto.

Os oceanos estão aquecendo 40% mais rápido do que o previsto pelas Nações Unidas há apenas cinco anos. Um estudo abrangente sobre o estado do Ártico, conduzido pelo renomado glaciólogo Jason Box e publicado em abril de 2019 na revista científica *Environmental Research Letters*, descobriu que o gelo, em suas variadas formas, está derretendo tão rapidamente que o "sistema biofísico do Ártico agora está claramente tendendo a se afastar de seu estado no século XX e caminhando para um estado sem precedentes, com implicações não apenas internas, mas também para além do território do Ártico". Em maio de 2019, a Plataforma Intergovernamental Político-Científica das Nações Unidas sobre Biodiversidade e Serviços de Ecossistemas publicou um relatório sobre a chocante perda da vida selvagem em todo o mundo, alertando que um milhão de espécies de animais e plantas estão em risco de extinção. "A saúde dos ecossistemas dos quais nós e todas as outras espécies dependemos está se deteriorando mais rapidamente do que nunca", disse o presidente da plataforma, Robert Watson. "Estamos corroendo os fundamentos onde as economias, os meios de subsistência, a segurança alimentar, a saúde e a qualidade de vida em todo o mundo se baseiam. Nós perdemos tempo. Temos que agir agora".

Da mesma forma que crianças das escolas norte-americanas agora já crescem praticando, desde o jardim de infância, exercícios para reagir a atiradores, muitos desses mesmos alunos também tiveram seus dias de aula cancelados por causa da fumaça de incêndios ou aprenderam a montar uma mochila de evacuação antes que ocorressem os furacões. Uma grande quantidade de crianças foi forçada a deixar suas casas para sempre porque a seca prolongada destruiu o sustento de seus pais na Guatemala ou contribuiu para o início da guerra civil na Síria.

Já se passaram mais de três décadas desde que os governos e os cientistas começaram a se reunir oficialmente para discutir a necessidade de reduzir as emissões de gases de efeito estufa a fim de evitar os perigos de um colapso climático. Desde então, já ouvimos inúmeros apelos à tomada de ação que envolvem "os filhos", "os netos" e as "gerações por vir". Disseram-nos que devíamos avançar rápido e abraçar a mudança por eles. Fomos alertados de que estávamos falhando em nosso dever mais sagrado de protegê-los. Foi previsto que eles nos julgariam duramente se fracassássemos em seus nomes.

Bem, nenhum desses apelos emocionais provou ser suficientemente convincente, pelo menos não para os políticos e seus financiadores corporativos, que poderiam ter tomado ações contundentes para impedir a ruptura climática que estamos todos atravessando atualmente. Em vez disso, desde que essas reuniões governamentais começaram em 1988, as emissões globais de CO^2 ultrapassaram a marca de 40%, e continuam aumentando. O planeta aqueceu cerca de 1° C desde que começamos a queimar carvão em escala industrial, e as temperaturas médias caminham para um crescimento quatro vezes maior até o fim do século. Na última vez que houve tanto dióxido de carbono na atmosfera, os humanos não existiam.

E quanto aos filhos, netos e gerações por vir que foram evocados de maneira tão negligente? Eles não funcionam mais como meros dispositivos retóricos. Agora eles mesmos estão falando (e gritando e protestando). E estão falando em defesa uns dos outros como parte de um movimento internacional emergente de crianças e uma rede global de criação que inclui todos aqueles animais incríveis e aquelas maravilhas naturais pelas quais se apaixonaram com tanta facilidade, somente para descobrir que tudo estava desmoronando.

E sim, como anunciado, essas crianças estão prontas para endereçar seu veredicto moral às pessoas e instituições que sabiam tudo sobre o mundo inseguro e escasso que eles herdariam e, no entanto, optaram por não agir.

Eles sabem o que pensar de Donald Trump nos Estados Unidos, Jair Bolsonaro no Brasil, Scott Morrison na Austrália e todos os outros líderes que incendeiam o planeta com satisfação desafiadora, enquanto negam a mais básica ciência, a mesma que essas crianças são capazes de compreender facilmente desde os oito anos de idade. O veredito deles condena igualmente, se não mais, os líderes que conduzem discursos apaixonados e emocionantes sobre o imperativo de respeitar o Acordo Climático de Paris e sobre "transformar o planeta em um lugar bom de novo" (Emanuel Macron na França, Justin Trudeau no Canadá e muitos outros), mas que depois cobrem de subsídios, cartilhas e licenças os gigantes do setor de combustíveis fósseis e do agronegócio, impulsionando o colapso ecológico.

Jovens de todo o mundo estão abrindo o coração da crise climática, falando de um profundo desejo por um futuro que eles pensavam que teriam, mas que está desaparecendo a cada dia que os adultos falham em agir frente à realidade de que estamos em uma emergência.

Esse é o poder do movimento climático da juventude. Ao contrário de muitos adultos que ocupam cargos de autoridade, os jovens ainda não foram treinados para mascarar os atuais desafios incomensuráveis com uma linguagem burocrática e de excessiva complexidade. Eles compreendem que estão lutando por um direito básico: a possibilidade de viverem plenamente a vida. E uma vida plena não inclui estar eternamente "tentando escapar de desastres", como disse a estudante grevista de 13 anos de idade, Alexandria Villaseñor.

Naquele dia de março de 2019, os organizadores estimaram cerca de 2.100 greves climáticas juvenis em 125 países, com a participação de 1,6 milhão de jovens. Essa é uma proeza e tanto para um movimento que começou há apenas oito meses com uma única garota de 15 anos em Estocolmo, na Suécia.

O "SUPERPODER" DE GRETA

A garota em questão é Greta Thunberg, e sua história tem lições importantes sobre o que será necessário para proteger a possibilidade de um futuro habitável — e não em nome de alguma ideia abstrata que envolva "gerações futuras", mas, sim, pelas bilhões de pessoas que vivem hoje.

Como muitos de seus colegas, Greta começou a aprender sobre as mudanças climáticas quando tinha aproximadamente oito anos. Ela leu livros e assistiu documentários sobre o colapso das espécies e o derretimento das geleiras. Assim começou sua obsessão. Ela aprendeu que a queima de combustíveis fósseis e uma alimentação à base de carne contribuem intensamente para o desequilíbrio do planeta. Ela descobriu que existia um atraso entre nossas ações e as reações planetárias, o que significa que já existe um aquecimento predatado, não importa o que seja feito.

Conforme crescia e aprendia ainda mais, Greta passou a se concentrar nas previsões científicas sobre quão radicalmente a Terra está caminhando para mudar nas décadas de 2040, 2060 e 2080 se continuarmos em nosso curso atual. Ela fez cálculos mentais sobre o que isso significaria em sua própria vida: os choques que ela teria que aguentar, a morte que poderia estar ao seu redor, as outras formas de vida que desapareceriam para sempre, os horrores e as privações que aguardariam seus próprios filhos caso ela decidisse, algum dia, se tornar mãe.

Greta também aprendeu com os cientistas climáticos que o pior cenário possível não estava definido: se partirmos para uma ação radical agora, reduzindo as emissões em 15% ao ano em países ricos como a Suécia, então aumentaremos drasticamente as chances de um futuro seguro para sua geração e as que se seguirem. Ainda podemos salvar algumas das geleiras. Ainda podemos proteger muitas nações insulares. Ainda podemos evitar uma quebra massiva da produção agrícola que forçaria centenas de milhões, se não bilhões, de pessoas a abandonar suas casas.

Se tudo isso fosse verdade, ela ponderou, então "nós não falaríamos sobre outra coisa (...) Se a queima de combustíveis fósseis fosse tão ruim que ameaçasse a nossa própria existência, de que maneira a gente poderia continuar como antes? Por que não existem restrições? Por que isso não se tornou ilegal?"

Não fazia o menor sentido. Certamente os governos, especialmente em países com recursos sobressalentes, deveriam estar liderando o movimento para alcançar uma transição acelerada no período de uma década, para que, então, na época em que ela estivesse com seus vinte e poucos anos, os padrões de consumo e a infraestrutura física estivessem fundamentalmente transformados.

E mesmo em seu país, que tem um governo que se autodenomina como líder climático, o avanço era bem mais lento do que isso e, de fato, as emissões globais continuavam a crescer. Era uma insanidade: o mundo estava pegando fogo e, ainda assim, para qualquer lugar que Greta olhasse, as pessoas estavam fofocando sobre celebridades, tirando fotos de si mesmas imitando celebridades, comprando roupas e carros novos de que não precisavam — como se eles tivessem todo o tempo do mundo para apagar as chamas.

Aos 11 anos de idade, ela havia caído em uma depressão profunda. Existiam muitos fatores que contribuíram, alguns relacionados a ser diferente em um sistema escolar que espera que todas as crianças sejam praticamente iguais. ("Eu era a garota invisível no fundo da sala.") Mas havia também um sentimento de grande sofrimento e impotência em relação ao rápido estado de deterioração do planeta — e ao inexplicável fracasso dos que estavam no poder em fazer qualquer coisa a respeito.

Thunberg parou de falar e comer. Ela ficou muito doente. Finalmente, ela foi diagnosticada com mutismo seletivo, um transtorno obsessivo-compulsivo e uma forma de autismo que costumava ser chamada de síndrome de Asperger. Esse último diagnóstico ajudou a explicar por que Greta tomou o que estava aprendendo sobre mudanças climáticas de um modo tão pessoal e muito mais difícil de lidar do que muitos de seus colegas.

Pessoas com autismo tendem a ser extremamente literais e, como resultado, geralmente têm problemas para lidar com a dissonância cognitiva, aquelas lacunas tão profundas na vida moderna entre o que sabemos por vias do intelecto e o que de fato fazemos a respeito. Muitas pessoas no espectro do autismo são também menos propensas a imitar os comportamentos sociais das pessoas ao seu redor — elas geralmente nem os percebem —, e, em vez disso, tendem a criar seus próprios caminhos singulares. Isso geralmente envolve se concentrar com grande intensidade em áreas de interesses e, frequentemente, ter dificuldade em deixar essas áreas de lado (também conhecido como compartimentalização). "Para aqueles que estão no espectro", diz Thunberg, "quase tudo é preto ou branco. Nós não somos muito bons mentindo, e geralmente não gostamos de participar desses jogos sociais a que as outras pessoas parecem estar tão apegadas".

Esses aspectos explicam porque algumas pessoas com o diagnóstico de Greta se tornam competentes cientistas e músicos eruditos, aplicando muito bem sua supercapacidade de foco. Isso também ajuda a explicar porque, quando Thunberg mirou toda sua atenção no colapso climático, ela ficou completamente sobrecarregada, sem nenhuma capacidade de se proteger do medo e da angústia. Ela viu e sentiu todas as implicações da crise e não pôde se desviar dessa sensação. Além do mais, o fato de outras pessoas em sua vida (colegas de classe, pais, professores) parecerem relativamente despreocupadas frente ao que acontecia contribuiu para que ela não recebesse nenhum sinal que a tranquilizasse de que a situação não era realmente tão ruim, assim como esses sinais funcionam para crianças que são mais conectadas socialmente. A aparente falta de preocupação das pessoas ao seu redor deixou Thunberg ainda mais assustada.

Escutando o que contam Greta e seus pais, grande parte do movimento de sair de sua perigosa depressão dependia de localizar formas que reduzissem a insuportável lacuna entre o que ela havia aprendido sobre a crise planetária e como ela e sua família estavam vivendo a vida. Ela convenceu seus pais a se juntarem a ela no veganismo, ou pelo menos no vegetarianismo, e, o mais importante, a parar de voar (sua mãe é uma cantora de ópera bem conhecida, então esse não foi um sacrifício pequeno).

A quantidade de carbono mantida fora da atmosfera como resultado dessas mudanças em seu estilo de vida foi ínfima. Greta estava bem ciente disso, mas convencer sua família a viver de uma maneira mais condizente com a emergência planetária ajudou a atenuar parte da pressão psíquica. Pelo menos agora, da maneira deles, não estavam fingindo que estava tudo bem.

No entanto, a mudança mais importante que Thunberg fez não teve nada a ver com alimentação ou voos de avião, mas, sim, com encontrar uma forma de provar para o resto do mundo que havia chegado a hora de parar de agir como se tudo estivesse normal, quando esse "normal" nos levaria diretamente a uma catástrofe. Se ela desejava desesperadamente que políticos poderosos se colocassem na posição de emergência para lutar pela mudança climática, então ela precisava refletir o estado de emergência em sua própria vida.

Foi assim que ela decidiu, quando tinha 15 anos, que deixaria de fazer a única coisa que crianças supostamente fazem quando está tudo normal: preparar-se para seu futuro como adultos indo para a escola.

"Por que devemos estudar para um futuro que logo não existirá, já que ninguém está fazendo qualquer coisa para salvá-lo?", Greta se perguntou. "E qual é o sentido de aprender os fatos condicionados ao sistema escolar quando os fatos mais importantes trazidos pelos melhores cientistas desse mesmo sistema escolar claramente não significam nada para nossos políticos e a sociedade?" Então, no início do ano letivo, em agosto de 2018, Thunberg não foi à aula. Ela foi ao parlamento da Suécia e acampou do lado de fora com uma placa feita à mão que dizia simplesmente: GREVE ESCOLAR PELO CLIMA. Ela voltava toda sexta-feira, passando o dia todo lá. A princípio, Greta, em seu moletom de capuz azul e com suas tranças marrons despenteadas, foi totalmente ignorada, como um pedinte inconveniente resgatando a consciência de pessoas estressadas e atormentadas.

Pouco a pouco, seu protesto quixotesco recebeu alguma atenção da imprensa, e outros estudantes e alguns adultos começaram a fazer suas próprias visitas com cartazes feitos por eles mesmos. Em seguida, vieram os convites para palestras — primeiro nas manifestações climáticas, depois nas conferências sobre o clima organizadas pela ONU, na União Europeia, no TEDxStockholm, no Vaticano, no Parlamento Britânico. Ela foi até convidada a subir aquela famosa montanha na Suíça para falar com os ricos e poderosos no Fórum Econômico Mundial Anual em Davos.

Toda vez que ela fala, suas intervenções são curtas, sem adornos e absolutamente mordazes. "Vocês não são maduros o suficiente para dizerem como é", afirmou aos negociadores das mudanças climáticas em Katowice, na Polônia. "Até esse fardo vocês deixam para nós, crianças". Ela perguntou para membros do parlamento britânico: "Vocês estão entendendo o meu inglês? O microfone está ligado? Porque eu estou começando a me perguntar essas coisas."

Para os ricos e poderosos em Davos que enalteciam sua presença como um motivo de esperança, ela respondeu: "Eu não quero que vocês se sintam esperançosos (...) Eu quero que vocês entrem em pânico. Eu quero que vocês sintam o medo que eu sinto todos os dias. Eu quero que vocês ajam. Eu quero que vocês ajam como agiriam se estivessem em uma crise. Eu quero que vocês ajam como se sua casa estivesse em chamas, porque ela está."

Para aqueles que, na multidão escassa de CEOs, celebridades e políticos, falavam das alterações climáticas como se elas fossem um problema universal de miopia humana, ela devolveu: "Se todos são culpados, então a culpa não será de ninguém, e existem as pessoas a quem devemos culpar (...) Algumas pessoas, algumas empresas, alguns que têm o poder de decisão em particular e que sabem exatamente o valor inestimável daquilo que estão sacrificando para continuarem a ganhar suas quantias inimagináveis de dinheiro." Ela fez uma pausa, respirou fundo e disse: "Acho que muitos de vocês aqui hoje pertencem a esse grupo de pessoas."

Sua repreensão mais aguda ao cenário de Davos não precisou de palavras. Em vez de ficar em um dos quartos de hotel cinco estrelas oferecidos, ela enfrentou temperaturas de -18° C para dormir do lado de fora em uma barraca, aconchegada em um saco de dormir amarelo brilhante. ("Não sou muito fã de calor", Greta me disse.)

Quando ela falava nessas salas repletas de adultos em seus ternos, que batiam palmas e a filmavam em seus smartphones como se ela representasse uma novidade, raramente a voz de Thunberg ficava trêmula. Mas a profundidade de seu sentimento — de perda, de medo, de amor pelo mundo natural — foi sempre incontestável. "Eu imploro", disse Thunberg em um discurso emocionado aos membros do Parlamento Europeu em abril de 2019. "Por favor, não falhem nisso".

Mesmo que seus discursos não tenham mudado drasticamente as ações dos responsáveis políticos nessas salas imponentes, eles mudaram as ações de muitas pessoas do lado de fora delas. Quase todo vídeo dessa menina de olhos ardentes viraliza. Foi como se, ao gritar "Fogo!" no nosso planeta superpopuloso, ela tivesse dado a inúmeras pessoas a confiança de que precisavam para acreditar em seus próprios sentidos e sentir o cheiro da fumaça flutuando e se alastrando por todas aquelas portas bem fechadas.

Também foi mais do que isso. Ouvir Thunberg falar sobre como nossa inércia coletiva frente ao colapso climático quase roubou sua vontade de viver parecia ajudar que outras pessoas sentissem o fogo da sobrevivência em seu âmago. A clareza da voz de Greta deu legitimidade para o terror puro que muitos de nós estivemos reprimindo e compartimentalizando sobre o que significa estar vivo em meio à sexta grande extinção em massa e cercados por avisos científicos de que já ultrapassamos o tempo que tínhamos.

De repente, crianças em todo o mundo estavam seguindo as orientações de Greta, a garota que não aceita orientações sociais de ninguém, e organizavam greves de estudantes por conta própria. Nas marchas, muitos seguravam cartazes citando algumas das palavras mais impactantes de Greta: QUERO QUE VOCÊ ENTRE EM PÂNICO, NOSSA CASA ESTÁ EM CHAMAS. Em uma greve escolar massiva em

Düsseldorf, na Alemanha, os manifestantes ergueram no alto um fantoche gigante de papel machê de Greta, as sobrancelhas franzidas e as tranças penduradas, como a santa padroeira das crianças irritadas ao redor do mundo.

A jornada de Greta de garota invisível da escola para se tornar a voz global de conscientização é extraordinária. E se olharmos mais de perto, ela tem muito para nos ensinar sobre o que todos nós precisaremos fazer se quisermos ficar em segurança. A exigência abrangente de Thunberg é a de que a humanidade como um todo faça o que ela fez em sua própria família e vida: encerrar a lacuna entre o que sabemos sobre a urgência da crise climática e como nos comportamos. O primeiro estágio é dar nome e chamar de emergência, porque somente quando estamos em pé de emergência é que encontramos a capacidade de fazer o que é necessário.

De uma certa forma, ela está pedindo para aqueles de nós que têm uma articulação mental mais típica — menos propensa a se concentrar de maneira extraordinária e mais capaz de lidar com contradições morais — que sejam mais parecidos com ela. Ela tem um bom argumento.

Durante os períodos normais e não emergenciais, as capacidades da mente humana de racionalizar, compartimentalizar e se distrair facilmente são importantes mecanismos de enfrentamento das dificuldades. Todos esses três truques mentais nos ajudam a atravessar a rotina. Também é extremamente útil quando inconscientemente observamos nossos colegas e os modelos de conduta vigentes para compreendermos quais são as maneiras de sentir e agir — essas dicas sociais são como formamos amizades e construímos comunidades coerentes.

Contudo, quando o assunto é mobilizar-se para encarar a realidade do colapso climático, essas características estão provando ser nossa anulação coletiva. Elas estão nos reconfortando quando não devemos nos acalmar. Elas estão nos distraindo quando não devemos nos distrair. E elas estão amansando nossa consciência quando ela não deve ser amansada.

Por um lado, isso acontece porque, se decidíssemos realmente levar a alteração climática a sério, praticamente todos os aspectos de nossa economia teriam de mudar, e há muitos interesses poderosos que preferem manter as coisas da forma que elas estão. Isso sem falar das empresas de combustíveis fósseis, que financiaram por décadas uma campanha de desinformação, ofuscação e mentiras objetivas sobre a realidade do aquecimento global.

Como resultado, quando a maioria de nós procura confirmar socialmente o que nosso coração e nossa cabeça estão nos dizendo sobre a crise climática, o que temos como resposta são todos os tipos de sinais contraditórios, que nos dizem, ao contrário do que sentimos, que não precisamos nos preocupar, que estão exagerando, que existem inúmeros problemas mais importantes, inúmeros tópicos mais chamativos para direcionarmos nossa atenção, que não importa o que façamos, nós nunca faremos diferença de qualquer maneira, e assim por diante. E, para completar, certamente também não ajuda o fato de que estamos tentando conduzir uma civilização em crise em um momento em que boa parte de nossas mentes mais brilhantes está colocando toda sua energia para desvendar ferramentas cada vez mais engenhosas para nos manter presos em círculos digitais viciosos em busca do próximo pico de dopamina.

Talvez isso explique o lugar estranho que a crise climática ocupa no imaginário da população, mesmo naqueles que entre nós estão temendo ativamente um colapso climático. Em um minuto, estamos compartilhando artigos sobre o apocalipse de insetos e vídeos virais de morsas que estão caindo de penhascos porque o derretimento das geleiras marítimas destruiu seu habitat natural. Mas no próximo já estamos fazendo compras online e deliberadamente esvaziando nossa mente enquanto deslizamos nossos dedos nas barras de rolagem do Twitter ou Instagram. Ou, ainda, podemos estar assistindo compulsivamente as séries da Netflix sobre o apocalipse zumbi que transformam nossos terrores em entretenimento, enquanto confirmamos tacitamente que o futuro está destinado ao colapso de uma forma ou de outra, então por que se ocupar em tentar impedir o inevitável?

Isso também pode explicar como as pessoas sérias podem ao mesmo tempo aprender o quanto estamos próximos de um ponto de inflexão irreversível e ainda assim considerar como banais e irrealistas as únicas pessoas que estão clamando para que isso seja tratado como uma emergência.

"De muitas maneiras, eu acho que nós autistas somos as pessoas normais, e o resto do mundo é muito estranho", disse Thunberg, acrescentando que ajuda não ser facilmente distraída ou tranquilizada por racionalizações. "Porque, se as emissões precisam parar, então nós devemos parar as emissões. Para mim, isso é preto ou branco. Não há áreas nebulosas quando se trata de sobrevivência. Ou continuamos como civilização ou não. Temos que mudar". Viver com autismo pode ser qualquer coisa, menos fácil — para a maioria das pessoas, é "uma luta sem fim contra escolas, locais de trabalho e agressores. Mas, sob circunstâncias certas, dados os ajustes certos, *pode* se tornar um superpoder".

A onda de mobilização juvenil que irrompeu em março de 2019 não é o resultado de uma garota em especial e sua maneira única de ver o mundo. Greta constata rapidamente a inspiração em um grupo de adolescentes que se manifestou pela proteção de seu futuro contra um tipo diferente de fracasso social: os estudantes de Parkland, Flórida, que lideraram uma onda nacional de passeatas estudantis exigindo que o porte de armas fosse controlado duramente após presenciarem o assassinato de 17 pessoas em sua escola em fevereiro de 2018.

Thunberg também não é a primeira pessoa com extrema clareza moral para gritar "Fogo!" diante da crise climática. Isso já aconteceu incontáveis vezes durante as últimas décadas; de fato, funciona como uma espécie de ritual nas cúpulas anuais da ONU sobre mudanças climáticas. Mas talvez por essas vozes anteriores a Greta pertencerem a pessoas negras e pardas das Filipinas, Ilhas Marshall e Sudão do Sul, seus fortes apelos transformavam-se apenas em anedotas de um dia, isso quando muito. Thunberg também não hesita ao apontar que as greves relacionadas às mudanças climáticas originaram-se do trabalho de milhares de líderes estudantis, seus professores e organizações de apoio, muitos dos quais vinham soando o alarme da crise climática há anos.

Assim como o manifesto levantado pelos grevistas britânicos em prol do clima trouxe à tona, "Greta Thunberg pode ter sido a faísca, mas nós somos o incêndio".

Por uma década e meia, desde que cobri como repórter o furacão Katrina em Nova Orleans com água até a cintura, tenho tentado descobrir o que está interferindo no instinto básico de sobrevivência da humanidade — porque tantos de nós não estão agindo como se nossa casa estivesse em chamas, quando tão obviamente ela está. Durante esse tempo, escrevi livros, realizei filmes, apresentei inúmeras palestras e fui cofundadora de uma organização (The Leap) dedicada, de uma maneira ou de outra, a explorar essa questão, tentando ajudar a alinhar nossa reação coletiva à escala da crise climática.

Desde o início, estava claro para mim que as teorias dominantes sobre como viemos parar no fio da navalha eram completamente insuficientes. Estamos falhando na hora de agir, assim era dito, porque os políticos estavam presos em mandatos eleitorais de curto prazo, ou porque as mudanças climáticas pareciam muito distantes de nós, ou porque interrompê-la exigiria um gasto extensivo, ou porque as tecnologias limpas ainda não estavam lá para serem implementadas. Havia alguma verdade em todas as explicações, mas elas também estavam se tornando menos verdadeiras ao longo do tempo. A crise não estava longe; estava batendo estrondosamente em nossa porta. O preço dos painéis solares despencou e agora rivaliza com o dos combustíveis fósseis. As tecnologias limpas e renováveis criam muito mais empregos do que as indústrias de carvão, petróleo e gás. E quanto aos custos supostamente impeditivos, trilhões foram angariados para financiar guerras infindáveis, salvar os bancos e subsidiar os combustíveis fósseis nos mesmos anos em que os cofres estavam aparentemente vazios para a transição climática. Era necessário que houvesse outra explicação.

Este livro, composto de longas reportagens, artigos de reflexão e palestras públicas escritas ao longo de uma década, registra minha própria tentativa de sondar um conjunto diferente de barreiras — algumas econômicas, ideológicas, e outras relacionadas a histórias profundas sobre o direito de certas pessoas de dominarem a Terra e as pessoas que vivem ao seu redor, histórias que são o alicerce da cultura ocidental. Os ensaios aqui presentes retornam frequentemente aos tipos de respostas que podem conseguir derrubar essas narrativas, ideologias e interesses econômicos, respostas que parecem tecer as crises díspares (econômicas, sociais, ecológicas e democráticas) em uma história em comum de transformação da nossa civilização. Hoje, esse tipo de visão audaciosa está cada vez mais sob a bandeira de um "Novo Acordo Ecológico".

Escolhi organizar os artigos na ordem em que foram escritos, com o mês e o ano originais aparecendo no cabeçalho. É uma estrutura que, embora envolva o retorno ocasional a um tema, reflete a evolução de minha própria análise conforme fui tentando externalizar essas ideias no mundo e trabalhando em colaboração com incontáveis amigos e colegas de trabalho no movimento global pela justiça climática. Com exceção dos ensaios finais, que falam especificamente sobre o Novo Acordo Ecológico, que foram expandidos significativamente, consegui resistir ao impulso de modificar os textos e, ao invés disso, os deixei praticamente intactos, esclarecendo os marcos referenciais de quando foram escritos e adicionando atualizações nas notas de rodapé e pós-escritos aqui e acolá.

Manter os textos em sua ordem cronológica tem uma grande vantagem. É um lembrete persistente de que estamos em uma crise que se move rapidamente, mesmo que nem sempre pareça ser dessa forma. Na curta década abrangida por esse livro, o planeta foi submetido a danos enormes e irreparáveis, desde o rápido desaparecimento das geleiras marítimas no Ártico até a extinção em massa de recifes de corais. A parte do mundo de onde veio minha família, a costa oeste da Colúmbia Britânica, no Canadá, viu o colapso de certas espécies de salmão do Pacífico que suportam sob suas costas todo um magnífico ecossistema.

O mapa político também mudou drasticamente durante essa década. Ele viu ressurgir uma extrema direita cada vez mais violenta, força essa que vem ganhando poder em todo o mundo ao alimentar o ódio contra minorias étnicas, religiosas e raciais, muitas vezes manifestando-se como o ódio xenófobo pelo crescente número de pessoas que foram forçadas a deixar seus países de origem. Estou convencida de que essas tendências planetárias e políticas estão conectadas em uma espécie de diálogo fatal.

Para mim, as referências temporais no decorrer do livro são como a ampulheta no cartaz do estudante em greve: uma evidência persistente de que a consequência das falhas cometidas pelas nossas sociedades, que agem como se nossa casa não estivesse em chamas, não permanece estática, como um tipo qualquer de GIF repetindo-se infinitamente. O incêndio absorve mais e mais calor — e partes insubstituíveis da casa realmente queimam até serem derrubadas. E, assim, deixam de existir para sempre.

Minha ênfase principal neste livro está nos países às vezes referenciados como Anglosfera (Estados Unidos, Canadá, Austrália e Reino Unido) e também em algumas partes da Europa que não são anglófonas. Em parte, isso se deve a circunstâncias do acaso — atualmente vivo e trabalho nos Estados Unidos, passei a maior parte de minha vida no Canadá e participei extensivamente de debates e iniciativas sobre mudanças climáticas na Austrália, no Reino Unido e em outras partes da Europa ocidental.

No entanto, a razão pela qual o foco se detém aí decorre principalmente de minha contínua tentativa de entender por que os governos desses países se mostraram particularmente relutantes quando se tratam de ações climáticas significativas. Ainda existe um segmento significativo (embora felizmente esse número se apresente cada vez menor) da população em cada uma dessas nações que escolhe negar o fato básico de que a atividade humana está causando no planeta um aquecimento perigoso, uma verdade evidente que é incontroversa e incontestável em muitas partes do mundo.

Mesmo quando a negação completa decide retroceder e uma era ambiental mais progressista parece surgir (nos Estados Unidos sob Barack Obama, no Canadá sob Justin Trudeau), ainda é extremamente difícil para esses governos aceitar a sufocante evidência científica de que precisamos parar de estender a fronteira dos combustíveis fósseis e, na verdade, precisamos começar a diminuir a produção já existente. A Austrália, apesar de sua prosperidade, insiste em expandir ostensivamente a produção de carvão, a despeito da crise climática; o Canadá fez o mesmo com as areias betuminosas de Alberta; os Estados Unidos fizeram o mesmo com o petróleo de Bakken, com gás de xisto e com a perfuração em águas profundas, tornando-se o maior exportador de petróleo do mundo; o Reino Unido tentou impor operações usando o fraturamento hidráulico, apesar da forte oposição e das evidências que conectam essa técnica à ocorrência de terremotos.

Tentando encontrar o sentido nisso tudo, investigo algumas das maneiras específicas pelas quais essas nações lideraram o processo de forjar a cadeia de suprimentos global que deu origem ao capitalismo moderno, o sistema econômico de consumo ilimitado e o esgotamento ecológico no coração da crise climática. É uma história que começa com pessoas roubadas da África e terras roubadas dos povos indígenas, duas práticas de expropriação brutal que são tão vertiginosamente lucrativas que geraram excesso de capital e poder para lançar a era da revolução industrial dos combustíveis fósseis e, com isso, o início das mudanças climáticas influenciadas pelo homem. Foi um processo que demandou, desde o início, teorias pseudocientíficas, assim como teológicas, sobre a supremacia branca e cristã, razão pela qual o falecido teórico político Cedric Robinson argumentou que seria mais apropriado chamar de "Capitalismo Racial" um sistema econômico que nasce a partir da convergência de tais fatores.

Com as teorias que racionalizavam o tratamento de seres humanos como ativos brutos do capitalismo, para que pudessem ser utilizados até o seu esgotamento e abusados sem limites, estavam as teorias que justificavam tratar o mundo natural (florestas, rios, terra e animais aquáticos) exatamente da mesma maneira. Toda a sabedoria humana acumulada em milênios sobre como proteger e regenerar todo o ecossistema, de florestas aos ciclos de peixes, foi aniquilada em prol de uma nova ideia de que não havia limite para a capacidade da humanidade de controlar o mundo natural, nem de quanta riqueza poderia ser extraída dele sem que se temesse as consequências.

Essas ideias sobre os recursos ilimitados da natureza não são incidentais para as nações da Anglosfera: elas são mitos fundamentais, tecidos profundamente nas narrativas nacionais. A enorme riqueza natural das terras que se tornariam Estados Unidos, Canadá e Austrália foi, desde o primeiro contato com navios europeus, imaginada como uma espécie de *dublê* das potências coloniais que estavam ficando sem natureza para esgotar em casa. Agora não mais. Com a "descoberta" desses "novos mundos" aparentemente ilimitados, Deus outorgou uma moratória: *Nova* Inglaterra, *Nova* França, *Nova* Amsterdã, *Nova* Gales do Sul — prova positiva de que os europeus nunca ficariam sem natureza para extrair. E quando uma faixa desse novo território fosse desgatada ou estivesse superpopulosa, a fronteira simplesmente avançaria e *novos* "novos mundos" seriam nomeados e reivindicados.

Nestas páginas, exploro esse pecado original e imaginativo à medida que ele se relaciona com a crise climática sob muitas posições diferentes: o petróleo da BP se espalhando como uma camada de morte pelo Golfo do México; o Vaticano sob a "conversão ecológica" do Papa Francisco; os Estados Unidos "pegar ou largar" de Trump; a mortandade na Grande Barreira de Corais, onde o navio do capitão James Cook (uma embarcação convertida de carvão) encalhou uma vez; entre outras. Eu também tento entender o cruzamento dessas mitologias em colapso, como a natureza revela não ser uma fonte inesgotável para ser abusada infinitamente, e a terrível ressurreição das partes mais odiosas e violentas dessas narrativas coloniais em toda a Anglosfera — as partes em que os cristãos brancos e supostamente superiores acreditam ter o direito de infligir uma tremenda violência àqueles que eles próprios decidiram classificar como inferiores em uma hierarquia brutal da humanidade.

Não estou argumentando de forma alguma que essas nações sejam os únicos mobilizadores do nosso colapso ecológico. Nossa crise é global, e muitos outros países poluíram irresponsavelmente durante esse mesmo período. (Escolha seu petroestado ou observe as emissões da China e da Índia dispararem.) Mas a rápida aceleração do colapso climático ocorreu simultaneamente e como resultado direto da bem-sucedida globalização do estilo de vida de alto consumo germinado nos países sobre os quais escrevo neste livro. Além disso, esses são os países que poluem em níveis extremamente altos há séculos e que, portanto, tinham a obrigação, sob a Convenção-Quadro das Nações Unidas sobre Mudança Climática, assinada por todos os seus governos, de liderar o caminho da redução de emissões antes dos países em desenvolvimento. Como as autoridades norte-americanas costumavam dizer durante a invasão do Iraque em 2003: "Quebrou, pagou".

UMA EMERGÊNCIA DO POVO

Ainda assim, quanto mais profunda se torna nossa crise, algo igualmente profundo também está em movimento e com uma velocidade que me espanta. Enquanto escrevo estas palavras, não é apenas o nosso planeta que está em chamas. O mesmo ocorre com os movimentos sociais se erguendo para declarar, a partir dos níveis mais baixos, uma emergência da população. Além das greves estudantis em polvorosa, vimos o surgimento da *Extinction Rebellion*, um movimento sociopolítico que explodiu em cena e deu início a uma onda de ação direta e não violenta de desobediência civil, incluindo o fechamento em massa de grandes partes do centro de Londres. O que o *Extinction Rebellion* está pedindo é que os governos tratem a mudança climática como uma emergência, e que façam uma transição rápida para 100% de energia renovável, em alinhamento com a ciência climática, e que desenvolvam democraticamente o plano para implementar essa transição através das assembleias dos cidadãos. Dias após as ações mais dramáticas do movimento em abril de 2019, tanto o País de Gales quanto a Escócia declararam um estado de "emergência climática", e o Parlamento britânico, sob pressão de partidos da oposição, rapidamente seguiu o exemplo.

Nesse mesmo período nos Estados Unidos, vimos a ascensão meteórica do Movimento Sunrise, que explodiu na cena política quando ocupou o escritório de Nancy Pelosi, a democrata mais poderosa de Washington, D.C., uma semana depois que seu partido recuperou a Câmara dos Deputados nas eleições intercalares de 2018. Sem perder tempo com parabenizações, os *Sunrisers* acusaram o partido de não ter qualquer plano para responder à emergência climática. Eles clamaram ao Congresso que adotasse imediatamente uma política de descarbonização rápida, e que ele fosse tão ambicioso em velocidade e extensão quanto o *New Deal* de Frank D. Roosevelt, o pacote abrangente de políticas destinadas a combater a pobreza da Grande Depressão e o colapso ecológico do *Dust Bowl* — a tempestade de areia que durou quase uma década nos Estados Unidos.

Como escritora e organizadora, faço parte do movimento climático global há anos, e isso me levou a muitas manifestações e ações em massa, incluindo a poderosa *People's Climate March*, um ato com 400 mil pessoas, na cidade de Nova York, em 2014. Já cobri e participei de grandes cúpulas climáticas da ONU que fizeram grandiosas promessas para enfrentar o desafio existencial da humanidade (Copenhague em 2009, Paris em 2014). Como participante do conselho do grupo de campanha climática *350.org*, dei os pontapés iniciais do movimento de desinvestimento de combustíveis fósseis, que, até dezembro de 2018, conseguiu obter US$8 trilhões em investimentos patrimoniais comprometidos a vender suas participações em empresas de combustíveis fósseis. E participei de vários movimentos, alguns deles bem-sucedidos, para interromper a instalação de novos oleodutos.

O ativismo que estamos vendo hoje foi construído a partir dessa história e também muda completamente a equação. Embora muitos dos esforços descritos tenham sido extensos, eles ainda engajam principalmente ambientalistas e ativistas climáticos autodenominados. Se em algum momento eles alcançaram outras fronteiras para além desses círculos, o engajamento raramente era sustentado por mais do que uma única marcha ou luta pelo gasoduto. Fora do movimento climático, ainda existia uma maneira de a crise planetária ser esquecida por meses e meses ou mal ser mencionada durante as principais campanhas eleitorais.

Nosso momento atual é claramente diferente, e são duas as razões para isso: uma está relacionada a uma crescente sensação do risco que estamos correndo, e a outra, a um novo e desconhecido senso de promessa.

O PODER RADICAL DA CIÊNCIA CLIMÁTICA

Um mês antes dos Sunrisers ocuparem o escritório da futura presidente da Câmara, Nancy Pelosi, o Painel Intergovernamental sobre Mudanças Climáticas da ONU (IPCC) publicou um relatório que provocou um impacto maior do que qualquer outra publicação já realizada nos 31 anos de história da organização ganhadora do Prêmio Nobel da Paz.

O relatório examinou as implicações de manter o aumento do aquecimento planetário abaixo de 1,5° C. Dado o agravamento dos desastres que já estamos vivenciando com cerca de 1° C de aquecimento, o estudo constatou que manter as temperaturas abaixo do limite de 1,5° C é a melhor chance que a humanidade tem de evitar uma verdadeira sucessão de eventos catastróficos.

Mas fazer isso seria extremamente difícil. Segundo a Organização Meteorológica Mundial da ONU, estamos caminhando para um aquecimento de nosso planeta entre 3° e 5° C até que o século acabe. Segundo a descoberta dos autores do IPCC, virar o curso do nosso navio econômico a tempo de manter o aquecimento abaixo de 1,5° C exigiria um corte de aproximadamente metade das emissões globais em simplesmente 12 anos — já são 11 anos na data de publicação deste livro — e chegando a uma emissão líquida zero de carbono até 2050. Não apenas em um país, mas em todas as principais economias. E como o dióxido de carbono na atmosfera já ultrapassou drasticamente os níveis de segurança, também seria necessário planejar um acordo extensivo de redução, seja por meio de tecnologias caras e não comprovadas de captura de carbono ou os métodos à moda antiga: plantando bilhões de árvores e outros tipos de vegetação que sequestram o carbono.

O relatório estabelece que não é possível reduzir significativamente e em alta velocidade a quantidade de poluição na atmosfera acionando apenas manobras tecnocráticas específicas assim como os impostos sobre o carbono, mesmo que essas ferramentas devam participar do jogo. Em vez disso, é necessário mudar imediatamente e de forma deliberada a produção de energia de nossas sociedades, a maneira como cultivamos nossos alimentos, como nos locomovemos e como nossos edifícios são construídos. A síntese do relatório afirma, em sua primeira frase, que do que realmente precisamos são "mudanças rápidas, abrangentes e jamais vistas em todos os aspectos da sociedade".

Esse não foi, de forma alguma, o primeiro relatório estarrecedor sobre as questões climáticas, nem a primeira chamada incontestável feita por respeitáveis cientistas clamando pela redução radical de emissões poluentes. Minhas estantes de livros estão abarrotadas dessas descobertas. Mas, assim como nos discursos de Greta Thunberg, a clareza severa com que o apelo feito pelo IPCC demandava mudanças sociais profundas em um curto espaço de tempo captou a concentração do público como nada antes havia conseguido realizar.

Boa parte disso se deve à fonte. Depois que os governos se reuniram para reconhecer a ameaça do aquecimento global em 1988, as Nações Unidas criaram o IPCC como uma entidade destinada a fornecer aos responsáveis políticos as informações mais confiáveis possíveis para guiar suas decisões. Por esse motivo, o painel sintetiza o melhor da ciência, de modo a formular projeções sobre as quais muitos cientistas precisam concordar antes que algo seja tornado público — e mesmo assim, nada pode ser divulgado antes que os próprios governos assinem.

Devido a esse processo laborioso, as projeções do IPCC têm se destacado pelo conservadorismo, com frequência subestimando de forma perigosa os riscos envolvidos. E mesmo nessas circunstâncias, havia um relatório, recorrendo a cerca de seis mil fontes, criado por quase cem autores e revisores, dizendo de forma precisa e sem equívocos que, se os governos realizassem tão pouco quanto estavam constantemente comprometendo-se a fazer para reduzir as emissões, estaríamos nos encaminhando para enfrentar consequências que incluem um aumento do nível do mar suficiente para engolir cidades litorâneas, a extinção total de recifes de corais e secas que arrasariam com as produções agrícolas em grandes áreas do globo.

Os alunos que estão atualmente cursando o ensino médio ainda estarão na casa dos 20 anos no momento em que um corte de metade das emissões globais precisará ter sido realizado para impedir a concretização desses efeitos. E, no entanto, as decisões fatídicas sobre a ocorrência, ou não, desses cortes — decisões que afetarão suas vidas inteiras daqui para a frente — estão sendo tomadas bem antes que a maioria deles sequer tenha o direito de votar.

Foi nesse cenário que as grandes e militantes mobilizações climáticas de 2019 se desenrolaram em efeito dominó. A todo momento, nas greves e protestos, ouvimos as palavras "Temos apenas 12 anos". Graças à clareza inequívoca do IPCC, bem como à experiência direta e frequente com um clima jamais vivenciado antes, nossa forma de conceber essa crise está sendo alterada. Muitas outras pessoas estão começando a perceber que a luta em questão não é por uma entidade abstrata chamada de "Terra". Estamos lutando por nossa vida. E não temos mais 12 anos; agora temos apenas 11. E em breve serão apenas 10.

EM CENA, UM NOVO ACORDO ECOLÓGICO

Mesmo que o relatório do IPCC tenha se provado como um poderoso motivador, talvez um fator ainda mais importante esteja relacionado ao subtítulo deste livro: as chamadas vindas de diversos setores nos Estados Unidos e ao redor do mundo para que os governos respondam à crise climática com um abrangente Novo Acordo Ecológico. A ideia é bem simples: no processo de transformar a infraestrutura de nossas sociedades na velocidade e escala que os cientistas alertaram, a humanidade tem uma chance única no século de consertar um modelo econômico que vem fracassando em múltiplas frentes perante a maioria das pessoas.

Os fatores que estão destruindo nosso planeta também estão destruindo a qualidade de vida das pessoas de muitas outras maneiras, desde a estagnação salarial às desigualdades escancaradas, aos serviços decadentes e à quebra de qualquer aparência de coesão social. Desafiar essas forças subjacentes é uma oportunidade para solucionar várias crises interligadas de uma vez só.

Combatendo a crise climática, podemos criar centenas de milhões de bons empregos em todo o mundo, investir nas comunidades e nações mais sistematicamente excluídas, garantir cuidados de saúde e cuidados infantis e muito mais. O resultado dessas transformações seriam economias construídas tanto para proteger e regenerar os sistemas que dão suporte à vida do planeta quanto para respeitar e sustentar as pessoas que dependem destes sistemas. Seria também a luta por algo mais amorfo, mas igualmente importante: em um momento em que nos encontramos cada vez mais divididos em bolhas de informações hermeticamente fechadas, com praticamente nenhuma premissa compartilhada sobre em que é possível confiar ou mesmo sobre o que é real, um Novo Acordo Ecológico poderia instigar um senso de propósito coletivo e superior — um conjunto de objetivos concretos em que todos estamos trabalhando juntos para realizar. Em uma escala não definida, a proposta do Novo Acordo Climático inspira-se no New Deal formatado por Franklin Delano Roosevelt como resposta à miséria e à ruptura da Grande Depressão com uma onda de políticas e investimentos públicos, desde a introdução da Previdência Social até leis de salário mínimo, a quebra dos bancos, trazendo eletricidade para uma América rural e construindo uma profusão de moradias de baixo custo nas cidades, plantando mais de dois bilhões de árvores e lançando programas de proteção do solo em regiões devastadas pelo Dust Bowl.

Os vários planos que surgiram para uma transformação nos parâmetros do Novo Acordo Ecológico vislumbram um futuro em que o difícil trabalho de transição foi abraçado, incluindo sacrifícios nos consumos extravagantes. Mas, em troca, a vida cotidiana dos trabalhadores terá melhorado de inúmeras maneiras, com mais tempo para lazer e arte, transportes públicos e moradias verdadeiramente disponíveis e acessíveis, as enormes lacunas de concentração de riqueza racial e de gênero sendo finalmente vencidas, e uma vida na cidade que não se configura mais como uma batalha sem fim contra o tráfego, o ruído e a poluição.

Muito antes do relatório de 1,5° C do IPCC, o movimento climático havia se concentrado no futuro arriscado que teríamos de enfrentar se os políticos falhassem em suas ações. Popularizamos e compartilhamos os estudos científicos mais recentes e aterrorizantes. Dissemos não a novos oleodutos, campos de gás e minas de carvão; não a universidades, governos locais e sindicatos investindo doações e pensões nas empresas por trás desses projetos; não aos políticos que negaram as alterações climáticas e não aos políticos que disseram todas as coisas certas, mas fizeram as erradas. Tudo isso foi um trabalho crítico, e continua sendo. Mas, enquanto soávamos o alarme, apenas a "justiça climática", área relativamente pequena do movimento, concentrou sua atenção no tipo de economia e sociedade que queríamos.

Essa foi a virada do jogo do Novo Acordo Ecológico que explodiu no debate político em novembro de 2018. Vestindo camisas que diziam: TEMOS DIREITO A BONS EMPREGOS E UM FUTURO EM QUE POSSAMOS VIVER, centenas de jovens membros do Movimento Sunrise clamavam por um Novo Acordo Ecológico enquanto ocupavam os corredores do Congresso logo após as eleições intercalares de 2018. Finalmente, houve um grande e enfático "sim" para emparelhar com os muitos "não" do movimento climático, uma história de como o mundo poderia ser depois de abraçarmos uma transformação profunda e um plano para chegar até lá.

A abordagem frente à crise climática que emerge do Novo Acordo Ecológico não é exatamente nova. Esse tipo de estrutura, vista como "justiça climática" (em oposição à postura mais genérica de "ação climática"), tem sido adotada localmente há muitos anos, com suas origens nos movimentos de justiça ambiental da América Latina e dos EUA. O conceito de um Novo Acordo Ecológico chegou às plataformas de alguns partidos verdes ao redor do mundo.

Meu livro de 2014, *Tudo Pode Mudar: Capitalismo versus Clima*, explorou esse tipo de abordagem holística em profundidade. O precedente histórico que usei na época veio de uma embaixadora boliviana chamada Angélica Navarro Llanos, que proferiu um discurso inspirador na Cúpula do Clima da ONU em 2009: "Nós precisamos de uma mobilização massiva que seja maior do que qualquer outra já vivenciada na história. Precisamos de um plano Marshall para a Terra", ela declarou, evocando as ações tomadas pelos Estados Unidos, que, por temerem a ascensão da União Soviética, articularam-se para ajudar a reconstruir boa parte do território europeu destruído pela Segunda Guerra Mundial. "Esse plano deve mobilizar uma transferência de financiamentos e tecnologias em escalas nunca vistas antes. É preciso implantar a tecnologia e torná-la disponível em todos os países para assegurar que reduziremos as emissões poluentes enquanto melhoramos a qualidade de vida das pessoas. Nós temos apenas uma década para tornar isso possível".

Desperdiçamos toda a última década respondendo a esse chamado com remendos e negações e, em contrapartida, todas as maravilhas que se foram durante esse tempo nunca mais retornarão — bem como as vidas e meios de subsistência destruídos por causa disso. Navarro Llanos e seus colegas bolivianos observaram as geleiras monumentais que fornecem água fresca para a região metropolitana de La Paz (lar de 2,3 milhões de pessoas) diminuírem em velocidade alarmante. Em 2017, os reservatórios ficaram tão baixos que o racionamento de água foi introduzido pela primeira vez na capital e um estado de emergência teve de ser declarado por todo o país.

Mas essa década perdida não torna o apelo premonitório de Navarro Llanos menos relevante — ela aumenta sua relevância, visto que, como o relatório do IPCC deixou tão claro, centenas de milhões de vidas vão parar na corda bamba com cada meio grau de aquecimento que escolhemos permitir ou evitar.

• • •

Desde que esse chamado foi emitido há uma década, algo mudou. Antes, quando movimentos sociais e governos de pequenos países faziam essas demandas, parecia que estávamos gritando para um vácuo político. Não havia realmente nenhum grupo nos governos dos países mais desenvolvidos do planeta disposto a fazer coro ao tipo de abordagem que conferia à crise climática o seu caráter emergencial. Os mecanismos de mercado em ritmo lento eram os únicos ofertados. E quando houve uma recessão econômica, mesmo essas ofertas insuficientes evaporaram.

Hoje em dia, esse não é mais o caso. Agora existe um bloco de políticos nos Estados Unidos, na Europa e em outros lugares, alguns apenas dez anos mais velhos que os jovens ativistas que lutam pelas alterações climáticas nas ruas, prontos para traduzir a urgência da crise ambiental em políticas e conectar os pontos entre as múltiplas crises de nossos tempos. A figura mais proeminente entre esse novo eixo político é Alexandria Ocasio-Cortez, que, aos 29 anos, se tornou a mulher mais jovem já eleita no Congresso dos EUA.

Introduzir um Novo Acordo Ecológico fez parte da plataforma em que ela concorreu. Logo após vencer as eleições, diversas participantes do pequeno grupo de jovens congressistas mulheres, algumas vezes referenciado como “o esquadrão”, comprometeram-se a apoiar a iniciativa ousada — particularmente Rashida Tlaib, de Detroit, e Ayanna Pressley, de Boston.

Assim, quando as centenas de membros do Movimento Sunrise chegaram em Washington para realizar uma série de manifestações e ocupações simbólicas após o resultado das eleições de meio de mandato, esses representantes recém-eleitos não mantiveram uma distância segura da multidão agitada. Pelo contrário, eles se juntaram aos grupos, tendo, inclusive, Tlaib falando em um de seus comícios (e levando doces para ajudar a manter alta a energia do grupo) e Ocasio-Cortez visitando a ocupação do movimento no escritório de Nancy Pelosi.

"Eu só quero que todos vocês saibam o quanto estou orgulhosa de cada um de vocês por se colocarem com seus corpos na linha de frente, para garantir que salvemos nosso planeta, nossa geração e nosso futuro", ela disse aos manifestantes, lembrando-lhes que "minha jornada aqui começou em Standing Rock", fazendo referência ao momento em que decidiu concorrer ao Congresso depois de ter participado dos protestos contra os oleodutos liderados pelo *Standing Rock Sioux*, tribo da reserva indígena Standing Rock, em Dakota do Norte.

Então, três meses depois, Ocasio-Cortez, com o senador Ed Markey, de Massachusetts, colocaram-se em frente ao Capitólio e lançaram uma resolução formal para um Novo Acordo Ecológico, um esboço com as linhas gerais que formularia a base política para a transformação. A resolução do Novo Acordo Ecológico começa com uma ciência que aterroriza com seus curtos prazos no relatório do IPCC e aciona os Estados Unidos para lançarem uma abordagem imediata de descarbonização, mirando alcançar o objetivo de emissões líquidas zero em apenas uma década, de forma que todo o resto do mundo possa ocupar essa mesma posição até o meio do nosso século.

No âmbito dessa transição abrangente, enormes investimentos em energia renovável, eficiência energética e meios de transporte não poluentes são demandados. Afirma-se também que a transição dos trabalhadores que atuam em indústrias com elevado teor de carbono para empresas fundamentadas nos princípios ecológicos devem ter suas mesmas faixas de salário e benefícios protegidas e, além disso, garante que todos que desejem trabalhar tenham direito a um emprego. Outra demanda é a de que as comunidades atingidas pelo impacto tóxico das indústrias poluentes, muitas delas indígenas, negras e pardas, não apenas se beneficiem das transições, mas que ajudem a desenhá-las em nível local. E como se tudo isso não bastasse, o Novo Acordo

Ecológico desdobra-se nas principais reivindicações da crescente ala socialista democrata do Partido Democrata: sistema gratuitos e universais de saúde, de assistência à infância e de ensino superior.

Comparado aos padrões anteriores, esse cenário era escandalosamente ousado e progressista, mas principalmente entre os eleitores mais jovens, o ímpeto para realizá-lo era tão forte que em pouco tempo se tornou uma prova de fogo para grandes frações do partido. Até maio de 2019, com a corrida para liderar o Partido Democrata a pleno vapor, a maioria dos principais candidatos à presidência declarou seu apoio ao Novo Acordo Ecológico, incluindo Bernie Sanders, Elizabeth Warren, Kamala Harris, Cory Booker e Kirsten Gillibrand. Nesse meio tempo, ele foi endossado por 105 membros da Câmara e do Senado.

O surgimento do Novo Acordo Ecológico significa que agora não há apenas uma estrutura política que vá de encontro aos objetivos do IPCC nos Estados Unidos, mas também um caminho determinado (se possível for) para transformar essa estrutura em lei. O plano vai direto ao ponto: eleger um forte apoiador do Novo Acordo Ecológico nas primárias democratas; tomar a Casa Branca, a Câmara e o Senado em 2020; e começar a colocá-lo em ação logo no primeiro dia do novo governo (como FDR fez com o New Deal original nos famosos "primeiros 100 dias", quando o presidente recém-eleito pressionou pela aprovação de 15 importantes projetos de lei no Congresso).

Se o relatório do IPCC foi o alarme de incêndio disparando e chamando a atenção do mundo, o Novo Acordo Ecológico é o começo de um plano de prevenção e segurança contra incêndio. Ele não parte de uma abordagem gradual que simplesmente prepara a mangueira d'água para um fogo que já está queimando, como vimos tantas vezes no passado, mas sim de um plano abrangente e holístico para realmente apagar o fogo. Ainda mais se a ideia se espalhar pelo mundo — o que já está começando a acontecer.

De fato, em janeiro de 2019, a coligação política Primavera Europeia (resultado de um projeto chamado DiEM25, em que faço parte da comissão consultiva) lançou um Novo Acordo Ecológico para a

Europa, um plano abrangente e detalhado para incorporar uma agenda de rápida descarbonização junto de um programa mais amplo de justiça social e econômica: "Partindo de um plano de investimento sustentável para conduzir a transição ecológica do mundo a ações transparentes que visem o fim do escândalo de paraísos fiscais; de uma política de migração humanizada e eficaz a um plano objetivo para combater a pobreza em nosso continente; do Pacto dos Trabalhadores à Convenção Europeia dos Direitos da Mulher e muito mais, o Novo Acordo Ecológico é o documento mais apropriado para quem deseja quebrar o dogma de 'Não Há Alternativa' e trazer de volta a esperança ao nosso continente", anunciou a coligação.

No Canadá, uma ampla coligação de organizações se uniu para reivindicar um Novo Acordo Ecológico, com esse quadro sendo adotado pelo líder do Novo Partido Democrata como uma de suas diretrizes políticas (se não como sua ambição total). Podemos dizer o mesmo do Reino Unido, onde o Partido Trabalhista da oposição está, enquanto escrevo este livro, no meio de intensas negociações sobre a decisão de incorporar ou não uma plataforma no formato do Novo Acordo Ecológico, semelhante à que vem sendo proposta nos Estados Unidos.

As várias versões de um Novo Acordo Ecológico que surgiram no ano passado têm algo em comum. Tendo em perspectiva as políticas anteriores que se apresentavam como pequenos ajustes aos incentivos projetados de forma que interferissem minimamente no sistema, a abordagem do Novo Acordo Ecológico é uma atualização do sistema operacional sem precedentes, um plano para arregaçar nossas mangas e executar a tarefa até o final. Os mercados desempenham um papel nesse jogo, mas não são os protagonistas dessa história — as pessoas são: os trabalhadores que construirão a nova infraestrutura, os moradores que respirarão o ar puro, que viverão na nova moradia ecológica acessível e se beneficiarão do transporte público de baixo custo (ou gratuito).

Há momentos em que aqueles de nós que defendem esse tipo de plataforma transformadora são acusados de usar a crise climática como pretexto para promover uma agenda socialista ou anticapitalista precedente ao nosso foco atual na crise climática. Minha resposta para isso é simples. Durante toda minha vida adulta, estive envolvida em movimentos que enfrentam as inúmeras formas de triturar a vida das pessoas e os ambientes naturais em uma impiedosa busca por lucro realizada pelos nossos atuais sistemas econômicos. Meu primeiro livro, publicado há quase 20 anos, *Sem Logo: A Tirania das Marcas em um Planeta Vendido*, documentou os custos humanos e ecológicos impostos pela globalização corporativa, desde o trabalho clandestino nas fábricas da Indonésia até os campos de petróleo do Delta do Níger. Vi garotas adolescentes serem tratadas como máquinas para fabricar nossas máquinas e vi montanhas e florestas se transformando em pilhas de lixo para alcançar o petróleo, o carvão e os metais que estavam abaixo delas.

Os impactos dolorosos, e até mesmo letais, dessas práticas foram impossíveis de negar; argumentou-se simplesmente que eles eram os custos necessários para suportar um sistema que criava tanta riqueza, que eventualmente esses benefícios melhorariam também a vida de quase todas as pessoas do planeta. Em vez disso, o que aconteceu foi que a indiferença à vida demonstrada pela exploração de trabalhadores nos chãos de fábricas e na dizimação de certas montanhas e rios inverteu a pirâmide para engolir todo nosso planeta, transformando terras férteis em salinas, ilhas belíssimas em destroços e drenando recifes que já foram vibrantes com sua vida e suas cores.

Admito voluntariamente que não vejo a crise climática como algo à parte das mais reconhecidas crises geradas pelo mercado que documentei ao longo dos anos; o que é diferente é a escala e o alcance da tragédia, em que o único lar da humanidade encontra-se por um triz. Sempre tive um tremendo senso de urgência sobre a necessidade de migrar para um modelo econômico que fosse drasticamente mais humano. Mas agora essa urgência ganhou uma camada diferente, porque neste momento estamos todos vivos na última fase possível em que mudar o rumo de nossas ações pode significar salvar vidas em uma escala verdadeiramente inimaginável.

Nada disso significa que toda política climática deve desmantelar o capitalismo, ou caso contrário deve ser descartada (como alguns críticos afirmaram de maneira absurda). Precisamos de todas as ações possíveis para reduzir as emissões, e precisamos delas agora. Mas isso significa, como o IPCC confirmou com tanta veemência, que não concluiremos o trabalho a menos que desejemos abraçar mudanças econômicas e sociais sistêmicas.

A HISTÓRIA NOS ENSINA — E ALERTA

Longos e extensivos debates são colocados em pauta, entre os especialistas que discutem a redução de emissões, sobre quais são os precedentes históricos que devem ser invocados para ajudar a inspirar o modelo de transformações profundas e abrangentes da economia que a crise climática exige. Muitos deles claramente enaltecem o New Deal de FDR, já que esse programa mostrou como a infraestrutura de uma sociedade e seus valores governamentais podem ser alterados radicalmente no período de uma década. E, de fato, os resultados obtidos são surpreendentes. Durante a década do New Deal, mais de 10 milhões de pessoas foram empregadas diretamente a partir das ações do governo, a eletricidade chegou para a maior parte da América rural pela primeira vez, centenas de milhares de novos edifícios e estruturas foram construídos, 2,3 bilhões de árvores foram plantadas, 800 novos parques estaduais foram desenvolvidos e centenas de milhares de obras de arte públicas foram criadas.

Para além dos benefícios imediatos, em que milhões de famílias assoladas pela Grande Depressão saíram da zona de pobreza, esse período de investimento público em ritmo frenético deixou de herança um legado duradouro que, mesmo com todas as tentativas inferidas pelas décadas seguintes para desmoronar sua estrutura, sobrevive até hoje. Em seu livro *Nature's New Deal*, o historiador Neil Maher nos fornece um vislumbre esclarecedor:

> Hoje, nós dirigimos em estradas planejadas pela *Work Progress Administration* — agência americana criada durante o New Deal —, deixamos nossos filhos e pegamos livros em escolas e bibliotecas construídas pela *Public Works Administration* e até bebemos a água que flui dos reservatórios construídos pela *Tennesee Valley Authority*. Estes e outros programas formulados pelo New Deal (...) transformaram drasticamente o ambiente natural. A forma com que o New Deal foi introduzido ao público norte-americano aumentou o apoio popular ao Estado de Bem-Estar Social liberal formatado por Roosevelt, alterando também a política americana.

Outros insistem que os únicos precedentes que mostram a escala e a velocidade da mudança necessária diante da crise climática foram as mobilizações da Segunda Guerra Mundial que viveram o momento em que as potências ocidentais transformaram seus setores de manufatura e seus padrões de consumo para combater a Alemanha de Hitler. Sem sombra de dúvidas, os níveis atingidos pelas mudança foram vertiginosos: fábricas sendo adaptadas para produzir navios, aviões e armas. A fim de liberar os estoques de comida e combustível para os militares, os cidadãos mudaram de forma drástica seus estilos de vida: na Grã-Bretanha, sair para dirigir, apenas se fosse em caso de extrema necessidade; entre 1938 e 1944, o uso do transporte público aumentou 87% nos Estados Unidos e 95% no Canadá. Em 1943, nos Estados Unidos, 20 milhões de residências (representando três quintos da população) tinham "Jardins de Guerra" em seus quintais, cultivando legumes frescos que representavam 42% de todos os consumidos naquele ano.

Alguns argumentam que uma analogia melhor do que o esforço de guerra foi a reconstrução que veio depois — especificamente o Plano Marshall, uma espécie de New Deal para o oeste e o sul da Europa. Na Alemanha Ocidental, o governo dos EUA gastou bilhões para reconstruir uma economia mista que teria uma ampla base de apoio e provocaria uma redução do crescente suporte ao socialismo (ao mesmo tempo em que proporcionaria um mercado crescente para as exportações dos EUA). Isso significou a criação direta de empregos pelo Estado, enormes investimentos no setor público, subsídios para empresas alemãs e apoio para sindicatos fortes. O esforço foi amplamente considerado como a mais bem-sucedida iniciativa diplomática de Washington.

Cada um desses antecedentes históricos tem suas próprias e evidentes fraquezas e contradições. As forças armadas dos EUA, sozinhas, representam, de acordo com a organização sem fins lucrativos Union of Concerned Scientists, "o mais amplo consumidor institucional de petróleo do mundo". E a guerra, com seus custos devastadores para a humanidade, natureza e democracia, não é modelo algum para a mudança social. Além do mais, a ameaça climática nunca parecerá tão ameaçadora quanto os nazistas em marcha — pelo menos enquanto não é tarde demais para que nossos comportamentos tenham um impacto significativo.

As mobilizações dos tempos de guerra e os enormes esforços de reconstrução posteriores foram certamente ambiciosos, mas também foram transformações hierárquicas altamente centralizadas. Se transferirmos dessa maneira o papel central frente à crise climática para os governos, devemos esperar por medidas altamente corruptas que concentrem ainda mais poder e riqueza nas mãos de poucos, sem mencionar os ataques sistêmicos aos direitos humanos, fenômeno que tenho encontrado repetidamente em meu trabalho sobre a catástrofe do capitalismo consequente dos regimes pós-guerras, choques econômicos e eventos climáticos extremos. Uma doutrina chocante da mudança climática é um perigo real e atual, cujos primeiros sinais discuto nestas páginas.

O próprio New Deal também é uma analogia que passa longe do ideal. A maioria de seus programas e de suas proteções foi projetada em um morde e assopra com movimentos sociais, ora incentivando, ora desincentivando, em oposição ao que era meramente transmitido de cima, como as medidas de guerra. Mas o New Deal ficou aquém de seu objetivo principal: alavancar a economia dos Estados Unidos da depressão econômica. Seus programas favoreciam hegemonicamente os trabalhadores brancos do sexo masculino; trabalhadores agrícolas e domésticos (muitos deles negros) foram deixados de fora, assim como muitos imigrantes mexicanos (cerca de um milhão, os quais enfrentaram deportação no final das décadas de 1920 e 1930). E o Civilian Conservation Corps, programa voluntário de assistência ao trabalho público, segregou participantes afroamericanos e excluiu mulheres (exceto em um campo, onde estas aprenderam processos de conserva e outras tarefas domésticas). Enquanto os povos indígenas ganharam algumas causas sob os programas do New Deal, os direitos de propriedade à terra foram violados tanto por extensivos projetos de infraestrutura quanto por esforços de conservação. As agências humanitárias do New Deal, particularmente nos estados do sul, eram conhecidas por seus preconceitos contra famílias afroamericanas e mexicanas desempregadas.

A resolução do Novo Acordo Ecológico elaborada por Ocasio-Cortez e Markey parte de esforços consideráveis para delinear como planeja evitar a repetição dessas injustiças, listando como um de seus objetivos centrais "interromper a atual, impedir a futura e reparar a opressão histórica dos povos indígenas, das comunidades não brancas, das comunidades de imigrantes, das comunidades desindustrializadas, das comunidades rurais despovoadas, dos pobres, trabalhadores de baixa renda, mulheres, idosos, desabrigados, pessoas com deficiência e jovens". Como disse a congressista Ayanna Pressley em uma prefeitura de Boston: "Esta não é apenas uma oportunidade para consertar (...) o primeiro New Deal, mas também para transformar a economia."

A maior limitação de todas essas comparações históricas, desde o New Deal até o Plano Marshall, é que, juntos, eles representaram o pontapé inicial e culminaram na expansão maciça de um estilo de vida pautado no consumo descartável e em altas emissões de carbono para as zonas suburbanas, fatos que residem como cerne da crise climática atual. A dura verdade, como declarou explicitamente o relatório bombástico do IPCC, é que "não há precedente histórico para a escala das transições necessárias, em particular porque estamos falando de maneiras social e economicamente sustentáveis" — uma referência ao fato de que as emissões globais apenas decaíram significativamente em tempos de profunda recessão econômica, como a Grande Depressão e depois do colapso da União Soviética, e que as guerras que estimularam rápidas transformações sociais foram desastres humanitários e ecológicos.

O meu ponto de vista é o de que, por mais inadequadas que obrigatoriamente essas analogias históricas sejam, recorrer e estudar cada uma delas continua tendo sua utilidade. Todas, à sua maneira, apresentam um forte contraste com a forma como os governos responderam à crise climática até então. Durante duas décadas e meia, vimos a criação de complexos mercados de carbono; pequenos e pontuais impostos sobre a emissão de carbono; a substituição de um combustível fóssil (carvão) por outro (gás); vários incentivos para os consumidores comprarem diferentes tipos de lâmpadas e eletrodomésticos com eficiência energética; e empresas que ofereciam alternativas mais ecológicas somente se estivéssemos dispostos a pagar mais por elas. No entanto, apenas alguns países (mais significativamente Alemanha e China) fizeram investimentos sérios o suficiente no setor dos recursos renováveis para verem qualquer coisa ser implementada com a velocidade esperada.

Estamos começando a ver uma mudança lenta de curso para uma abordagem reguladora mais agressiva em alguns países, invariavelmente como resultado de uma forte pressão proveniente do movimento social. Poucos países, estados e províncias fizeram proibições ou moratórias às práticas de fraturamento hidráulico em busca de gás. O governo da Nova Zelândia anunciou de maneira significativa que não emitirá mais arrendamentos para plataformas marítimas de extração de petróleo. O governo da Noruega anunciou ter planos para proibir a venda de carros com motores de combustão interna até 2025, uma medida que certamente acelerará a mudança para veículos elétricos se suas metas agressivas transbordarem para outros países. Mas não há interesse por parte de nenhum governo nacional de qualquer país rico em discutir francamente sobre a necessidade de os grandes consumidores consumirem menos ou de as empresas de combustíveis fósseis pagarem para limpar a grande zona que elas criaram.

E como poderia ser diferente? Os últimos 40 anos da história econômica foram uma narrativa de enfraquecimento sistemático do poder da esfera pública, desarticulando entidades reguladoras, reduzindo os impostos para os ricos e vendendo serviços básicos ao setor privado. Enquanto isso, o poder sindical sofreu uma erosão drástica e a população foi treinada pela impotência: nos disseram que não importa quão grande seja o problema, é melhor deixá-lo para o mercado resolver ou para os *filantrocapitalistas* bilionários; nos disseram para liberarmos o caminho e pararmos de tentar consertar a raiz dos problemas.

Esse é o motivo fundamental para que os precedentes históricos que cruzam as décadas de 1930 até 1950 ainda sejam úteis. Eles nos lembram que conduzir outras abordagens para crises profundas sempre foi possível e ainda é atualmente. Diante das emergências coletivas que pontuaram essas décadas, a resposta foi alistar sociedades inteiras, de consumidores individuais a trabalhadores, de grandes fabricantes a cada nível do governo, em transições profundas com claros objetivos em comum.

No passado, aqueles que solucionavam os problemas não foram atrás de "métodos infalíveis" ou "aplicativos matadores", nem interferiram esperando que o mercado redistribuísse as correções para eles. Em cada caso, os governos implementaram uma enxurrada de ferramentas políticas robustas (desde a criação direta de empregos em infraestrutura pública até planejamento industrial e instituições de crédito públicas) de uma só vez. Esses capítulos históricos nos mostram que, quando metas ambiciosas e fortes mecanismos políticos estão alinhados, é possível mudar virtualmente todos os aspectos da sociedade em um prazo extremamente apertado, exatamente da maneira que precisamos fazer para enfrentar a emergência climática atual. Se há um fracasso ao realizar isso, ele é uma escolha, não algo que a natureza humana não é capaz de evitar. Como Kate Marvel, cientista climática da Universidade de Columbia e do Instituto Goddard de Estudos Espaciais da NASA, diz: "Não estamos condenados (a menos que a gente escolha estar)."

Esses precedentes nos lembram algo igualmente importante: não precisamos compreender cada detalhe antes de começar. Cada uma dessas mobilizações anteriores foram ensaiadas diversas vezes, com avanços e recuos, improvisações e mudanças de curso. E, como veremos mais adiante, as respostas mais progressistas aconteceram somente porque existia uma população organizada que pressionava insistentemente. O que realmente importa é começarmos o processo agora mesmo. Como Greta Thunberg diz: "Não podemos resolver uma emergência sem tratá-la como uma emergência."

Isso não significa que precisamos simplesmente de um New Deal pintado de verde ou de um plano Marshall com painéis solares. Precisamos de mudanças de uma qualidade e caráter diferentes. Precisamos de energia eólica e solar que sejam distribuídas e, sempre que possível, que pertençam à comunidade, em vez da energia altamente centralizada e monopolizada conferida pelo New Deal, proveniente dos combustíveis fósseis ou de hidrelétrica com barragens fluviais. Precisamos de um planejamento urbano com pegada zero carbono, que seja bem projetado e integre a diversidade étnica, construído a partir de opiniões democráticas que incluam comunidades não brancas — em vez da expansão dos subúrbios brancos e segregados pelo tom de pele, como visto nos projetos habitacionais urbanos do período pós-guerra. Precisamos devolver poder e recursos para as comunidades indígenas, para os pequenos agricultores, fazendeiros e pescadores sustentáveis, para que eles possam liderar um processo de plantar bilhões de árvores, reabilitando áreas úmidas e renovando o solo — em vez de transferir o controle da conservação às agências militares e federais, como foi predominantemente o caso do Civilian Conservation Corps no New Deal.

E mesmo quando insistimos em declarar que a emergência é uma emergência, precisamos nos proteger constantemente contra o estado de emergência que se torna um estado de exceção, no qual interesses poderosos exploram o medo e o pânico das populações para reverter os direitos conquistados com muito esforço e impor falsas e lucrativas soluções.

Em outras palavras, precisamos de algo que nunca tentamos e, para realizá-lo, teremos de recapturar a sensação de possibilidade e o espírito confiante de atitude positiva que foram tristemente perdidos desde que Ronald Reagan anunciou que "as nove palavras mais perigosas no inglês são: 'eu sou do governo e estou aqui para ajudar'". Revivendo a memória histórica desses (e de outros) períodos de rápidas mudanças coletivas, podemos extrair tanto uma grande inspiração quanto séria preocupações.

Seria inteligente de nossa parte relembrar um alerta obtido nas décadas de 1930 e 1940, que nos conta que, quando crises sistêmicas abrem espaços políticos e ideológicos que antes estavam vazios, como vemos acontecer hoje em dia, não são apenas ideias humanitárias e esperançosas — como o Novo Acordo Ecológico — que encontram oxigênio para proliferar. Ideias violentas e odiosas também o fazem. E essa foi uma verdade que atingiu as primeiras greves escolares globais com força aterradora em 15 de março de 2019.

O ESPECTRO DO ECOFASCISMO

Na Nova Zelândia, em Christchurch, a Greve Escolar pelo Clima começou da mesma forma que em outras cidades e metrópoles: estudantes agitados saíram de suas escolas na metade do dia, segurando cartazes exigindo uma nova era de ação climática. Alguns eram doces e sinceros (EU ESTOU AQUI POR AQUILO QUE ME FAZ ESTAR AQUI), outros menos (MANTENHA A TERRA LIMPA. ISSO AQUI NÃO É URANO!).

Por volta das 13 horas, cerca de 2 mil crianças haviam se dirigido para a Cathedral Square, uma praça no centro da cidade, e lá se reuniram ao redor de um palco improvisado com caixas de som doadas para ouvir os discursos e músicas daquela tarde.

Havia estudantes de todas as idades, e todos os alunos de uma escola Maori caminharam juntos para a marcha. "Eu estava sentindo tanto orgulho de toda a cidade de Christchurch", disse-me Mia Sutherland, uma das organizadoras, com seus 17 anos. "Todas essas pessoas foram realmente corajosas. Não é uma coisa fácil sair para manifestar." O ponto alto, ela disse, foi quando toda a multidão cantou um hino da greve chamado "Rise Up" ["Erga-se"], escrito por Lucy Gray, de 12 anos, a primeira a defender a greve de Christchurch. "Todos pareciam tão felizes", recordou Sutherland, observando que essa era uma imagem demasiadamente rara em um país com as maiores taxas de suicídio juvenil no mundo industrializado.

Sutherland, uma adolescente amante da natureza e das atividades ao ar livre, começou a se preocupar com as alterações climáticas quando se deu conta de que isso afetaria as partes do mundo natural que ela mais estimava. Mas, conforme ela aprendia sobre o aumento do nível do mar e o impacto da força dos ciclones, e como isso colocava em risco nações inteiras do Pacífico, o assunto tornou-se uma questão de direitos humanos. "Aqui na Nova Zelândia fazemos parte da família das Ilhas do Pacífico" — disse ela. — "Essa é a nossa vizinhança."

E não foram apenas as crianças de escolas que marcaram presença na praça naquele dia; assim fizeram um punhado de políticos, incluindo o prefeito. Mas Sutherland e os outros organizadores decidiram que não os deixariam fazer discursos: o microfone era das crianças nesse dia, e os políticos estavam ali para ouvir. Como mestre de cerimônia, era o trabalho de Sutherland chamar seus colegas estudantes para subir ao palco, o que ela fez diversas vezes seguidas.

No momento em que Sutherland estava se preparando psicologicamente para direcionar o testemunho final do dia, um de seus amigos a puxou e disse: "Você tem que desligar. Agora!" Sutherland estava confusa — eles estavam fazendo muito barulho? O som estava muito alto? Certamente esse era o direito deles! Nesse momento, um policial subiu ao palco e tirou o microfone dela. "Todo mundo precisa sair da praça", disse o policial pelo sistema de som. "Vão para casa. Voltem para a escola. Mas se afastem do Parque Hagley". Algumas centenas de estudantes decidiram manter o protesto marchando juntos para a prefeitura da cidade. Sutherland foi pegar um ônibus, ainda confusa por toda a situação — e foi quando ela viu uma manchete em seu celular sobre um tiroteio que estava acontecendo a cerca de dez minutos de onde ela estava.

Levaria várias horas até que os jovens que marchavam em greve digerissem o completo horror do que havia ocorrido naquele dia — e por que eles foram instruídos a manterem distância de um parque perto da mesquita Al Noor. Agora nós sabemos que, precisamente no mesmo momento em que a greve climática dos estudantes acontecia, um australiano de 28 anos vivendo na Nova Zelândia dirigiu até aquela mesquita durante as orações de sexta-feira, entrou dentro dela e começou a disparar. Seis minutos após o massacre, ele saiu de Al Noor calmamente, dirigiu até chegar em outra mesquita e continuou o seu ataque. Quando terminou o que pretendia, 50 pessoas estavam mortas, incluindo uma criança de 3 anos. Outra morreria no hospital semanas depois. Mais 49 pessoas ficaram gravemente feridas. Foi a maior chacina na história moderna da Nova Zelândia.

Em seu manifesto (publicado em vários sites das redes sociais) e nas inscrições em sua arma, o assassino expressou admiração pelos homens responsáveis por outros massacres parecidos com o que tinha cometido: no centro de Oslo, capital da Noruega, e em um acampamento de verão norueguês em 2011 (77 pessoas mortas); na Emanuel African Methodist Episcopal Church em Charleston, no estado da Carolina do Sul, EUA, em 2015 (9 pessoas assassinadas); em uma mesquita da cidade de Quebec em 2017 (6 pessoas mortas); e na sinagoga Tree of Life, em Pittsburgh, no ano de 2018 (11 pessoas assassinadas). Como todos os outros terroristas, o atirador de Christchurch era obcecado pela teoria neonazista da conspiração conhecida como "genocídio branco", uma suposta ameaça imposta pela crescente presença de populações não brancas nas nações majoritariamente brancas, que ele atribuía aos imigrantes "invasores".

O horror presenciado em Christchurch faz parte de um padrão crescente e evidente de crimes de ódio de extrema direita, mas também se distinguia de várias maneiras. Uma era a dimensão em que o assassino planejou e executou seu massacre como um espetáculo feito para a internet. Antes de começar o ataque, ele anunciou em um fórum do 8chan que "é hora de parar de produzir *shitposting* — conteúdos e postagens da internet que são geralmente agressivos e ofensivos — e se esforçar para criar uma postagem da vida real", como se um assassinato em massa fosse apenas um *meme* particularmente chocante esperando para ser compartilhado. Então, com a ajuda de uma câmera acoplada em sua cabeça, ele deu sequência a uma transmissão ao vivo de seus assassinatos no Facebook, narrando suas conquistas para os fãs que imaginava ter, tanto nessa rede social quanto no YouTube e Twitter ("Ok, vamos começar essa festa logo") e incrementando seu crime com referências superficiais às piadas internas da internet ("Lembre-se, rapazes, inscrevam-se no canal do *PewDiePie*", disse ele, usando uma das principais celebridades do YouTube, Felix Arvid Ulf Kjellberg, como isca).

Enquanto seu vídeo era transmitido ao vivo, seus espectadores não denunciavam o crime que estava acontecendo naquele instante, mas celebravam junto com ele através de uma enxurrada de *emojis*, *memes* de histórias em quadrinhos com temas nazistas e comentários de apoio, encorajando as ações como "Bom tiro, *Tex*". Era como se eles estivessem assistindo a um jogo de tiro em primeira pessoa — uma analogia que o assassino ridicularizou premeditadamente em seu manifesto, onde brincou sarcasticamente que os videogames eram os responsáveis pelo que estava fazendo. O meta-humor continuou após sua prisão, com o assassino usando sua primeira aparição no tribunal para fazer o sinal de mão "*joinha*" para as câmeras, um movimento projetado para desencadear uma onda de debates sem o menor fundamento sobre a origem do sinal e se todos os que já o usaram poderiam ser considerados como supremacistas brancos enrustidos.

O massacre foi idealizado em todas as suas etapas para que viralizasse nos meios de comunicação — o que sem sombra de dúvidas aconteceu, com aqueles que apoiavam o assassino entrando em um jogo de gato e rato com os moderadores e sistemas de censura do Facebook, YouTube, Reddit e outros sites e redes sociais. Mais tarde, o YouTube relatou que o envio do *snuff film* — vídeos que mostram mortes ou assassinatos reais de pessoas — foi carregado uma vez por segundo nas primeiras 24 horas após o ataque.

A natureza hipermediada do massacre de Christchurch, com a óbvia proposta do assassino de *gameficar* seu crime, foi um contraste insuportável frente à realidade devastadora de seu crime horrorizante — balas atravessando peles, famílias desoladas pelo luto e a comunidade global de muçulmanos enviando mensagens aterrorizantes sobre a constatação de que seus membros não estavam seguros em lugar algum, nem mesmo na santidade da oração.

Também fez um contraste doloroso com os jovens grevistas pelo clima que se reuniram exatamente no mesmo momento ambicionando algo tão diferente. No ponto onde o assassino jogava sem pudor com as fronteiras entre fato, ficção e conspiração, como se a própria ideia do que é verdade fosse uma *#FakeNews*, os grevistas insistiam meticulosamente em que as duras realidades, tais quais o acúmulo dos gases de efeito estufa, as pegadas de carbono e a elevação em espiral do número de extinções, realmente importam, e com isso exigiam que os políticos acabassem com a enorme lacuna entre suas palavras e suas ações.

Greta Thunberg ajudou um grande número de colegas estudantes, como ela, a despertar para a seriedade do nosso momento na história, a parar de se distanciar de seus medos mais profundos e a se erguerem pacificamente pelos direitos de todas as crianças. O assassino de Christchurch mobilizou uma violência extrema para tirar a humanidade de toda uma categoria de pessoas, mesmo que ele desse de ombros, como se nada disso importasse.

Seis semanas após aquele dia terrível, quando falei com Mia Sutherland, ela ainda estava tendo dificuldades para se livrar da associação entre a greve e o massacre; de alguma forma, os dois eventos se fundiram em sua memória. "Ninguém consegue pensar que foram coisas separadas", ela me disse com um tom de voz um pouco mais alto que o de um sussurro.

Quando eventos de dimensões intensas acontecem próximos um do outro, a mente humana geralmente tenta formular uma conexão que não está ali, um fenômeno conhecido como Apofenia. Mas nesse caso, eles estavam conectados. De fato, a greve e o massacre podem ser compreendidos como um espelho que reflete posições opostas para algumas das mesmas forças históricas. E isso se relaciona com o outro motivo para o assassino de Christchurch se diferenciar dos outros massacres cometidos em nome de uma supremacia branca e sobre os quais ele publicamente declarou ter se inspirado. Diferentemente desses, ele se identifica explicitamente como um "ecofascista etnonacionalista". Em seu incoerente manifesto, ele enquadra suas ações como um tipo deturpado de ambientalismo, protestando contra o aumento populacional e afirmando que "A imigração contínua para a Europa é uma questão de luta ambiental".

Para esclarecer, o assassino não foi movido por preocupações ambientais — sua motivação baseava-se em um completo ódio racista —, mas o colapso ecológico foi uma das forças que pareciam estar alimentando esse ódio, da mesma forma que estamos assistindo sua influência na aceleração do ódio e da violência dos conflitos armados em todo o mundo. A menos que algo significativo mude em relação à maneira com que nossas sociedades enfrentam a crise ecológica, meu receio é o de que vejamos emergir com uma frequência muito maior esse tipo de poder branco ecofascista, resultado de uma racionalização feroz pela recusa de conviver com nossas responsabilidades coletivas frente à alteração climática.

Boa parte do que está acontecendo se deve aos duros cálculos em ebulição. Essa é uma crise criada predominantemente pelas camadas mais ricas da sociedade: quase 50% das emissões globais são produzidas pelos 10% da população representados pelos mais ricos do mundo; e os 20% mais ricos são responsáveis por 70%. Mas os impactos dessas emissões estão atingindo primeiro os mais pobres e, pior, forçando um número crescente de pessoas a entrar em êxodo, com a expectativa de crescer ainda mais. Um estudo do Banco Mundial de 2018 estima que, até 2050, mais de 140 milhões de pessoas na África Subsaariana, do Sul da Ásia e da América Latina serão deslocadas por causa das perturbações climáticas, uma estimativa que muitos consideram conservadora. A maioria ficará em seus próprios países, aglomerando-se em cidades e favelas já sobrecarregadas; muitos tentarão uma vida melhor em outro lugar.

Em qualquer universo ético, guiado pelos princípios básicos dos direitos humanos, essas vítimas que sofrem por uma crise provocada por outras pessoas receberiam a justiça devida. Essa justiça tomaria muitas formas. Em primeiro lugar, a justiça exige que os 10% a 20% da população mais rica pare a causa subjacente dessa crise cada vez mais profunda, reduzindo as emissões tão rápido quanto a tecnologia permitir (a premissa do Novo Acordo Ecológico). A justiça também exige que atendamos ao chamado de um "Plano Marshall para a Terra", que a negociadora climática boliviana lançou há dez anos: para que recursos fossem encaminhados para o Sul global, assim as comunidades poderiam se fortalecer contra as extremas condições climáticas, retirando-os da pobreza com tecnologia limpa e protegendo seus modos de vida sempre que possível.

Quando a proteção não é possível — quando a terra é simplesmente seca demais para o cultivo agrícola e quando os oceanos estão subindo rápido demais para impedi-los —, a justiça exige que reconheçamos francamente que todas as pessoas têm o direito humano de se deslocar em busca de segurança. Isso significa que elas devem receber asilo e reconhecimento quando chegarem. Na verdade, em meio a tantas perdas e sofrimentos, devemos muito mais do que isso a elas: devemos bondade, compensação e um profundo pedido de desculpas.

Em outras palavras, a ruptura climática exige um acerto de contas no que concerne aos tópicos mais repelidos pelas mentes conservadoras: redistribuição de riqueza, compartilhamento de recursos e reparações. Cada vez mais pessoas da extrema direita compreendem perfeitamente do que estamos tratando, e é por isso que elas desenvolvem várias racionalizações distorcidas pelos quais nenhum desses tópicos pode vir a acontecer.

A primeira fase é gritar "conspiração socialista" e negar duramente a realidade. Já faz algum tempo que estamos nessa fase. Esse foi o rumo que Anders Breivik, o sociopata que saiu disparando em um acampamento de verão norueguês em 2011, escolheu tomar. Breivik estava convencido de que, além da imigração, uma das maneiras pelas quais a cultura ocidental branca estava sendo enfraquecida era por meio dos apelos à Europa e à Anglosfera para pagar sua "dívida climática". Em uma seção de seu manifesto intitulado "Verde é o novo vermelho — parem o comunismo ambiental!", na qual ele cita diversas pessoas proeminentes que negam a mudança climática e elenca as demandas de financiamento climático como uma tentativa de 'punir' os países europeus (inclusive os EUA) pelo capitalismo e pelo sucesso, "a ação climática", ele afirma, "é a nova redistribuição da riqueza".

Mas se a negação pura e simples parecia uma estratégia viável naquela época, nove anos depois (com seis desses anos entre os dez mais quentes já registrados), ela já não é tanto assim. Isso não significa, no entanto, que aqueles que já negaram uma vez passem a abraçar repentinamente uma resposta à crise climática baseada em estruturas internacionais acordadas. É muito mais provável que muitos dos que frequentemente reivindicam pela negação das alterações climáticas irão simplesmente mudar abruptamente para a sinistra visão de mundo endossada pelo assassino de Christchurch, um reconhecimento de que estamos de fato diante de um futuro convulsivo, e essa é uma razão acima de qualquer outra para que países ricos e majoritariamente brancos fortaleçam suas fronteiras, assim como suas identidades de cristãos brancos, e travem uma guerra contra todos e quaisquer "invasores".

A ciência climática não será mais negada; o que *será* negado é a ideia de que as nações que são as maiores emissoras históricas de carbono devam algo às pessoas negras e pardas afetadas por essa poluição. Isso será negado com base na única lógica possível: que aqueles não brancos e não cristãos são inferiores, são diferentes, são invasores perigosos.

Em grande parte da Europa e da Anglosfera, esse endurecimento já está caminhando a passos largos. A União Europeia, a Austrália e os Estados Unidos já abraçaram completamente as políticas de imigração que são variações sobre "prevenção por meio da detenção". A lógica brutal é tratar os imigrantes com tanta indiferença e crueldade que pessoas desesperadas serão detidas caso busquem por segurança ao cruzarem fronteiras.

Com isso em mente, eles permitem que os imigrantes se afoguem no Mar Mediterrâneo ou morram de desidratação no deserto do Arizona. E se eles sobrevivem, são colocados em condições equivalentes à tortura: nos campos da Líbia, para onde os países europeus agora enviam os migrantes que tentam chegar às suas margens; nas ilhas em alto mar da Austrália, onde se encontram seus campos de detenção; em um *Walmart* cavernoso, um antigo mercado que agora se tornou uma prisão infantil no Texas. Na Itália, se os migrantes conseguirem alcançar um porto, eles agora são regularmente impedidos de desembarcar, mantidos em cativeiro nos barcos de resgate sob as condições que um tribunal definiu como equivalentes à de um sequestro.

Enquanto isso, o primeiro-ministro do Canadá envia fotos no Twitter de si mesmo acolhendo refugiados e visitando mesquitas — mesmo que seu governo faça investimentos maciços na militarização da fronteira e estreite os laços do *Safe Third Country Agreement*, que impede os requerentes de asilo de solicitar proteção nas passagens oficiais da fronteira canadense, se vierem do país supostamente "seguro" dos Estados Unidos de Trump.

O objetivo dessa fortificação que permeia a Europa e a Angloesfera é muito óbvio: convencer as pessoas a permanecerem onde estão, mesmo que seja extremamente miserável, mesmo que seja extremamente mortal. Nesta visão de mundo, a emergência não é o sofrimento das pessoas; é o desejo inconveniente delas de escapar desse sofrimento.

Foi por isso que, apenas poucas horas após o massacre de Christchurch, Donald Trump ignorou a onda de violência promovida pela extrema direita e mudou imediatamente o assunto para a "invasão" de imigrantes na fronteira sul dos Estados Unidos em sua recente declaração de uma "emergência nacional", uma estratégia destinada a liberar bilhões de dólares para um muro na fronteira. Três semanas depois, Trump escreveu no Twitter: "Nosso país está LOTADO!" Dando seguimento ao tweet do ministro do Interior da Itália, Matteo Salvini, que, respondendo à chegada de um pequeno grupo de imigrantes resgatados no mar, alegou: "Nossos portos estavam e permanecem FECHADOS."

Murtaza Hussain, um repórter investigativo que estudou o manifesto do assassino de Christchurch, enfatiza que o texto é repleto de ideias que podem ser qualquer coisa, menos marginais. As palavras contidas ali são, escreve Hussain, "tanto lúcidas quanto assustadoramente familiares. Suas referências a imigrantes como invasores encontram ecos na linguagem usada pelo presidente dos Estados Unidos e por líderes de extrema direita em toda a Europa (...) Para aqueles que se perguntam onde [ele] se radicalizou, a resposta está bem na altura de nossos olhos. Foi em nossa mídia e na política, onde minorias, muçulmanos ou outros são difamados como se isso fosse algo natural".

BARBÁRIE CLIMÁTICA

Os motores da migração em massa são complexos: guerra, violência de gangues, violência sexual, aprofundamento da pobreza. O que está claro é que o colapso climático está intensificando todas essas outras crises e só vai piorar quanto mais quente ficar. Mas, em vez de ajudar, os países mais ricos do planeta parecem determinados a aprofundar a crise em todas as frentes.

Eles não estão conseguindo fornecer novos auxílios que sejam significativos para que os países mais pobres possam se proteger melhor dos extremos climáticos. Quando Moçambique, um país empobrecido e endividado, foi esmagado pelo ciclone Idai, o Fundo Monetário Internacional ofereceu ao país US$118 milhões, um empréstimo (não um subsídio) que de alguma forma teria de ser devolvido; a *Jubilee Debt Campaign* descreveu a atitude como "um indiciamento chocante da comunidade internacional". Pior ainda, em março de 2019, Trump anunciou que pretendia cortar os US$700 milhões do auxílio vigente à Guatemala, a Honduras e a El Salvador, alguns dos quais foram destinados para programas que ajudam os agricultores a lidar com a seca. Em uma expressão igualmente explícita de suas prioridades, em junho de 2018, no início da temporada de furacões, o Departamento de Segurança Interna desviou US$ 10 milhões da *Federal Emergency Management Agency*, uma agência federal norte-americana encarregada de responder a desastres naturais nos Estados Unidos, e transferiu esse valor para o *Immigration and Customs Enforcement*, para pagar pela retenção de imigrantes.

E que não haja nenhum engano: este é o alvorecer da barbárie climática. E, a menos que haja uma mudança radical não apenas na política, mas também nos valores subjacentes que governam nossa política, é assim que o mundo rico "se adaptará" a mais alterações climáticas: desencadeando na totalidade as ideologias tóxicas que classificam o valor relativo da vida humana, a fim de justificar o descarte monstruoso de enorme parte da humanidade. E o que começa como atos brutais no controle das fronteiras certamente se espalhará para as sociedades como um todo.

Essas ideias supremacistas não são novas e nem sequer foram eliminadas em algum momento. Para nós, na Anglosfera, elas estão profundamente incorporadas na base legal da própria existência de nossas nações (da Doutrina do Descobrimento Cristão à *terra nullius*). Seu poder diminuiu e fluiu ao longo de nossa história, dependendo de quais comportamentos imorais exigiam justificativas ideológicas. E, assim como essas ideias tóxicas surgiram quando era preciso racionalizar a escravidão, o roubo de terras e a segregação, elas estão surgindo novamente agora, uma vez que são necessárias para justificar a recalcitrância climática e a barbárie em nossas fronteiras.

O rápido crescimento da crueldade em nosso momento atual não pode ser minimizado, tampouco os danos que a psique coletiva poderá sofrer no longo prazo se isso não for contestado. Sob a encenação de alguns governos negando a mudança climática e outros postulando que estão fazendo algo a respeito enquanto fortalecem suas fronteiras contra os efeitos de toda a situação, existe uma questão global diante de nós. No futuro duro e árduo que já começou, que tipo de pessoas seremos? Vamos compartilhar o que sobrou e tentaremos cuidar um do outro? Ou, em vez disso, tentaremos acumular as sobras, cuidando apenas de nós mesmos e afastando todos os outros que não fazem parte do nosso grupo?

Neste tempo em que assistimos ao aumento dos oceanos e do fascismo, essas são as duras escolhas diante de nós. Existem outras opções além da completa barbárie climática, mas, considerando quão longe estamos desse caminho, não há sentido em continuar fingindo que são fáceis. Vai nos exigir muito mais do que a criação de impostos sobre carbono ou sistemas de limitação e comércio de emissões. Vai exigir uma guerra em todos os âmbitos contra a poluição e a pobreza, o racismo e o colonialismo e o desespero, tudo ao mesmo tempo.

Talvez, ainda mais importante, se nosso plano é evitar um futuro arcado por aqueles com a menor culpa e maior vulnerabilidade se tornando, de forma brutal, bodes expiatórios, precisaremos encontrar a fortaleza dentro de nós para enfrentarmos em condições de igualdade os poderosos jogadores que carregam a maior responsabilidade pela crise climática. Assumir o setor de combustíveis fósseis pode parecer uma missão impossível: sua riqueza ilimitada inclui dinheiro para gastar com *lobbying* de políticos — visando a aprovação de leis draconianas cujos alvos são os ativistas, como também pode comprar anúncios de relações públicas que poluem as frequências de comunicação. E, no entanto, esse setor é muito mais vulnerável a variadas formas de pressão do que parece à primeira vista.

Durante os últimos cinco anos, uma estratégia central do movimento da justiça climática foi demonstrar que essas empresas são atores imorais cujos lucros são ilegítimos, porque seu ramo principal de negócios depende de desestabilizar a civilização humana. Essa estratégia levou centenas de instituições a se comprometerem com a venda de suas ações de empresas de combustíveis fósseis. Mais recentemente, tanto o Movimento Sunrise quanto outros grupos se concentraram em fazer com que os políticos eleitos assumissem como compromisso a máxima "não ao dinheiro de combustíveis fósseis", que bem mais da metade dos candidatos à liderança do Partido Democrata rapidamente concordou em assinar. Se a rejeição às doações provenientes dos combustíveis fósseis, afastando os lobistas do setor, fosse convertida na orientação política de um partido, o poder dessa indústria sobre a formulação de políticas seria drasticamente enfraquecido. E se, sob pressão pública e regulatória, os meios de comunicação parassem de exibir anúncios de empresas de combustíveis fósseis, da mesma forma que pararam de distribuir as propagandas de tabaco no passado, a influência descomunal da indústria de combustíveis fósseis sofreria cada vez mais um processo de erosão.

Com menos desinformação desvirtuando os debates e uma nítida separação entre petróleo e estado, o caminho seria muito mais aberto para os tipos de regulamentações robustas que reinariam rapidamente nesse setor nocivo, porque todas as empresas extrativas funcionam dentro de uma estrutura não negociável em que a noção de "cresça ou morra" é o imperativo em vigor. Eles precisam reafirmar constantemente aos investidores que seus produtos estarão em alta demanda não apenas hoje, mas também no futuro. É por isso que uma parte central da avaliação de toda empresa de combustíveis fósseis repousa não apenas nos projetos que atualmente têm em produção, mas também no petróleo e gás que possuem "em reserva" — os depósitos descobertos para a extração e comprados visando seu desenvolvimento pelas próximas décadas.

De acordo com Stephen Kretzmann, diretor executivo da *Oil Change International*, assim que os governos começarem a negar novas licenças de exploração e perfuração do solo de que nós precisamos para realizar uma rápida transição para a energia 100% renovável, os investidores começarão a pular do barco. "Essa definição de limites financeiros e políticos no que concerne as indústrias revela seu mito mais persistente: que nós sempre precisaremos deles. O fato é justamente o contrário. Os verdadeiros líderes climáticos da próxima década precisarão ter a coragem de retirar literalmente todas as licenças da indústria (social, política, legal), interrompendo a expansão da indústria com urgência e gerenciando o declínio da produção pelas próximas décadas que se seguirem, de uma maneira que seja justa com os trabalhadores e as comunidades que estão na linha de frente". Também pode ser necessário assumir o controle de algumas dessas empresas para garantir que os lucros restantes sejam destinados à remediação dos danos inferidos às terras e à água durante sua atuação e à distribuição de pensões aos trabalhadores, em vez de serem direcionados aos bolsos dos investidores. O que, por sua vez, exige um afastamento decisivo do fundamentalismo de livre mercado que definiu grande parte do último meio século.

A mensagem emitida pelas greves escolares é a de que muitos jovens estão prontos para esse tipo de mudança profunda. Eles sabem muito bem que a sexta extinção em massa não é a única crise que herdaram. Eles também estão crescendo entre os escombros da euforia do mercado, nos quais os sonhos de aumentar continuamente os padrões de vida deram lugar à austeridade desenfreada e à insegurança econômica. E a utopia tecnológica, que imaginava um futuro sem fricções e atritos, com conexão e comunidade ilimitadas, se metamorfoseou em vícios nos algoritmos de inveja, vigilância corporativa implacável e no crescimento em espiral de uma misoginia e da supremacia branca online.

"Uma vez que você já fez seu dever de casa", diz Greta Thunberg, "você percebe que precisamos de novas políticas. Precisamos de uma nova economia, onde tudo se baseie no nosso orçamento de carbono, que é extremamente limitado e de rápido declínio. Mas isso não é suficiente. Precisamos de uma maneira completamente nova de se pensar (...) Precisamos parar de competir uns com os outros. Precisamos começar a cooperar e compartilhar os recursos restantes deste planeta de maneira justa".

Porque nossa casa está em chamas, e isso não deveria surpreender. Com falsas promessas, futuros desconsiderados e pessoas sacrificadas, sua explosão estava anunciada desde o início. É tarde demais para salvar todas as nossas coisas, mas ainda podemos salvar uns aos outros e muitas outras espécies também. Vamos apagar as chamas e construir algo diferente em seu lugar. Algo um pouco menos ornamentado, mas com espaço para todos aqueles que precisam de abrigo e cuidados.

Vamos estabelecer um Novo Acordo Ecológico —, e, desta vez, será para todos.

UM BURACO NO MUNDO

Mais do que um acidente de engenharia ou do que uma máquina quebrada, o buraco no fundo do oceano é uma ferida violenta provocada no organismo vivo que é a própria Terra.

Em 20 de abril de 2010, a plataforma Deepwater Horizon, da companhia petrolífera inglesa BP, explodiu no Golfo do México enquanto perfurava em profundidades jamais tentadas. Onze membros da tripulação morreram durante a enorme explosão, e a cabeça de poço se rompeu, fazendo com que o petróleo jorrasse incontrolavelmente do fundo do oceano. Após muitas tentativas fracassadas, em 15 de julho o poço foi finalmente tampado, deixando para trás 4 milhões de barris (168 milhões de galões) de petróleo, o maior derramamento já registrado nas águas dos EUA.

JUNHO DE 2010

TODOS QUE SE JUNTARAM PARA A REUNIÃO DA CÂMARA MUNICIPAL FORAM instruídos repetidas vezes a demonstrar civilidade aos senhores da BP e ao governo federal norte-americano. Esses senhores simpáticos conseguiram encontrar um horário vago em suas agendas lotadas para se deslocar até o ginásio de uma escola na noite de uma terça-feira, na paróquia de Plaquemines, Louisiana. O local era uma das muitas comunidades litorâneas onde o veneno marrom deslizava pelos pântanos, parte do que passou a ser descrito como o maior desastre ambiental da história dos EUA.

"Fale com os outros da maneira que você gostaria que falassem com você", foi o que o presidente da reunião pediu pela última vez antes de abrir a sessão para perguntas.

Durante um tempo, a multidão, composta principalmente por famílias de pescadores, apresentou uma contenção impressionante. Todos escutavam pacientemente enquanto Larry Thomas, um genial especialista em relações públicas da BP, afirmava estar comprometido em fazer o seu melhor para que as reivindicações de perda de receita daquelas pessoas fosse processada — na sequência, todos os detalhes seriam passados adiante para um subcontratante bem menos amigável. As famílias ouviram também o representante da Agência de Proteção Ambiental dos Estados Unidos conforme ele as informava que o dispersante químico borrifado em grandes quantidades sobre o óleo era perfeitamente seguro, ao contrário do que eles já tinham lido sobre a ausência de testes e o produto ter sido banido na Grã-Bretanha.

Mas a paciência começou a se esgotar quando Ed Stanton, capitão da guarda costeira, subiu ao palco pela terceira vez para assegurar-lhes que "a guarda costeira pretende garantir que a BP limpe todo o derramamento".

Alguém gritou: "Escreva isso no papel!" A essa altura, o ar-condicionado já havia sido desligado e a Budweiser dos refrigeradores estava prestes a acabar. Um pescador de camarão chamado Matt O'Brien se aproximou do microfone. "Não precisamos mais ouvir isso", declarou ele, com as mãos nos quadris. Não importava quais garantias estivessem sendo oferecidas, porque, ele explicou, "nós simplesmente não confiamos em vocês!" E, com isso, uma animação tão intensa emergiu, que você poderia pensar que os *Oilers* (o infeliz nome do time de futebol americano da escola) tinham acabado de cruzar a linha de gol e marcar um touchdown.

O confronto foi, no mínimo, catártico. Durante semanas, os moradores foram submetidos a uma série de conversas estimulantes e promessas extravagantes que vinham de Washington, Houston e Londres. Toda vez que ligavam a TV, encontravam o chefe da BP, Tony Hayward, dando sua palavra de honra de que ele "faria tudo da maneira correta". Ou então era o presidente Barack Obama expressando sua confiança absoluta de que seu governo deixaria "a costa do Golfo em um estado ainda melhor do que antes", que ele estava "assegurando" que "tudo voltaria a se restabelecer com ainda mais força do que antes desta crise".

Tudo parecia ótimo. Mas para as pessoas cujos meios de subsistência as colocavam em contato íntimo e direto com a sensível química das áreas úmidas, isso parecia completamente ridículo e também doloroso. Uma vez que o óleo começa a revestir o solo das regiões pantanosas, como já acontecia a poucos quilômetros de onde estávamos, nenhuma máquina milagrosa ou invenção química pode eliminar sua presença com segurança. Você pode retirar o óleo da superfície da água corrente em um mar aberto e pode deslocá-lo da areia da praia, mas um pântano oleoso continua lá, morrendo lentamente. As larvas das inúmeras espécies para as quais o pântano é um local de desova (camarão, caranguejo, ostras e alguns tipos de peixes) serão envenenadas.

Isso já estava acontecendo. Mais cedo naquele dia, viajei por pântanos próximos em um barco de águas rasas. Os peixes estavam pulando nas águas cercadas por uma barragem branca, as tiras de algodão grosso e malha que a BP estava usando para absorver o óleo. O círculo formado pelo material poluído parecia estar estreitando-se ao redor dos peixes, sufocando-os como um nó. Nas proximidades, um melro-de-asas-vermelhas empoleirava-se no topo de uma folha de dois metros de grama do pântano contaminada por óleo. A morte estava se aproximando sorrateiramente; o pequeno pássaro estivesse sentado em uma bomba-relógio prestes a estourar.

E, consequentemente, há a grama em si, ou caniço, como são chamadas as folhas altas e afiadas. Se o óleo penetrar profundamente no pântano, matará não apenas a grama que está localizada acima do solo, mas também suas raízes. Essas raízes são o que mantém o pântano unido, impedindo que as terras verdes e claras colapsem em direção ao delta do Mississippi e ao Golfo do México. Assim, lugares como a paróquia de Plaquemines resistem para não perder não só a pesca local, mas também grande parte da barreira física que inibe a intensidade de tempestades ferozes como o furacão Katrina — o que pode acabar significando a perda de tudo o que eles têm.

Quanto tempo levará para que um ecossistema devastado dessa forma seja "restaurado, tornando-se inteiro novamente", assim como o secretário de Assuntos Interiores do presidente Obama comprometeu-se a realizar? A remota possibilidade de algo assim acontecer não está nem um pouco clara, pelo menos não em um período facilmente apreensível. As pescarias do Alasca ainda não se recuperaram totalmente do derramamento de óleo ocasionado pelo navio petroleiro Exxon Valdez em 1989, e algumas espécies de peixes nunca retornaram. Agora, cientistas do governo estimam que uma quantidade similar ao petróleo derramado pelo Valdez pode estar adentrando as águas costeiras do Golfo a cada quatro dias. Uma previsão ainda pior surge do derramamento da Guerra do Golfo de 1991, quando cerca de 11 milhões de barris de petróleo foram despejados no Golfo Pérsico, o maior derramamento de todos os tempos. Esse óleo entrou no pântano e ali ficou, aprofundando-se cada vez mais graças a buracos cavados por caranguejos. Não é uma comparação perfeita, tendo em vista que tão pouco foi feito para limpar a região, mas, de acordo com um estudo realizado 12 anos após o desastre, quase 90% dos pântanos salgados e mangues afetados pelo derramamento ainda estavam profundamente danificados.

Nós sabemos que é muito difícil tornar a Costa do Golfo "inteira", como era antes: o mais provável é que ela seja reduzida. Suas águas ricas e céus movimentados estarão menos vivos do que são hoje. O espaço físico que muitas comunidades ocupam no mapa também diminuirá, graças à erosão. A lendária cultura da costa se contrairá e murchará ainda mais. Afinal, as famílias de pescadores de ponta a ponta do litoral não recolhem apenas comida. Eles sustentam uma rede complexa que inclui tradição familiar, culinária, música, arte e idiomas ameaçados — assim como as raízes da grama que sustentam a terra no pântano. Sem a pesca, essas culturas únicas perdem seu sistema radicular, que é o próprio terreno em que estão firmadas. (A

BP, por sua vez, está bem ciente dos limites da recuperação. A seção da empresa que administra o plano regional de resposta a derramamentos de óleo no Golfo do México tem instruções específicas aos funcionários responsáveis para que eles não façam "promessas de que a propriedade, a ecologia ou qualquer outra coisa será restaurada ao seu estado normal". Não nos restam dúvidas do motivo para que os agentes encarregados favoreçam consistentemente o uso de termos despretensiosos como "fazer dar certo".)

Se o Katrina abriu as cortinas para a realidade do racismo na América, o desastre da BP abre a cortina para algo ainda mais escondido: como até mesmo os mais engenhosos entre nós têm um controle tão pequeno sobre as impressionantes e intricadamente interconectadas forças naturais nas quais casualmente nos intrometemos. A BP fracassou durante semanas enquanto tentava tapar o buraco que ela própria havia criado na Terra. Nossos líderes políticos não podem ordenar que espécies de peixes sobrevivam ou que golfinhos-nariz-de-garrafa não sofram uma extinção em massa. Não existe nenhuma quantidade de dinheiro que possa substituir uma cultura que perdeu suas raízes. E ao mesmo tempo que nossos políticos e líderes corporativos ainda não se conformam com a presença dessas verdades humilhantes, as pessoas cujo ar, água e meios de subsistência foram contaminados se desiludem rapidamente.

"Tudo está morrendo", disse uma mulher quando a reunião da prefeitura estava finalmente terminando. "Como pode ser honesto o que vocês nos dizem sobre o nosso Golfo ser resiliente e que vai retornar a ser o que era? Porque nenhum de vocês que estão aí em cima tem sequer uma ideia do que vai acontecer ao nosso Golfo. Vocês se sentam aqui com uma cara séria e agem como se soubessem de alguma coisa, quando, na verdade, vocês não sabem de nada".

A crise na Costa do Golfo acontece por muitos motivos: corrupção, desregulamentação, dependência de combustíveis fósseis. Mas, no fim das contas, trata-se de uma só coisa: a certeza, na declaração da nossa cultura, que de forma terrivelmente perigosa atesta ter um entendimento e um domínio tão completos da natureza a ponto de poder manipulá-la e reordená-la radicalmente, com risco mínimo para os sistemas naturais que nos sustentam. Porém, como o desastre da BP revelou, a natureza é sempre mais imprevisível do que os modelos matemáticos e geológicos sofisticados imaginam. Durante seu depoimento no congresso, Hayward, da BP, disse: "As melhores mentes e os melhores especialistas estão sendo aplicados" na crise e que, "com a possível exceção do programa espacial na década de 1960, é difícil imaginar a reunião de uma equipe maior e tecnicamente mais eficiente em um só lugar em tempo de paz". E, no entanto, diante do que a geóloga Jill Schneiderman descreveu como "poço de Pandora", eles são como homens enfrentando a multidão enfurecida na reunião da câmara municipal: agem como se soubessem de alguma coisa, quando, na verdade, não sabem de nada.

A DECLARAÇÃO DA MISSÃO DA BP

No arco da história humana, a noção de que a natureza é uma máquina que podemos reordenar segundo nossa vontade é um conceito relativamente recente. A historiadora ambiental Carolyn Merchant, em seu livro pioneiro de 1980, *The Death of Nature*, lembrou aos leitores que, até os anos 1600, a Terra era vista como uma entidade viva, geralmente assumindo a forma de mãe. Os europeus, como os povos indígenas de todo o mundo, acreditavam que o planeta era um organismo vivo, cheio de poderes geradores de vida, mas que também tinha um temperamento tempestuoso. Por esse motivo, existiam fortes tabus que eram contrários às ações que poderiam deformar ou profanar a "mãe", entre elas a mineração.

A metáfora foi alterada a partir da revelação de alguns (mas de modo algum todos) mistérios da natureza durante a revolução científica da década de 1600. Agora, com a natureza definida como uma máquina, desprovida de mistério ou divindade, as partes que compunham sua estrutura poderiam ser destruídas, extraídas e refeitas com impunidade. Algumas vezes a natureza continuava a ser representada pela imagem de uma mulher, mas uma que fosse facilmente dominada e subjugada. Em 1623, Sir Francis Bacon foi quem melhor encapsulou o novo ethos, quando escreveu *De dignitate et augmentis scientiarum*, de que a natureza deve ser "restringida, moldada e fabricada como se fosse algo novo, feita pela arte e pela mão do homem".

Essas palavras também poderiam descrever a declaração da missão corporativa da BP. Habitando o que a empresa chamou arrogantemente de "fronteira de energia", ela se enredou na sintetização de micróbios produtores de metano e anunciou que "uma nova área de pesquisa" seria a geoengenharia. E, é claro, vangloriou-se de que, agora com seu prospecto de Tiber, no Golfo do México, a BP tinha "o poço mais profundo já perfurado pela indústria de petróleo e gás", tão profundo no oceano quanto os jatos que voam sobre nossas cabeças.

Um espaço especialmente pequeno na imaginação corporativa era dedicado a imaginar e se preparar para as possíveis consequências, caso tais experiências baseadas na alteração de elementos básicos da vida e da geologia dessem errado. Como todos já descobrimos, depois que a plataforma Deepwater Horizon explodiu, a empresa não tinha qualquer sistema acionado para responder efetivamente a esse cenário. Explicando porque não existia nem sequer uma última tentativa malsucedida de contenção esperando para ser ativada em terra, um porta-voz da BP, Steve Rinehart, disse: "Acho que ninguém previu a circunstância que estamos enfrentando agora". Aparentemente, "parecia inconcebível" que o sistema de prevenção de explosões falhasse, então por que se preparar para essa possibilidade?

Essa recusa em considerar o fracasso claramente vem do topo da cadeia. Há um ano, o CEO Hayward disse a um grupo de graduandos da Universidade de Stanford que ele tem uma placa em sua mesa que diz: O QUE VOCÊ ARRISCARIA SE SOUBESSE QUE NÃO PODERIA FALHAR? Longe de ser um slogan inspirador e positivo, essa era realmente uma descrição precisa de como a BP e seus concorrentes se comportavam no mundo real. Nas audiências recentes na Colina do Capitólio, o congressista Ed Markey, de Massachusetts, criticou representantes das principais empresas de petróleo e gás sobre a esclarecedora maneira com que eles alocaram seus recursos. Durante três anos, eles gastaram "US$39 bilhões para novas explorações de petróleo e gás. No entanto, o investimento médio em pesquisa e desenvolvimento para segurança, prevenção de acidentes e resposta a derramamentos foi de apenas US$20 milhões por ano".

Essas prioridades contribuem bastante para explicar por que o plano de exploração inicial que a BP submeteu ao governo federal para a malfadada Deepwater Horizon se assemelha a uma tragédia grega sobre a arrogância humana. A frase "pouco risco" aparece cinco vezes. Mesmo se houver um derramamento, a BP prevê com confiança que, graças a "equipamentos e tecnologia comprovados", os efeitos colaterais serão mínimos. A natureza é apresentada como um previsível e agradável parceiro (ou talvez um fornecedor) subordinado.

O relatório explica de forma animadora que, caso ocorra um derramamento, "As correntes e a degradação provocada pelos micróbios removeriam o óleo da coluna d'água ou diluiriam seus constituintes até que chegassem aos níveis de base". Os efeitos nos peixes, entretanto, "provavelmente não seriam letais", por causa da "capacidade de peixes e moluscos adultos de evitarem o derramamento (e) de metabolizarem hidrocarbonetos". (Na narrativa da BP, ao invés de uma ameaça terrível, um derramamento surge como um bufê livre para a vida aquática.)

O melhor de tudo é que, se um grande derramamento ocorrer, há aparentemente "pouco risco de contato ou impacto no litoral" por causa da reação rápida projetada pela empresa (!) E "devido à distância (da plataforma) da terra" (cerca de 48 milhas ou 77 quilômetros). Esta é a afirmação mais impressionante de todas. Em um golfo que frequentemente recebe ventos de mais de 70 quilômetros por hora, sem mencionar furacões, a BP tinha tão pouco respeito pela capacidade do oceano de retroceder e fluir, emergir e se agitar, que não imaginou que o petróleo pudesse ser conduzido por míseros 77 quilômetros. (Um fragmento gerado pela explosão do Deepwater Horizon apareceu em uma praia na Flórida, a 306 quilômetros de distância.)

No entanto, nenhuma dessas negligências teria acontecido se a BP não estivesse fazendo suas previsões para uma classe política que deseja impacientemente acreditar que a natureza realmente foi dominada.

Alguns, como a republicana Lisa Murkowski, são mais ansiosos que outros. A senadora do Alasca ficou tão admirada pela imagem sísmica quadridimensional da indústria, que chegou a proclamar que a perfuração em alto mar tinha atingido o ápice da artificialidade controlada. "Isso é melhor que a Disneylândia, se pensarmos em termos de como podemos direcionar as tecnologias para obtenção de um recurso que é milhares de anos mais velho e ainda fazê-lo de uma maneira ambientalmente correta", disse ela ao comitê de energia do Senado.

É claro que perfurar sem pensar tem sido a política do Partido Republicano desde maio de 2008. Quando os preços do gás atingiram níveis sem precedentes, o líder conservador Newt Gingrich revelou o slogan "Drill Here, Drill Now, Pay Less" ("Perfure Aqui, Perfure Agora, Pague Menos"), com ênfase no *agora*. A campanha extremamente popular foi um grito contra a cautela, contra os estudos, contra as ações comedidas. Segundo Gingrich, perfurar em casa era uma medida infalível para abaixar o preço da bomba, criar empregos e chutar a bunda do mundo árabe, tudo isso de uma vez só. Não importava onde o petróleo e o gás pudessem estar — trancados no xisto das Montanhas Rochosas, no Refúgio Nacional da Vida Selvagem do Ártico e nas profundezas do alto mar. Diante dessa tripla vitória, cuidar do meio ambiente era para os fracotes. Como o senador Mitch McConnell disse: "no Alabama, Mississippi, Louisiana e Texas, eles acham que as plataformas de petróleo são bonitas." Na época em que a infame Convenção Nacional Republicana "Drill, baby, drill" ("Perfure, baby, perfure") ocorreu, em 2008, a base do partido estava em um frenesi tão intenso com os combustíveis fósseis extraídos pelos EUA que eles teriam perfurado o chão da convenção se alguém tivesse trazido uma broca grande o suficiente.

Eventualmente, Obama acabou cedendo. Apenas três semanas antes de o *Deepwater Horizon* explodir, em um péssimo alinhamento cósmico, o presidente anunciou que abriria partes do país que estavam anteriormente protegidas para perfuração em alto mar. A prática não era tão arriscada quanto ele havia pensado, explicou. "Hoje em dia, as plataformas de petróleo geralmente não causam derramamentos.

Elas têm uma tecnologia muito avançada". No entanto, isso não foi o suficiente para Sarah Palin, que zombou dos planos do governo Obama de conduzir mais estudos antes que algumas áreas fossem perfuradas. "Meu Deus, gente, essas áreas já foram estudadas até a morte", disse ela à Conferência de Liderança Republicana do Sul, em Nova Orleans, apenas 11 dias antes da explosão. "Vamos perfurar, baby, perfurar. Não vamos parar, baby, nada de parar!" E houve muita euforia.

Em seu depoimento no congresso, Hayward, da BP, disse: "Nós e toda a indústria aprenderemos com esse terrível acontecimento." E qualquer um poderia imaginar que uma catástrofe dessa magnitude realmente incutiria nos executivos da BP e na multidão "Perfure Agora" um novo senso de humildade. Contudo, não há sinais de que esse seja o caso. A reação ao desastre, tanto nos níveis corporativos como governamentais, tem se manifestado em abundância com o mesmo tipo de arrogância e previsões excessivamente otimistas que criaram a explosão.

"O Golfo do México é um oceano muito grande", ouvimos de Hayward. "O volume de óleo e a quantidade de dispersante que estamos colocando nele são muito pequenos em relação ao volume total de água." Em outras palavras: não se preocupe, ele consegue lidar com isso. O porta-voz John Curry, enquanto isso, insistia em que os micróbios famintos consumiriam qualquer óleo que estivesse no sistema de água, porque "a natureza tem sua própria maneira de colaborar com a situação". Mas a natureza não entrou no jogo. O jorro de petróleo no fundo do mar arruinou todas as tentativas de controle da BP. Naquele momento, os métodos usados para conter o derramamento de petróleo foram os chamados "*top hats*", "*containment domes*" e "*junk shot*" ("cartolas", "cúpulas de contenção" e "dose de lixo", respectivamente). (Três meses após a explosão, a cabeça do poço foi finalmente tampada.) As boias que a BP atirou para absorver o óleo foram ridicularizadas pelos ventos marítimos e pelas correntes oceânicas. "Nós dissemos a eles", disse Byron Encalade, presidente da organização *Louisiana Oystermen Association:* "O petróleo vai passar por cima ou por baixo das boias." De fato, foi o que aconteceu. O biólogo marinho Rick Steiner, que acompanha a limpeza de perto, estima que "70% ou 80% das boias não estão servindo para absolutamente nada".

E ainda existem os controversos dispersantes químicos: mais de 1,3 milhão de galões foram despejados com a marca registrada da empresa ao assumir a atitude de "o que poderia dar errado?". Como os moradores enfurecidos na prefeitura da paróquia de Plaquemines apontaram com razão, poucos testes foram conduzidos e o número de pesquisas sobre o que essa quantidade sem precedentes de óleo disperso fará na vida marinha é extremamente reduzido. Além disso, não existe uma maneira de limpar a mistura tóxica de óleo e produtos químicos abaixo da superfície. Sim, os micróbios de multiplicação rápida devoram óleo debaixo d'água, mas, no processo, eles também absorvem o oxigênio da água, criando uma ameaça à saúde marinha.

A BP inclusive atreveu-se a imaginar que eles poderiam acobertar as desagradáveis imagens das praias cobertas por óleos e dos pássaros escapando das zonas de desastre. Quando eu estava na água com uma equipe de TV, por exemplo, fomos abordados por outro barco, cujo capitão perguntou: "Vocês todos trabalham para a BP?" Quando dissemos que não, a resposta em mar aberto foi: "Então você não pode estar aqui." Mas, é claro, essas táticas pesadas, como todas as outras, falharam. Simplesmente há muito petróleo em muitos lugares. "Você não pode dizer ao ar e nem à água de Deus onde fluir e por onde passar ", foi o que me disse a ativista da justiça ambiental Debra Ramirez. Essa foi uma lição que ela aprendeu ao viver em Mossville, Louisiana, cercada por 14 instalações petroquímicas e observando as doenças que se espalhavam de vizinho a vizinho.

A onda de negação não mostra sinais de redução. Os políticos da Louisiana, indignados, se opuseram à interrupção temporária de em águas profundas, ordenada por Obama, acusando o presidente de matar a única grande indústria que sobrou, agora que a pesca e o turismo estavam em crise. Sarah Palin refletiu no Facebook que "não existe nenhum empreendimento humano sem risco", enquanto o congressista republicano do Texas John Culberson descreveu o desastre como uma "anomalia estatística". De longe, a reação mais sociopata, no entanto, veio do comentarista veterano de Washington, Llewellyn King: em vez de nos afastarmos dos grandes riscos de engenharia, disse ele, devemos fazer uma pausa e "admirar que podemos construir máquinas tão impressionantes que podem até mesmo levantar a tampa do submundo".

FAÇA O SANGRAMENTO PARAR

Felizmente, muitos estão levando do desastre uma lição muito diferente, ficando atônitos não com o poder da humanidade de remodelar a natureza, mas com nossa impotência em suportar as ferozes forças naturais que desencadeamos. Também há algo mais: a sensação de que o buraco no fundo do oceano é mais do que um acidente de engenharia ou uma máquina quebrada.

É uma ferida violenta no organismo vivo que é a própria Terra. E, graças às imagens da câmera subaquática da BP, podemos assistir as tripas do nosso planeta jorrando em tempo real, 24 horas por dia.

John Wathen, um ambientalista da Waterkeeper Alliance, foi um dos poucos observadores independentes a sobrevoar o vazamento logo nos primeiros dias do desastre. Depois de filmar as grossas faixas vermelhas de petróleo às quais a guarda costeira educadamente se refere como "brilho de arco-íris", ele observou o que muitos sentiram: "O Golfo parece estar sangrando." Essa imagem aparece repetidas vezes em conversas e entrevistas. Monique Harden, uma advogada de Nova Orleans especializada em direitos ambientais, se recusa a chamar o desastre de "derramamento de óleo", e, em vez disso, diz: "Estamos com uma hemorragia." Outros falam da necessidade de "fazer o sangramento parar". E enquanto eu voava com a Guarda Costeira dos EUA sobre a faixa do oceano onde o Deepwater Horizon afundou, fui pessoalmente atingida pela maneira com que o óleo formava espirais nas ondas, parecendo nitidamente com desenhos de cavernas: um pulmão emplumado ofegante, olhos para cima, um pássaro pré-histórico. Eram mensagens que vinham das profundezas.

E essa é certamente a reviravolta mais estranha da saga da Costa do Golfo: ela parece estar nos despertando para a realidade de que a Terra nunca foi uma máquina. Depois de 400 anos, em que seu óbito foi declarado, e no meio de tanta morte, na Louisiana, a Terra está voltando a viver.

A experiência de acompanhar o petróleo progredir através do ecossistema é, em si, uma espécie de curso intensivo de ecologia. Todos os dias, aprendemos mais sobre como algo que parece ser um problema terrível acontecendo em uma parte isolada do mundo na verdade irradia para além das fronteiras de maneiras que a maioria de nós jamais poderia imaginar. Um dia aprendemos que o petróleo pode chegar até Cuba, e então até a Europa. Em seguida, ouvimos dizer que os pescadores na Ilha do Príncipe Eduardo, no Canadá, mais acima no Atlântico, estão preocupados porque o atum-rabilho que eles pescam em seus litorais nascem a milhares de quilômetros de distância, nessas águas do Golfo, que agora estão manchadas de óleo. E aprendemos também que, para os pássaros, os pântanos da Costa do Golfo são o equivalente a um movimentado saguão de aeroporto. Todo mundo parece ter uma parada por ali: 110 espécies de aves migratórias e 75% de todas as aves aquáticas migratórias dos EUA.

Uma coisa é escutar de um incompreensível teórico do caos que uma borboleta batendo as asas no Brasil pode provocar um tornado no Texas. Outra é observar a teoria do caos se desenrolar bem diante de seus olhos. Carolyn Merchant coloca a lição da seguinte forma: "O problema, como a BP descobriu de maneira trágica e tardia, é que a natureza é uma força ativa que não pode ser confinada dessa forma." Resultados previsíveis são incomuns nos sistemas ecológicos, enquanto "eventos caóticos e imprevisíveis (são) comuns". E caso ainda não tenhamos entendido, alguns dias atrás, um raio atingiu um navio da BP como um ponto de exclamação, forçando-o a suspender seus esforços de contenção. E ninguém ousa especular sobre o que um furacão faria com a sopa tóxica da BP.

É preciso enfatizar que há algo distorcido nesse caminho específico para a iluminação. Dizem que os norte-americanos só aprendem onde estão localizados os países estrangeiros quando os bombardeiam. Agora parece que todos nós estamos aprendendo sobre os sistemas circulatórios da natureza quando envenenamos suas artérias.

No final dos anos 1990, um grupo indígena isolado na Colômbia capturou as manchetes do mundo com um conflito digno do filme *Avatar*. De seu lar remoto nas florestas nubladas dos Andes, os U'wa deixaram o aviso de que, se a *Occidental Petroleum* levasse adiante os planos de perfuração no território da tribo, eles cometeriam um ritual de suicídio em massa pulando de um penhasco. Os mais velhos explicaram que o petróleo faz parte da *ruiria*, "o sangue da Mãe Terra". Eles acreditam que todo tipo de vida, incluindo a deles, flui da *ruiria*, e que se o óleo fosse extraído da terra, isso traria a destruição de seu povo. (Em algum momento a *Oxy* se retirou da região, dizendo que ali não havia tanto petróleo quanto ela pensava anteriormente.)

Praticamente todas as culturas indígenas têm mitos sobre deuses e espíritos que vivem no mundo natural — em rochas, montanhas, geleiras, florestas —, assim como a cultura europeia antes da revolução científica. Katja Neves, uma antropóloga da Universidade Concórdia, ressalta que a prática serve a um propósito prático. Chamar a Terra de "sagrada" é outra maneira de expressar humildade diante de forças que não podemos compreender completamente. Quando algo é sagrado, exige que procedamos com cautela. Até mesmo com reverência.

Se muitos de nós finalmente absorvermos esta lição, as implicações serão profundas. O apoio público ao aumento da perfuração offshore está caindo vertiginosamente, e já é 22% menor desde o ápice do frenesi "Perfure Agora". No entanto, o assunto ainda não morreu. Muitos ainda insistem em que, graças à engenhosa nova tecnologia e às novas e rígidas regulamentações, agora é perfeitamente seguro perfurar o Ártico, onde uma limpeza sob gelo seria infinitamente mais complexa do que a que está ocorrendo atualmente no Golfo. Mas quem sabe desta vez não seremos tão facilmente tranquilizados, nem será tão rápido apostar com os poucos refúgios que nos restaram.

O mesmo vale para a geoengenharia. À medida que as negociações sobre as mudanças climáticas ocorrem, devemos estar prontos para ouvir mais argumentos vindos do Dr. Steven Koonin, subsecretário de energia para a ciência do governo de Barack Obama. Ele é um dos principais defensores da ideia de que a mudança climática pode ser combatida com truques tecnológicos como liberar partículas de sulfato e alumínio na atmosfera — e, é claro, tudo é perfeitamente seguro, assim como a Disneylândia! Coincidentemente, ele também é o ex-cientista chefe da BP, o homem que, apenas 15 meses antes do acidente, ainda estava supervisionando a tecnologia por trás do avanço supostamente seguro da BP na perfuração em águas profundas. Talvez desta vez optemos por não permitir que o bom doutor experimente a física e a química da Terra e optemos, em vez disso, por reduzir nosso consumo e por realizar a transição para as energias renováveis, que têm a virtude de que, em caso de falha, esta seja pequena.

O resultado mais positivo possível desse desastre seria não apenas uma aceleração de fontes de energia renováveis como o vento, mas uma adoção completa do princípio da precaução na ciência. Como um espelho oposto à crença de Hayward "Se você soubesse que não poderia falhar", o princípio da precaução sustenta que, "quando uma atividade gera ameaças de danos ao meio ambiente ou à saúde humana", nós devemos pisar com cuidado, como se a falha fosse possível, até provável. Talvez possamos até conseguir uma nova placa de mesa para Hayward, enquanto ele assina os cheques de compensação: VOCÊ AGE COMO SE SOUBESSE DE ALGUMA COISA, MAS, NA VERDADE, VOCÊ NÃO SABE DE NADA.

POST SCRIPTUM

Quando visitei a Costa do Golfo para este relatório, o derramamento ainda estava em andamento e a maior parte dos impactos em longo prazo ainda eram desconhecidos. Nove anos depois, ficou claro que algumas das previsões mais extremas estavam corretas. Pesquisas da National Wildlife Federation indicam que três quartos dos golfinhos--nariz-de-garrafa que estavam em gestação não conseguiram dar à luz às suas ninhadas de maneira viável nos anos após o desastre. Em 2015, os relatórios indicaram que o derramamento havia sido um fator na morte de pelo menos cinco mil mamíferos, muitos deles golfinhos.

Além disso, uma margem entre dois e cinco trilhões de peixes jovens foram perdidos, com mais de oito bilhões de ostras. Isso contribuiu em perdas de aproximadamente US$247 milhões em receita anual para a indústria pesqueira, de acordo com um relatório de 2015 do Natural Resources Defense Council (NRDC). E, exatamente como todas as pessoas que conheci que de alguma forma se relacionavam com a pesca estavam preocupadas que aconteceria, cerca de 12% de todas as larvas de atum-rabilho no Golfo foram contaminadas por óleo durante a estação de desova de 2010, de acordo com um estudo do NRDC, com impactos na população em longo prazo que ainda são desconhecidos.

Os pássaros que vi na faixa de grama oleosa provavelmente também não se saíram bem. Uma pesquisa realizada em 2013 pela Louisiana State University descobriu que apenas 5% dos ninhos de pardal em partes oleadas do pântano sobreviveram após o derramamento, em comparação com aproximadamente 50% no pântano que não foi diretamente afetado pelo petróleo. As descobertas da Gulf of Mexico Research Initiative mostram que a grama do pântano em até dez metros de distância da costa foi destruída e que grandes quantidades de óleo permaneceram enterradas no fundo dos sedimentos, onde foram agitadas e liberadas durante o furacão Harvey em 2012 (e provavelmente serão lançadas novamente em futuros desastres). De acordo com um estudo da Universidade Estadual da Flórida de 2017, houve uma perda espantosa de 50% da biodiversidade nos sedimentos costeiros afetados pelo derramamento.

CAPITALISMO VS. CLIMA

Simplesmente não existe nenhuma forma de ajustar um sistema de crenças que difama a ação coletiva e venera a total liberdade de mercado com um problema que exige ação coletiva numa escala sem precedentes e um controle dramático das forças de mercado que criaram e estão aprofundando a crise.

NOVEMBRO DE 2011

HÁ UMA PERGUNTA DE UM CAVALHEIRO NA QUARTA FILEIRA.

Ele se apresenta como Richard Rothschild e diz à multidão que concorreu ao cargo de comissário do condado de Carroll no estado de Maryland porque chegou à conclusão de que as políticas de combate ao aquecimento global eram, na verdade, "um ataque ao capitalismo americano da classe média". Sua questão para os palestrantes reunidos no hotel Marriott, em Washington, D.C., é a seguinte: "Até que ponto todo esse movimento é simplesmente um cavalo de Troia pintado de verde cuja barriga está preenchida pela doutrina vermelha socioeconômica marxista?"

Aqui, na Sexta Conferência Internacional do Instituto Heartland sobre as Alterações Climáticas, o principal encontro para aqueles que estão dedicados a negar o esmagador consenso científico de que a atividade humana está aquecendo o planeta, essa questão é vista como uma pergunta retórica. É como perguntar em uma reunião de banqueiros do banco central alemão se os gregos não são dignos de confiança. Ainda assim, os palestrantes não deixarão passar a oportunidade de dizer ao participante como ele está certo.

Chris Horner, membro sênior do Competitive Enterprise Institute, especialista em importunar os cientistas climáticos com processos onerosos e pescar informações com a Freedom of Information Act [Lei de Liberdade de Informação], direciona o microfone da mesa para sua boca. "Você pode acreditar que isso é sobre o clima", ele diz sombriamente, "e muitas pessoas acreditam, mas essa não é uma crença razoável". Horner, cujos cabelos prematuramente grisalhos o fazem parecer um Anderson Cooper de direita, gosta de evocar Saul Alinsky: "O motivo não é o problema." Aparentemente o problema é que "nenhuma sociedade livre faria para si mesma o que essa agenda exige (...) O primeiro passo para ela é remover essas liberdades teimosas que continuam atrapalhando o seu caminho".

Afirmar que a mudança climática é uma conspiração para roubar a liberdade norte-americana é um tanto inofensivo, se comparado aos padrões do Heartland. Ao longo dessa conferência de dois dias, aprenderei que a promessa da campanha de Obama de apoiar as refinarias locais de biocombustíveis, na verdade, se tratava de "comunitarismo verde", algo semelhante ao esquema "maoísta" de colocar "fornos de ferro fundido no quintal de todo mundo" (Patrick Michaels, do Instituto Cato); que o discurso da alteração climática é "um falso pretexto para o nacional-socialismo" (Harrison Schmitt, ex-senador republicano e astronauta aposentado); e que os ambientalistas são como sacerdotes astecas, sacrificando inúmeras pessoas para abrandar os deuses e alterar o clima (Marc Morano, editor do site de referência para os negadores das mudanças climáticas, *ClimateDepot*).

Porém, acima de tudo, escutarei outras versões da opinião expressa pelo comissário do condado na quarta fileira: a de que a mudança climática é um cavalo de Troia projetado para abolir o capitalismo e substituí-lo por algum tipo de ecossocialismo. Como o orador da conferência, Larry Bell, coloca sucintamente em seu novo livro, *Climate of Corruption*, as alterações climáticas "se relacionam pouco com o estado do meio ambiente e muito com o desejo de algemar o capitalismo, transformando o modo de vida norte-americano nos interesses de uma distribuição global da riqueza".

Sim, é claro que existe o pretexto de que a rejeição dos representantes à ciência climática esteja enraizada em sérias discordâncias sobre os dados coletados. E os organizadores também se esforçam para imitar as conferências científicas credíveis, chamando a reunião de "Restaurando o Método Científico" e até adotando o acrônimo organizacional ICCC, que está a apenas uma letra de distância da principal autoridade mundial em mudança climática, o Painel Intergovernamental sobre Alterações Climáticas (IPCC). Mas as teorias científicas apresentadas aqui são datadas e já foram desacreditadas há muito tempo. Além disso, não existe nenhuma tentativa de explicar por que cada palestrante parece contradizer o próximo. (Não há aquecimento, ou existe aquecimento, mas isso não é um problema? E se não existe o aquecimento, então por que há tantas conversas sobre as manchas solares que causam o aumento da temperatura?)

Na verdade, vários membros da audiência majoritariamente idosa parecem tirar uma soneca enquanto os gráficos de temperatura são projetados. Eles despertam apenas quando as estrelas do movimento sobem ao palco — não os cientistas da equipe C, mas os guerreiros ideológicos da equipe A, como Morano e Horner. Esse é o verdadeiro propósito da reunião: proporcionar um fórum para que os obstinados negadores colecionem os bastões de baseball retóricos que serão usados para golpear os ambientalistas e cientistas climáticos nas semanas e meses porvir. Os pontos de discussão que são inicialmente testados nessa reunião se acumularão nas seções de comentários abaixo de todos os artigos e vídeos do YouTube que contenham a frase "alteração climática" ou "aquecimento global". Eles também sairão da boca de centenas de comentaristas e políticos de direita — desde candidatos republicanos à presidência estadunidense, como Rick Perry e Michele Bachmann, até chegarem nos comissários do condado como Richard Rothschild. Em uma entrevista do lado de fora das sessões, Joseph Bast, presidente do Instituto Heartland, assume orgulhosamente o crédito pelos "milhares de artigos, editoriais e discursos (...) que foram orientados ou inspirados a partir de alguém que esteve em uma dessas conferências".

O Instituto Heartland, um *think tank* com sede em Chicago dedicado a "promover soluções de livre mercado", realiza essas confabulações desde 2008, eventualmente duas vezes por ano. E a estratégia parece estar funcionando. No final do primeiro dia, Morano — cujo ponto crucial de sua escalada à fama foi ter publicado a história contada pelo Swift Boat Veterans for Truth, responsável por afundar a campanha presidencial de John Kerry em 2004 — lidera o encontro com uma série de voltas por cima. Comércio de emissões: não existe! Obama na Conferência de Copenhague: fracasso! O movimento climático: suicida! Ele até reproduz algumas citações de ativistas climáticos batendo em si próprios (como os progressistas conseguem fazer tão bem) e estimula a plateia a "comemorar"!

Não havia nenhum balão ou confete caindo do teto, mas ninguém estranharia se houvesse.

Quando a opinião pública sobre as grandes questões sociais e políticas muda, as tendências ocorrem de maneira relativamente gradual. Mudanças bruscas, quando ocorrem, são geralmente precipitadas por eventos dramáticos. É por isso que os pesquisadores estão tão surpresos com o que aconteceu com as percepções sobre as alterações climáticas nos Estados Unidos em apenas quatro anos. Uma pesquisa de 2007 da empresa de tecnologia Harris descobriu que 71% dos norte-americanos acreditavam que a queima contínua de combustíveis fósseis ocasionaria uma mudança no clima. Em 2009, o número havia caído para 51%. Já em junho de 2011, o número de norte-americanos que concordaram caiu para 44% — bem menos da metade da população. De acordo com Scott Keeter, diretor de pesquisas de sondagem do Pew Research Center for the People and the Press, uma organização apartidária que coleta dados e informações, essa é "uma das maiores alterações de tendências apreendida em um curto período na história recente da opinião pública".*

Um dado ainda mais arrebatador diz respeito a toda essa mudança ter acontecido praticamente em uma extremidade do espectro político. Até 2008 (o ano no qual Newt Gingrich realizou, em parceria com Nancy Pelosi, um comercial de televisão sobre mudanças climáticas), a questão ainda tinha uma camada de apoio bipartidário nos Estados Unidos. Definitivamente, não é mais assim. Hoje, de 70% a 75% dos democratas e liberais autodenominados acreditam que a humanidade está alterando o curso do clima, um número que permaneceu estável ou aumentou minimamente na última década. Os republicanos, particularmente os membros do Tea Party, a ala radical do partido, em um nítido contraste com a oposição, optaram por rejeitar maciçamente o consenso científico. Em algumas regiões, apenas cerca de 20% dos autoproclamados republicanos aceitam a ciência.†

Uma mudança na intensidade emocional tem sido igualmente significativa. A alteração climática costumava ser um tema com o qual a maioria das pessoas dizia se importar — mas nem todos se importavam tanto assim. Quando perguntavam aos norte-ameri-

* Desde então, os números vêm sendo recuperados, e no início de 2019 eles já estavam mudando rapidamente. Um estudo de janeiro de 2019 do Programa de Comunicação das Alterações Climáticas da Universidade Yale descobriu que 72% dos norte-americanos descreveram a alteração climática como "pessoalmente importante" para eles — um aumento de nove pontos desde março de 2018. Uma maioria evidente também entendeu que as mudanças climáticas são causadas principalmente pela atividade humana. O estudo também constatou que "quase metade dos norte-americanos (46%) afirma ter experimentado pessoalmente os efeitos do aquecimento global, um aumento de 15 pontos percentuais desde março de 2015". Também são significativas as pesquisas de 2017 da Pew Research que descobriram que 65% dos norte-americanos apoiam a expansão de fontes de energia de combustíveis não fósseis, enquanto apenas 27% são a favor de apostar tudo nos combustíveis fósseis.

† A divisão partidária permanece forte, com apenas 26% dos republicanos conservadores acreditando no consenso científico sobre as mudanças climáticas. No entanto, entre republicanos liberais/moderados autodeclarados, houve uma queda significativa na negação, com 55% agora reconhecendo o papel da humanidade no aquecimento global, de acordo com um estudo da Universidade Yale.

canos se eles poderiam classificar suas preocupações políticas em ordem de prioridade, certamente a alteração climática figurava em último lugar.*

Mas agora há um grupo significativo de republicanos que se preocupam ardentemente, até de forma obsessiva, com a alteração climática — mesmo que o que esteja realmente lhes interessando seja desvelar essa questão, dando-lhe um lugar de "farsa" perpetrada pelos liberais para forçá-los a trocar suas lâmpadas, a morar em moradias do tipo Soviéticas e entregar seus carros esportivos. Para esses direitistas, a oposição à mudança climática tornou-se tão central para sua visão de mundo quanto os baixos impostos, posse de armas e a objeção ao aborto. Muitos cientistas que estudam as alterações climáticas relatam ter recebido ameaças de morte, assim como os autores de artigos sobre assuntos aparentemente tão inócuos quanto a conservação de energia. (Como uma carta recebida por Stan Cox, autor de um livro que criticava o ar-condicionado, "Você só vai tirar o termostato das minhas mãos quando elas estiverem frias e mortas".)

A pior notícia de todas é a presença dessa intensa guerra cultural, porque, quando você desafia a posição de uma pessoa em um tema central de sua identidade, dificilmente fatos e argumentos são vistos como algo além de novos ataques, e, dessa forma, eles são facilmente negados. (A partir do financiamento parcial dos Irmãos Koch e da liderança de um cientista simpatizante da posição "cética", os negacionistas conseguiram até mesmo encontrar uma maneira de descartar um novo estudo que confirma a realidade do aquecimento global.)

Durante a corrida para a liderança do Partido Republicano, os efeitos dessa intensidade emocional têm sido totalmente demonstrados.

---

* Essa pode ser a maior mudança recente de todas: uma pesquisa no início de 2019 do *Pew Research Center* indicou que 44% dos eleitores dos EUA acham que a mudança climática deve ser uma prioridade, em contraste aos 26% de 2011. Realizada em abril de 2019 e tendo um resultado ainda mais notório, uma pesquisa da CNN sugere que, em relação as primárias presidenciais, a mudança climática é agora a principal questão para os eleitores registrados do Partido Democrata, com classificação ainda mais alta que a dos cuidados com a saúde.

O governador do Texas, Rick Perry, deixou a base do partido encantada ao declarar que os cientistas climáticos estavam manipulando dados "para que tenham dólares entrando em seus projetos", mesmo com seu estado natal literalmente queimando com incêndios que se alastravam por toda a região.

Enquanto isso, a campanha do único candidato que defendia consistentemente a ciência climática, Jon Huntsman, já estava morta antes mesmo da partida. E se a campanha de Mitt Romney conseguiu ser resgatada, parte se deve ao seu desvio das declarações anteriores, em que apoiava o consenso científico sobre as mudanças climáticas.

Mas os efeitos das conspirações em torno das questões climáticas promovidas pela direita norte-americana vão muito além do Partido Republicano. Quando se tratava desse assunto, a maior parte dos democratas emudeceu, não querendo alienar os políticos independentes, e as indústrias de mídia e cultura seguiram o mesmo exemplo. Em 2007, as celebridades estavam aparecendo na premiação do Oscar em carros híbridos. Nesse mesmo ano, a revista *Vanity Fair* lançou uma edição anual verde, e as três principais redes de televisão dos EUA transmitiram 147 matérias sobre mudanças climáticas. Isso acabou. Em 2010, as principais redes de comunicação publicaram apenas 32 matérias sobre as alterações climáticas; limusines estão de volta em grande estilo no Oscar; e a edição "anual" verde da *Vanity Fair* não é lançada desde 2008.

Esse silêncio desconfortável persistiu até o final da década mais quente já registrada na história, com mais um verão marcado por desastres naturais assustadores e uma onda de calor que superou os recordes em todo o mundo. Enquanto isso, a indústria de combustíveis fósseis se apressa para realizar investimentos na casa dos bilhões de dólares em novas infraestruturas para extrair petróleo, gás natural e carvão de algumas das fontes mais poluentes e de maior risco do continente (o gasoduto Keystone XL de US$7 bilhões representando apenas o maior exemplo). Nas areias betuminosas de Alberta, no mar de Beaufort, nos campos de gás da Pensilvânia e nos campos de carvão de Wyoming e Montana, a indústria está fazendo altas apostas para que a perspectiva de uma legislação climática séria não tenha a menor chance de existir.

Esses projetos estão prontos para extrair um carvão enterrado cuja liberação na atmosfera aumentará dramaticamente a possibilidade do desencadeamento de diversas alterações climáticas catastróficas (minerar todo o petróleo nas areias betuminosas de Alberta, diz James Hansen, da NASA, seria "anunciar o fim do jogo" para o clima).

Tudo isso significa que o movimento climático precisa retornar de maneira estrondosa. Para que isso aconteça, a esquerda terá de aprender com a direita. Os negacionistas ganharam força ao criar uma disputa entre o clima e a economia: a ação destruirá o capitalismo, alegaram eles, matando empregos e elevando os preços. Porém, em um momento em que um número crescente de pessoas concorda com os manifestantes do *Occupy Wall Street*, muitos dos quais argumentam que o capitalismo habitual se configura como a própria causa da instabilidade de empregos e da servidão da dívida, existe uma oportunidade escancarada de aproveitar o terreno econômico da direita. Isso exigiria a construção de um argumento persuasivo que mostraria como as soluções reais para a crise climática também são nossa melhor esperança de gerar um sistema econômico mais justo e muito mais esclarecido — um que acabe com as profundas desigualdades, fortaleça e transforme a esfera pública, fomente trabalhos dignos e em abundância e coloque rédeas radicais no que concerne ao poder corporativo. Também exigiria uma mudança da perspectiva que coloca a ação climática como apenas uma das questões na lista de causas dignas competindo por atenção. Assim como a negação da alteração climática se tornou uma questão central na noção de identidade da direita, totalmente entrelaçada com a defesa dos atuais sistemas de poder e riqueza, a realidade científica das mudanças climáticas deve, para os progressistas, ocupar um lugar central em uma narrativa coerente sobre os riscos de uma cobiça desenfreada e a necessidade de criarmos alternativas reais.

Construir um movimento tão transformador pode não ser tão difícil quanto parece à primeira vista. De fato, se você perguntar aos *Heartlanders*, a mudança climática torna praticamente inevitável algum tipo de revolução de esquerda, e é exatamente por isso que eles estão tão determinados em negar sua realidade. Talvez devêssemos ouvir suas teorias mais de perto — elas podem compreender algo que a maioria de nós ainda não entende.

• • •

Os negacionistas não decidiram que a mudança climática é uma conspiração da esquerda quando desvelaram alguma trama socialista secreta. Eles chegaram a essa conclusão examinando com atenção o que seria necessário para reduzir as emissões globais de maneira tão drástica e rápida quanto a ciência do clima exige. Eles concluíram que isso poderia ser realizado apenas reordenando radicalmente nossos sistemas econômicos e políticos de maneira oposta ao seu sistema baseado em crenças de "livre mercado". Como apontou o blogueiro britânico e membro regular do Heartland, James Delingpole, "o ambientalismo moderno avança com sucesso em muitas das causas mais queridas para a esquerda: redistribuição de riqueza, impostos mais altos, maior intervenção governamental, regulamentação". Bast, do Heartland, assinala de uma maneira ainda mais franca: para a esquerda, "a alteração climática é a coisa perfeita (...) É a razão pela qual devemos fazer tudo o que [a esquerda] queria fazer de qualquer maneira."

Deixo aqui minha verdade inconveniente: eles não estão errados. Antes de prosseguir, deixe-me esclarecer: como atestam 97% dos cientistas climáticos do mundo, os *Heartlanders* estão completamente errados sobre a ciência. Os gases que absorvem o calor liberado na atmosfera através da queima de combustíveis fósseis e da limpeza de nossas florestas já estão causando o aumento da temperatura. Se não nos encaminharmos para um caminho energético radicalmente diferente até o final desta década, teremos problemas.

Mas quando se trata das consequências políticas dessas descobertas científicas, especificamente do tipo de mudanças profundas necessárias não apenas ao nosso consumo de energia, mas também à lógica subjacente do nosso sistema econômico, a multidão reunida no Hotel Marriott pode ser consideravelmente menor em negação do que muitos ambientalistas profissionais, aqueles que retratam o aquecimento global como um *Armageddon* e depois nos asseguram que podemos evitar uma catástrofe comprando produtos "sustentáveis" e criando mercados especialistas em poluição.

O fato de a atmosfera da Terra não poder absorver com segurança a quantidade de carbono que estamos bombeando em sua direção é um sintoma de uma crise muito maior, que tem suas origens na ficção central sobre a qual nosso modelo econômico se baseia: que a natureza é ilimitada, que sempre seremos capazes de encontrar mais do que precisamos e que, se algo acabar, é perfeitamente possível substituí-lo por qualquer outro recurso que podemos extrair infinitamente. E não é apenas a atmosfera que exploramos além de sua capacidade de recuperação — estamos fazendo o mesmo com os oceanos, com a água doce, com o solo superficial e com a biodiversidade. A mentalidade expansionista e extrativista que há tanto tempo governa nosso relacionamento com a natureza é o que a crise climática questiona de uma maneira tão fundamental. A abundância de pesquisas científicas que mostram que levamos a natureza além de seus limites exige não apenas a criação de produtos sustentáveis e soluções baseadas nas lógicas do mercado, mas também o desenvolvimento de um novo paradigma de civilização, baseado não no domínio da natureza, mas no respeito aos ciclos naturais de renovação — e extremamente sensível aos limites naturais, incluindo os limites da inteligência humana.

Então, de certa forma, Chris Horner estava certo quando disse a seus colegas Heartlanders que a alteração climática não é "o problema". Na verdade, não é mesmo um problema. A mudança climática é uma mensagem que nos diz que muitas das ideias mais primorosas para a cultura ocidental não são mais viáveis. Essas são revelações profundamente desafiadoras para todos nós que crescemos sob os ideais Iluministas de progresso, desacostumados a ter nossas ambições restringidas por limites naturais. E isso é verdade tanto para a esquerda estatista quanto para a direita neoliberal.

Enquanto os Heartlanders gostam de invocar o espectro do comunismo para aterrorizar os norte-americanos sobre a ação climática (o ex-presidente tcheco Vaclav Klaus, um dos favoritos da conferência Heartland, diz que as tentativas de impedir o aquecimento global são semelhantes às "ambições dos planejadores comunistas que ocupavam posições centrais, almejando controlar toda a sociedade"), a realidade é que o socialismo de estado da era soviética foi desastroso para o clima. Esse modelo consumiu recursos com tanto entusiasmo quanto o capitalismo e expeliu resíduos da mesma maneira imprudente: antes da queda do Muro de Berlim, tchecos e russos tinham pegadas de carbono per capita ainda maiores do que seus pares na Grã-Bretanha, Canadá e Austrália. E enquanto alguns apontam para a vertiginosa expansão dos programas de energia renovável da China para argumentar que apenas regimes centralizados podem fazer o trabalho sustentável, a economia de comando e controle da China continua a ser explorada para travar uma guerra total com a natureza, por meio de megabarragens maciçamente prejudiciais, estradas megalomaníacas e projetos de energia baseados em extração, particularmente de carvão.*

É verdade que responder à ameaça climática requer uma disposição para se engajar no planejamento industrial e forte ação governamental em todos os níveis. Mas algumas das soluções climáticas mais bem-sucedidas são aquelas que conduzem essas intervenções

---

* O Centro de Política Global de Energia da Universidade Columbia relata algumas tendências recentes encorajadoras: a China agora é a líder mundial em energia eólica, solar e hidrelétrica. O consumo de carvão, que vinha aumentando constantemente, caiu de 3% a 4% em 2017. No entanto, embora a raiva da população frente à poluição tóxica do ar tenha conseguido desligar muitas usinas a carvão dentro da China e bloquear a construção de muitas outras, foi relatado que 100 novas usinas estão sendo construídas em outros países, com envolvimento chinês. Em outras palavras, assim como a América do Norte e a Europa terceirizaram grande parte de suas emissões para a China, juntamente com sua fabricação, agora a China está terceirizando parte de suas emissões para as regiões mais pobres do mundo.

para dispersar e devolver sistematicamente o poder e o controle ao nível da comunidade, seja por meio de energia renovável controlada comunitariamente, agricultura ecológica ou sistemas de trânsito genuinamente responsáveis perante seus usuários.

Aqui é onde os Heartlanders têm boas razões para ter medo: alcançar esses novos sistemas exigirá um retalhamento da ideologia de livre mercado que domina a economia global há mais de três décadas. O próximo passo é olhar para as linhas gerais do que significaria a admissão de uma agenda climática séria nessas seis arenas: infraestrutura pública, planejamento econômico, regulamentação corporativa, comércio internacional, consumo e tributação. Para ideólogos da extrema direita como os reunidos na conferência Heartland, os resultados são nada menos que um cataclismo intelectual.

1. REVIVENDO E REINVENTANDO A ESFERA PÚBLICA

Após anos de reciclagem, compensação de carbono e troca de lâmpadas, é óbvio que a ação individual nunca será uma resposta adequada à crise climática. A mudança climática é um problema coletivo e exige ação coletiva. Uma das principais áreas em que essa ação coletiva deve ocorrer é nos investimentos de alto valor projetados para reduzir nossas emissões em larga escala. Isso significa metrôs, bondes e sistemas de VLT que não estejam apenas em todos os lugares, mas também sejam acessíveis a todos, e talvez até gratuitos; habitações construídas ao longo dessas linhas de trânsito que sejam viáveis economicamente e eficientes em termos de energia; redes elétricas inteligentes dotadas de energia renovável; e um esforço maciço de pesquisa para garantir que estamos usando os melhores métodos possíveis.

O setor privado é mal equipado para fornecer a maioria desses serviços, pois exige grandes investimentos iniciais, e se eles devem ser genuinamente acessíveis a todos, alguns poderão muito bem não ser rentáveis. Eles são, no entanto, decididamente, de interesse público, razão pela qual devem vir desse setor.

Tradicionalmente, as batalhas para proteger a esfera pública são lançadas como conflitos entre esquerdistas irresponsáveis que querem gastar sem limites e realistas práticos que entendem que estamos vivendo além de nossos meios econômicos. Mas a gravidade da crise climática clama por uma concepção radicalmente nova de realismo e uma compreensão muito diferente dos limites. Os déficits orçamentários do governo não são tão perigosos quanto os que criamos nos complexos e vitais sistemas naturais. Mudar nossa cultura para respeitar esses limites exigirá toda nossa força coletiva — para nos livrarmos de combustíveis fósseis e para reforçarmos a infraestrutura comunitária contra as tempestades que se aproximam.

2. RELEMBRANDO COMO PLANEJAR

Além de reverter a tendência de privatização que há 30 anos prevalece, uma resposta séria à ameaça climática envolve a recuperação de uma arte que foi constantemente difamada durante essas décadas de fundamentalismo de mercado: o planejamento. Muito, muito planejamento. Planejamento industrial. Planejamento do uso da terra. E não apenas nos níveis nacional e internacional. Todas as cidades e comunidades do mundo precisam de um plano que oriente o afastamento dos combustíveis fósseis, o que o movimento Transition Town [Cidade em Transição] chama de "plano de ação da queda de energia". Nas cidades e capitais que estão levando essa responsabilidade a sério, o processo abriu espaços raros para a democracia participativa, com os vizinhos embalando reuniões de consulta nas prefeituras para compartilhar ideias sobre como reorganizar suas comunidades para reduzir as emissões e aumentar a resiliência para os tempos difíceis que estão por vir.

As mudanças climáticas também exigem outras formas de planejamento, principalmente para os trabalhadores cujos empregos se tornarão obsoletos à medida que nos afastarmos dos combustíveis fósseis. Algumas sessões de treinamento de "empregos sustentáveis" não são suficientes. Esses trabalhadores precisam saber que empregos reais esperarão por eles do outro lado do rio. Isso significa trazer de volta a ideia de planejar nossas economias com base em prioridades coletivas, e não na lucratividade corporativa — dando aos funcionários demitidos de fábricas de automóveis e minas de carvão as ferramentas e os recursos para que eles possam obter empregos igualmente seguros na fabricação de vagões do metrô, na instalação de turbinas eólicas e na limpeza das áreas de extração, para citar apenas alguns exemplos. Parte disso será no setor privado, alguns no domínio público e outros em cooperativas, tendo as cooperativas sustentáveis geridas por trabalhadores de Cleveland como um possível modelo a ser seguido.

A agricultura também terá de ver um renascimento no planejamento se quisermos resolver a tripla crise de erosão do solo, das condições climáticas extremas e da dependência de insumos provenientes dos combustíveis fósseis. Wes Jackson, o visionário fundador do *Land Institute* em Salina, Kansas, está reivindicando uma "lei agrícola de 50 anos". Esse é o intervalo de tempo que ele e seus colaboradores, Wendell Berry e Fred Kirschenmann, estimam que será necessário para realizar pesquisas e desenvolver a infraestrutura para substituir muitas culturas anuais de grãos que destroem o solo (cultivadas em monoculturas) por culturas perenes (cultivadas em policulturas). Como as plantações perenes não precisam ser replantadas todos os anos, suas longas raízes fazem um trabalho muito melhor no armazenamento de água escassa, mantendo o solo no lugar e sequestrando o carbono. As policulturas também são menos vulneráveis a pragas e à aniquilação pelo clima extremo que já está previsto. Outro bônus: esse tipo de agricultura é muito mais trabalhoso que a agricultura industrial, o que significa que a agricultura já há muito tempo negligenciada nas comunidades rurais pode voltar a ser uma fonte substancial de emprego.

Fora da conferência Heartland e de outras reuniões que partilham ideias semelhantes, o retorno do planejamento não é nada que se deva temer. O experimento de 30 e tantos anos na economia desregulada do Velho Oeste está falhando com a grande maioria das pessoas em todo o mundo. O motivo para que tantas pessoas já estejam se revoltando publicamente contra as elites está nesses fracassos sistêmicos. Elas exigem salários dignos, o fim da corrupção e a democracia real. A alteração climática não entra em conflito com as demandas por um novo tipo de economia. Ao contrário, acrescenta a elas um imperativo existencial.

3. COLOCANDO RÉDEAS NAS CORPORAÇÕES

Uma parte essencial do planejamento que devemos empreender envolve a rápida regulamentação do setor corporativo. Muito pode ser feito com incentivos: subsídios para energia renovável e administração responsável da terra, por exemplo. Mas também teremos de voltar ao hábito de barrar definitivamente comportamentos perigosos e destrutivos. Isso significa atrapalhar as corporações em frentes diversas, desde a imposição de limites rigorosos à quantidade de carbono que as empresas podem emitir até a proibição de novas usinas a carvão, a repressão de confinamentos industriais e a eliminação progressiva dos projetos de extração de energia suja (começando com o cancelamento de novos oleodutos e outros projetos de infraestrutura que, se construídos, impediriam os planos de expansão).

Apenas um setor muito pequeno da população enxerga que qualquer restrição à escolha corporativa ou do consumidor se traduz no caminho de Hayek para a servidão — e não por coincidência, é precisamente esse setor da população que está na linha de frente da negação das mudanças climáticas.

4. REVIVENDO A PRODUÇÃO LOCAL

Se regulamentar estritamente as empresas para responder às mudanças climáticas parece um tanto radical, é porque, desde o início dos anos 1980, o papel assumido pelo governo de sair do caminho do setor corporativo e principalmente do domínio do comércio internacional é visto como um artigo de fé. Os impactos devastadores do livre comércio sobre a manufatura, os negócios locais e a agricultura são bem conhecidos. Mas talvez o maior golpe de todos tenha sido conferido à atmosfera. Os navios cargueiros, aviões jumbo e caminhões pesados que transportam recursos brutos e produtos acabados em todo o mundo devoram combustíveis fósseis e expelem gases de efeito estufa. E os produtos baratos que estão sendo produzidos — fabricados para serem descartados e substituídos, quase nunca reparados — estão consumindo uma enorme quantidade de outros recursos não renováveis, enquanto produzem muito mais resíduos do que poderíamos absorver com segurança.

Na verdade, esse modelo é tão cheio de desperdícios que muitas vezes os ganhos modestos que vêm sendo conquistados na redução de emissões são anulados. Por exemplo, a publicação anual da Academia Nacional de Ciências dos Estados Unidos, *Proceedings of the National Academy of Sciences*, publicou recentemente um estudo sobre as emissões lançadas pelos países industrializados que assinaram o Protocolo de Kyoto. Foi constatado que, embora elas tenham se estabilizado, isso ocorreu em parte porque o comércio internacional permitiu que esses países transferissem sua produção poluente para lugares como a China. Os pesquisadores concluíram que o aumento das emissões de bens produzidos em países em desenvolvimento, mas consumidos em países industrializados, foi seis vezes maior que a economia de emissões de países industrializados.

Em uma economia organizada para respeitar os limites naturais, o gasto intensivo de energia gerado pelos transportes de longa distância precisaria ser racionado — reservado para os casos em que os bens não podem ser produzidos localmente ou onde a produção local acarreta uma quantidade maior de carbono. (Por exemplo, cultivar alimentos em estufas nas partes frias dos Estados Unidos geralmente consome mais energia do que cultivá-los no Sul e enviá-los através de sistemas VLT.)

As alterações climáticas não exigem o fim do comércio, mas exigem uma revisão das formas imprudentes com que o "livre comércio" governa todos os acordos comerciais bilaterais e a Organização Mundial do Comércio. Se ela for feita com cuidado e cautela, teremos, acima de tudo, boas notícias — para trabalhadores desempregados, agricultores incapazes de competir com importações baratas, comunidades que viram seus fabricantes se mudarem para o exterior e seus negócios locais sendo substituídos por grandes lojas. Mas o desafio que isso impõe ao projeto capitalista não deve ser subestimado: representa a reversão da tendência de 30 anos em que todos os limites possíveis do poder corporativo tendem a ser removidos.

5. ENCERRANDO COM O CULTO AO CONSUMO

As últimas três décadas de livre comércio, desregulamentação e privatização não foram apenas o resultado de pessoas gananciosas que desejavam obter lucros corporativos cada vez maiores. Elas também foram uma reação à "estagflação" da década de 1970, que criou uma intensa pressão para encontrar novos caminhos para o rápido crescimento econômico. A ameaça era real: dentro de nosso atual modelo econômico, uma queda na produção é, por definição, uma crise — uma recessão ou, se for profunda o suficiente, uma depressão, com todo o desespero e sofrimento que essas palavras implicam.

Esse imperativo de crescimento é o motivo pelo qual os economistas convencionais abordam a crise climática com confiança, perguntando: como podemos reduzir as emissões enquanto mantemos um crescimento robusto do PIB? A resposta usual é a "dissociação", isto é, a ideia de que a energia renovável e a maior eficiência nos permitirão dissociar o crescimento econômico de seu impacto ambiental. E defensores do "crescimento verde", como Thomas Friedman, nos dizem que o processo de desenvolvimento de novas tecnologias sustentáveis e instalação de uma infraestrutura que segue esse exemplo podem proporcionar um enorme impulso econômico, disparando o PIB e gerando a riqueza necessária para "tornar a América mais saudável, mais rica e mais inovadora, mais produtiva e mais segura".

Mas aqui é onde as coisas se complicam. Há um crescente corpo de pesquisas econômicas sobre o conflito entre crescimento econômico descontrolado e uma política climática sólida, liderada pelo economista ecológico Herman Daly, da Universidade de Maryland, por Peter Victor, da Universidade de York, por Tim Jackson, da Universidade de Surrey, e pelo especialista em leis e políticas ambientalistas Gus Speth. Todos levantam sérias questões sobre a viabilidade de países industrializados realizarem os profundos cortes nas emissões exigidos pela ciência (chegando a zero líquido antes de meados do século), enquanto continuam a crescer suas economias até mesmo com as baixas taxas atuais. Como argumentam Victor e Jackson, uma maior eficiência simplesmente não consegue acompanhar o ritmo do crescimento, em parte porque a maior eficiência é quase sempre acompanhada por mais consumo, reduzindo ou mesmo anulando os ganhos (geralmente chamado de "paradoxo de Jevons"). E desde que as economias resultantes de maior eficiência tanto energética quanto material sejam simplesmente devolvidas a uma expansão exponencial da economia, a redução no total de emissões será frustrada. Como argumenta Jackson em *Prosperidade Sem Crescimento: Vida Boa em um Planeta Finito*, "Aqueles que promovem a dissociação como uma rota de fuga para o dilema do crescimento precisam examinar com mais cautela as evidências históricas — e a aritmética básica do crescimento".

O ponto principal é que uma crise ecológica que tem suas raízes no consumo excessivo dos recursos naturais deve ser tratada não apenas melhorando a eficiência de nossas economias, mas também reduzindo a quantidade de coisas materiais que os 20% das pessoas mais ricas do planeta consomem. No entanto, essa ideia é um anátema para as grandes corporações que dominam a economia global, controladas por investidores descompromissados que demandam lucros cada vez maiores, ano após ano. Portanto, nesse momento estamos presos ao vínculo insustentável de, como diz Jackson, "destruir o sistema ou quebrar o planeta".

A saída é adotar uma transição gerenciada por outro paradigma econômico, usando todas as ferramentas de planejamento que acabamos de discutir. Aumentos no consumo devem ser reservados para as pessoas ao redor do mundo que ainda estão se retirando da pobreza. Enquanto isso, no mundo industrializado, os setores que não são governados pela busca de aumento de lucro anual (setor público, cooperativas, empresas locais, organizações sem fins lucrativos) intensificariam sua participação na atividade econômica global, assim como fariam aqueles setores com impactos ecológicos mínimos, mas que têm enormes benefícios para o bem-estar (como ensino, profissões de assistência social e atividades de lazer). Muitos empregos poderiam ser criados dessa maneira. Mas o papel do setor corporativo, com sua demanda estrutural por aumento de vendas e lucros, teria de se contrair, particularmente os segmentos cujas fortunas são indissociáveis da extração de recursos.

Então, quando os Heartlanders reagem às evidências das alterações climáticas provocadas pela atividade humana como se o próprio capitalismo estivesse sendo colocado em ameaça, não é porque eles são paranoicos. É porque eles estão prestando atenção.

6. COBRANDO IMPOSTOS DOS RICOS E DOS PODRES DE RICO

Nesse momento, um leitor sensato estaria se perguntando: como vamos pagar por tudo isso? A resposta antiga teria sido rápida: nós vamos encontrar uma forma de sair dessa. De fato, um dos principais benefícios de uma economia baseada no crescimento para as elites é que ela permite adiar constantemente as demandas por justiça econômica, alegando que, se continuarmos a fazer o bolo crescer, em algum ponto todo mundo vai poder desfrutar também. Essa ideia sempre foi uma mentira, como a atual crise de desigualdade revela, mas em um mundo que atinge seus múltiplos limites ecológicos, ela se torna impossível. Portanto, a única maneira de financiar uma resposta significativa à crise ecológica é chegar onde o dinheiro está.

Isso significa tributar o carbono e a especulação financeira. Isso significa aumentar os impostos cobrados sobre as empresas e sobre as pessoas ricas, cortar orçamentos militares inflados e eliminar subsídios absurdos à indústria de combustíveis fósseis (US$20 bilhões anuais apenas nos Estados Unidos). E os governos terão de se responsabilizar por gerenciar os retornos dessas ações para que as empresas não tenham onde se esconder. (Esse tipo de arquitetura regulatória internacional robusta é o que os *Heartlanders* querem dizer quando alertam que a mudança climática acarretará um sinistro "governo mundial".)

Entretanto, acima de qualquer coisa, precisamos correr atrás dos lucros das empresas que têm a maior responsabilidade por nos conduzir a essa bagunça. As cinco principais empresas de petróleo fizeram US$900 bilhões em lucros na última década. A ExxonMobil sozinha pode lucrar US$10 bilhões em um único trimestre. Durante anos, essas empresas se comprometeram a direcionar seus lucros ao investimento para a transição de energia renovável (o *rebranding* da BP "*Beyond Petroleum*" ["Além do Petróleo"] é o exemplo de maior destaque). Mas, de acordo com um estudo do *Center for American Progress*, apenas 4% dos lucros combinados de US$100 bilhões das cinco principais empresas do setor em 2008 foram destinados a "iniciativas de energia alternativa e renovável". Em vez disso, eles continuam investindo seus lucros nos bolsos dos acionistas, em salários ultrajantes para executivos e em novas tecnologias projetadas para extrair combustíveis fósseis ainda mais poluentes e perigosos. Uma quantidade exorbitante de dinheiro também foi destinada ao pagamento de lobistas para rebaterem todas as propostas de legislação climática que se manifestassem, além de financiar o movimento de negação reunido no Hotel Marriott.

Assim como as empresas de tabaco foram obrigadas a pagar os custos para que as pessoas deixassem de fumar, e a BP teve que pagar por grande parte da limpeza no Golfo do México, já passou da hora de aplicarmos às alterações climáticas o princípio de "quem polui, paga". Além dos impostos mais altos para os poluidores, os governos terão de negociar taxas de *royalties* muito mais altas para que, assim, com menos extrações de combustível fóssil, a receita pública destinada ao pagamento da mudança para nosso futuro pós-carbono possa aumentar (e os custos acentuados que já estamos pagando pelas alterações climáticas). Como podemos contar que as empresas resistirão a qualquer nova regra que reduza seus lucros, a nacionalização, o maior de todos os tabus do livre mercado, não pode ser descartada.

Esses são os tipos de políticas que os Heartlanders mais temem quando afirmam, com habitual frequência, que a mudança climática é uma conspiração para "redistribuir riqueza" e travar uma guerra de classes. Eles também entendem que, uma vez que a realidade da alteração climática seja reconhecida, a riqueza terá de circular não apenas entre os países ricos, mas também entre os países ricos cujas emissões foram as maiores responsáveis pela crise e os países mais pobres que estão recebendo na linha de frente os efeitos do desequilíbrio. De fato, o que torna os conservadores (e muitos liberais) tão ansiosos para enterrar as negociações climáticas da ONU é que elas reacenderam em partes do mundo em desenvolvimento uma coragem anticolonial que muitos pensavam que jamais fosse voltar. Munidos de fatos científicos irrefutáveis sobre quem é o responsável pelo aquecimento global e quem está sofrendo primeiro seus efeitos e de uma maneira muito pior, países como Bolívia e Equador estão tentando derrubar o manto de "devedor" lançado sobre eles durante décadas de empréstimos do Fundo Monetário Internacional e do Banco Mundial e agora estão se declarando credores — em que os outros lhes devem não apenas dinheiro e tecnologia para lidar com as mudanças climáticas, mas também "espaço atmosférico" para que possam se desenvolver.

Então, vamos resumir. Responder à mudança climática exige que violemos com grande urgência todas as regras encontradas na cartilha do livre mercado. Nós precisaremos reconstruir a esfera pública, reverter as privatizações, realocar grandes frações das economias, reduzir o consumo excessivo, recuperar o planejamento de longo prazo, regulamentar e tributar as empresas de forma intensa, e talvez seja preciso até mesmo nacionalizar algumas delas, cortar gastos militares e reconhecer nossas dívidas com o Sul global. Obviamente que nada disso terá qualquer chance de acontecer, a não ser que essas transformações sejam acompanhadas por um esforço massivo e amplo para reduzir radicalmente a influência que as corporações têm sobre o processo político. Isso significa, no mínimo, eleições com financiamento público e a retirada das corporações de seu status de "pessoas" de acordo com a lei. Em síntese, a mudança climática sobrecarrega o argumento preexistente de praticamente todas as demandas progressivas, vinculando-as a uma agenda coerente que se baseia em um translúcido imperativo científico.

Mais do que isso, a alteração climática implica no maior "eu te disse" político desde que Keynes previu a reação alemã ao Tratado de Versalhes. Marx escreveu sobre a "fissura irreparável" do capitalismo com "as leis naturais da própria vida", e muitos da esquerda argumentaram que um sistema econômico construído para desencadear o apetite voraz do capital sobrecarregaria os sistemas naturais sobre os quais a própria existência da vida dependia. E, é claro, muito antes disso, os povos indígenas já estavam transmitindo avisos sobre os perigos de interromper os ciclos naturais. O fato de que a poluição do ar gerada pelo capitalismo industrial está causando o aquecimento do planeta, com resultados potencialmente cataclísmicos, significa que, bem, os opositores estavam certos. E as pessoas que disseram "Ei, vamos nos livrar de todas as regras enquanto vemos a magia acontecer" estavam desastrosamente, catastroficamente erradas.

Acertar predições tão assustadoras não gera nenhuma satisfação. Mas, para os progressistas, há uma responsabilidade nisso, porque significa que nossas ideias, informadas tanto por ensinamentos indígenas quanto pelos fracassos do socialismo de estado industrial, são mais importantes do que nunca. Isso significa que uma visão de mundo da esquerda ecológica, que rejeita o mero reformismo e desafia a centralidade do lucro em nossa economia, oferece a melhor esperança da humanidade de superar essas crises que se sobrepõem.

Mas, por um momento, tente imaginar como se parece toda essa história para um cara como o presidente do Heartland, Joseph Bast, que estudou economia na Universidade de Chicago e para quem, como me descreveu, o seu chamado pessoal estava "libertando pessoas da tirania de outras pessoas". Para ele, é como se esse fosse o fim do mundo. É claro que não é. Mas é, para todos os efeitos e propósitos, o fim do mundo *dele*. As mudanças climáticas detonam os andaimes ideológicos sobre os quais o conservadorismo contemporâneo se apoia. Simplesmente não existe nenhuma forma de ajustar um sistema de crenças que difama a ação coletiva e venera a total liberdade de mercado a um problema que exige ação coletiva em uma escala sem precedentes e um controle dramático das forças de mercado que criaram e estão aprofundando a crise.

Na conferência Heartland, onde todos, desde o Instituto Ayn Rand até a Heritage Foundation, têm uma mesa vendendo livros e panfletos, essas ansiedades estão próximas da superfície. Bast fala com sinceridade sobre o fato de que a campanha de Heartland contra a ciência climática cresceu a partir do receio em relação as políticas que a ciência exigiria. "Quando analisamos esta questão, dizemos: esta é uma receita para um aumento maciço no governo (...) Antes de darmos esse passo, vamos dar outra olhada na ciência. Então, eu acredito que grupos conservadores e libertários pararam e disseram: não vamos simplesmente aceitar essa situação como se ela fosse um artigo de fé; na verdade, vamos fazer nossa própria pesquisa." É crucial que esse ponto seja compreendido: o que move os negacionistas não é a oposição aos fatos científicos das mudanças climáticas, e, sim, a oposição às implicações que esses fatos terão no mundo real.

Mesmo que acidentalmente, o que Bast está descrevendo é um fenômeno que vem recebendo grande atenção de um crescente subconjunto de cientistas sociais que estão tentando explicar as mudanças dramáticas na crença sobre a mudança climática. Pesquisadores do *Yale's Cultural Cognition Project*, um projeto que estuda como os valores culturais estão relacionados à percepção pública do risco e às concepções políticas, descobriram que a visão política/cultural do mundo explica as crenças "dos indivíduos sobre o aquecimento global com mais força do que qualquer outra característica individual".

Aqueles que têm visões de mundo "igualitárias" e "comunitárias" intensas (marcadas por uma inclinação à ação coletiva e à justiça social, preocupação com a desigualdade e desconfiança do poder corporativo) aceitam de maneira predominante o consenso científico sobre as mudanças climáticas. Do lado contrário, os que partilham de fortes visões de mundo "hierárquicas" e "individualistas" (marcadas pela oposição à assistência governamental aos pobres e minorias, um apoio consistente à indústria e um pensamento de que cada um tem aquilo que merece) rejeitam esmagadoramente o mesmo consenso científico.

Por exemplo, entre o segmento da população dos EUA que apresenta as visões "hierárquicas" mais firmes, apenas 11% classificam a mudança climática como um "alto risco", contra os 69% do segmento que exibe as visões mais "igualitárias". O professor de Direito da Universidade de Yale, Dan Kahan, autor principal desse estudo, atribui essa correlação estreita entre "visão de mundo" e aceitação da ciência do clima à "cognição cultural". Isso se refere ao processo pelo qual todos nós, independentemente das predisposições políticas, desenvolvemos maneiras de filtrar novas informações para proteger nossa "versão preferida do que é uma sociedade boa". Como Kahan explicou na revista *Nature*, "As pessoas acham desconcertante acreditar que os comportamentos que elas consideram nobres são, todavia, nocivos à sociedade, e comportamentos que elas acham comuns são positivos para ela. As pessoas têm uma forte predisposição a rejeitar essa afirmação porque aceitá-la pode levar a um afastamento entre elas e seus colegas". Em outras palavras, é sempre mais fácil negar a realidade do que assistir a sua visão de mundo ser estilhaçada, um fato que foi tão verdadeiro para os teimosos stalinistas no auge dos expurgos quanto é para os libertários negadores do clima atualmente.

Quando ideologias poderosas são contestadas por evidências do mundo real, elas raramente desaparecem por completo. Em vez disso, elas se tornam marginais e começam a ser cultuadas. Aqueles que realmente acreditam sempre permanecem para dizer uns aos outros que o problema não estava na ideologia, e, sim, na fraqueza dos líderes que não souberam como aplicar as regras com rigor suficiente. Conseguimos encontrar esses tipos na esquerda stalinista como também na direita neonazista. Nesse ponto da história, os fundamentalistas do livre mercado já deveriam ter sido exilados para um status igualmente marginal, deixados de lado para afagar suas cópias de *Livre para Escolher* e *A Revolta de Atlas* na obscuridade. Eles só se salvam desse destino porque suas ideias sobre a participação mínima do Estado permanecem tão lucrativas para os bilionários do mundo, que não importa a comprovação de que elas estão em guerra contra a realidade, continuam sendo sustentadas em *think tanks* por pessoas como os irmãos Charles e David Koch, e a ExxonMobil.

Isso nos orienta em direção aos limites das teorias de cognição cultural. Os negacionistas estão fazendo muito mais do que proteger sua visão cultural de mundo — eles estão protegendo interesses poderosos que continuam lucrando para turvar as águas do debate climático. Os laços entre os negadores e esses interesses são bem conhecidos e documentados. A Heartland recebeu mais de US$1 milhão da ExxonMobil, juntamente com fundações ligadas aos irmãos Koch e ao bilionário Richard Mellon Scaife (possivelmente muito mais, mas o think tank parou de publicar os nomes de seus doadores, alegando que as informações estavam distraindo as atenções dos "méritos de nossas posições").*

Praticamente todos os cientistas que se apresentam nas conferências climáticas do Heartland estão tão dominados pelos dólares de combustíveis fósseis, que por muito pouco não é possível sentir o cheiro da fumaça. Para citar apenas dois exemplos, Patrick Michaels, do Instituto Cato, que concedeu a principal palestra da conferência, disse uma vez à CNN que 40% da receita de sua empresa de consultoria vem de empresas de petróleo e sabe-se lá quanto do valor restante vem do carvão. Uma investigação do Greenpeace sobre outro dos palestrantes da conferência, o astrofísico Willie Soon, descobriu que entre 2002 e 2011, 100% dos financiamentos para o desenvolvimento de sua pesquisa vieram dos lucros de combustíveis fósseis. E as empresas de combustíveis fósseis não são as únicas com interesses econômicos fortemente motivadas a minar a ciência climática. Se a solução dessa crise requer os tipos de mudanças profundas na ordem

---

* Este é um problema sistêmico. De acordo com um estudo de 2014 publicado na revista *Climate Change*, os think tanks e outros grupos em defesa da negação, ao criarem o "contramovimento da mudança climática", termo cunhado pelo sociólogo Robert Brulle, recebem coletivamente mais de US$900 milhões por ano pelos trabalhos que realizam em diversas causas de direita, a maioria na forma de "dinheiro sujo", investimentos de fundações conservadoras que não podem ser totalmente rastreadas.

econômica que enumerei, então todas as grandes empresas que se beneficiam da regulamentação frouxa, do livre comércio e dos baixos impostos têm motivos para temer.

Com tanta coisa em jogo, não surpreende que os negadores do clima sejam, em sua maioria, aqueles que mais investem na manutenção do nosso *status quo* altamente desigual e disfuncional. Uma das descobertas mais interessantes em estudos sobre percepções climáticas é a evidente conexão entre a recusa em aceitar a ciência que examina a alteração climática e privilégios sociais e econômicos. De uma forma esmagadora, os negadores do clima não são apenas conservadores, mas também são brancos e do sexo masculino, um grupo com renda acima da média. E eles são mais propensos do que outros adultos a ser altamente confiantes em seus pontos de vista, não importa quão comprovadamente falso ele seja. Um artigo muito discutido sobre esse assunto, escrito por Aaron McCright e Riley Dunlap (com o título memorável "Cool Dudes" ["Caras Maneiros"]), informou que o grupo formado pelos confiantes homens brancos conservadores tinha quase seis vezes mais chances do que o resto dos adultos pesquisados de acreditar que a mudança climática "nunca acontecerá". McCright e Dunlap oferecem uma explicação simples para essa discrepância: "Homens brancos conservadores estiveram ocupando de uma maneira extremamente desproporcional as posições de poder dentro de nosso sistema econômico. Dado o extenso desafio que a mudança climática representa para o sistema econômico capitalista industrial, não deveria ser surpreendente que as fortes atitudes que homens brancos e conservadores tomam para justificar o sistema econômico capitalista sejam desencadeadas como uma negação à alteração do clima."

Mas o relativo privilégio econômico e social dos negadores não significa que eles tenham apenas mais coisas a perder com uma nova ordem econômica. Antes de mais nada, esses dados lhes conferem as razões para ficarem mais agitados quanto aos riscos das mudanças climáticas. Isso me ocorreu enquanto escutava um outro palestrante na conferência Heartland exibir o que só pode ser descrito como uma total ausência de empatia pelas vítimas das alterações climáticas.

Larry Bell, cuja biografia o descreve como um "arquiteto espacial", provocou várias gargalhadas quando disse à multidão que um pouco de calor não é assim tão ruim: "Mudei-me para Houston por causa disso!" (Naquela época, Houston estava atravessando o que seria a pior seca registrada no estado em um único ano.) O geólogo australiano Bob Carter propiciou isto: "A partir da nossa perspectiva humana, o mundo realmente se sai melhor em tempos mais quentes." E Patrick Michaels disse que as pessoas que estavam preocupadas com as mudanças climáticas deveriam fazer o que os franceses fizeram depois que uma devastadora onda de calor matou 14 mil pessoas em 2003: "Descobriram o Walmart e o ar-condicionado."

Ouvir esses comentários enquanto cerca de 13 milhões de pessoas no Chifre da África estão enfrentando a fome em uma terra esgotada foi profundamente desconfortável. O que torna essa indiferença possível é a crença sólida de que, se os negadores estão errados sobre a mudança climática, alguns graus de aquecimento não são algo com que as pessoas ricas dos países industrializados precisam se preocupar. ("Quando chove, encontramos abrigo. Quando está quente, encontramos sombra", explicou o congressista do Texas Joe Barton em uma audiência do subcomitê de energia e meio ambiente.)

Quanto a todos os outros, bem, eles devem parar de pedir esmolas para começar se ocupar na tarefa de sair da pobreza. Quando perguntei a Michaels se os países ricos tinham a responsabilidade de ajudar os mais pobres a pagar pelas caras adaptações necessárias a um clima mais quente, ele ridicularizou a ideia, dizendo que não havia nenhum motivo para dar dinheiro aos países pobres "porque, por alguma razão, o sistema político deles é incapaz de se adaptar". A solução real, segundo ele afirmava, era intensificar o livre comércio.

É aqui que a interseção entre a ideologia da extrema direita e a negação do clima se torna realmente perigosa. Esses "caras maneiros" simplesmente não negam a ciência climática só porque ela ameaça reduzir a visão compartilhada por eles de um mundo baseado na dominação. É que a visão de mundo baseada na dominação lhes fornece as ferramentas intelectuais para que enormes faixas da humanidade que habita o mundo em desenvolvimento sejam desconsideradas. Reconhecer a ameaça representada por essa mentalidade exterminadora de empatia é uma questão de grande urgência, porque a mudança climática testará nosso caráter moral como poucos episódios já fizeram antes. A US Chamber of Commerce [Câmara de Comércio dos EUA], em sua tentativa de impedir a Agência de Proteção Ambiental de regular as emissões de carbono, argumentou em uma petição que, na ocorrência do aquecimento global, "as populações podem se aclimatar a climas mais quentes por meio de uma série de adaptações comportamentais, fisiológicas e tecnológicas". Essas adaptações são as que mais me preocupam.

Como nos adaptaremos às pessoas que ficarem desabrigadas e desempregadas pelos desastres naturais cada vez mais intensos e frequentes? Como trataremos os refugiados climáticos que chegam nos nossos litorais em barcos furados? Abriremos nossas fronteiras, reconhecendo que criamos a crise da qual eles estão fugindo? Ou construiremos fortalezas com tecnologias cada vez mais avançadas e adotaremos leis ainda mais draconianas anti-imigração? Como lidaremos com a escassez de recursos?

Já temos as respostas de antemão. A empreitada corporativa por recursos escassos se tornará mais voraz, mais violenta. As terras aráveis na África continuarão a ser arrancadas de seus povos para fornecer comida e combustível às nações mais ricas. A seca e a fome continuarão sendo pretexto para empurrar sementes geneticamente modificadas, trazendo ainda mais dívidas para os agricultores. Tentaremos transcender o pico máximo de petróleo e gás usando tecnologias cada vez mais arriscadas para extrair as últimas gotas, transformando faixas cada vez maiores do nosso globo em zonas de sacrifício. Fortaleceremos nossas fronteiras e interviremos em conflitos estrangeiros por recursos, ou iniciaremos esses conflitos nós mesmos. As "soluções climáticas de livre mercado", como são chamadas, serão um ímã para a especulação, a fraude e o capitalismo clientelista, como já estamos vendo no comércio de carbono e no uso de florestas como compensação de carbono. E, à medida que as mudanças climáticas começarem a afetar não apenas os pobres, mas também os ricos, procuraremos cada vez mais por remendos tecnológicos para diminuir a temperatura, com riscos enormes e desconhecidos.

À medida que o mundo esquenta, a ideologia reinante que nos diz que é cada um por si, que as vítimas merecem seu destino, que podemos dominar a natureza, certamente nos levará a um lugar muito frio. E à medida que as teorias de superioridade racial, que mal resistem sob a superfície de partes do movimento de negação climática, retornam furiosamente, a tendência é que fique ainda mais frio. Essas teorias não são opcionais: elas são necessárias para justificar o endurecimento do coração às vítimas, em grande parte inocentes, das mudanças climáticas no Sul global e em cidades norte-americanas predominantemente africanas como Nova Orleans.

Em *Doutrina do Choque* (2007), exploro como as crises, reais e forjadas, foram usadas sistematicamente pela direita para avançar com uma agenda ideológica brutal, formatada não para resolver os problemas criados pela crise, mas, sim, para enriquecer as elites. À medida que a crise climática vai começando a eclodir, o mesmo se repetirá. Isso é totalmente previsível. Afinal, é para isso que nosso sistema atual foi criado: encontrar novas maneiras de privatizar os bens comuns e lucrar através de desastres.

A única carta curinga é saber se algum movimento popular se levantará para fornecer uma alternativa viável a esse futuro sombrio. Isso não significa apenas um conjunto alternativo de propostas políticas, mas uma visão de mundo alternativa para rivalizar com a que está no coração da crise ecológica — e desta vez é melhor que ela esteja incorporada à interdependência, ao invés do hiperindividualismo, à reciprocidade, ao invés da dominância, e à cooperação, ao invés da hierarquia.

É evidente que mudar os valores culturais consiste em uma tarefa difícil. Isso exige o tipo de visão ambiciosa pela qual os movimentos costumavam lutar durante todo o século passado, antes que tudo fosse segregado em "questões" individuais a serem combatidas pelo setor apropriado de organizações não governamentais com uma mentalidade corporativa. Nas palavras do *Relatório Stern*, a mudança climática é "o maior exemplo de falha de mercado que já vimos". Por todas as razões, essa realidade deveria estar abrindo progressivamente as velas para navegar com convicção, inspirando uma nova vida e urgência em direção às longas e extensas lutas contra tudo, do livre comércio pró-corporativo à especulação financeira; da agricultura industrial à dívida do Terceiro Mundo, tudo isso enquanto essas lutas são elegantemente transformadas em uma narrativa coerente sobre como proteger a vida na Terra.

Mas não é isso o que está acontecendo, pelo menos não até agora. É ironicamente doloroso constatar que, enquanto os Heartlanders estão ocupados chamando a mudança climática de uma conspiração de esquerda, a maioria dos esquerdistas ainda não percebeu que a ciência climática lhes entregou o argumento mais poderoso contra o capitalismo desde as "Usinas Satânicas" de William Blake (e, é claro, essas usinas foram o começo das mudanças climáticas). Quando os manifestantes estão amaldiçoando a corrupção de seus governos e elites corporativas em Atenas, Madri, Cairo, Madison e Nova York, a mudança climática costuma ser pouco mais do que uma ferida na pele, quando deveria ser o golpe de misericórdia.

Metade do problema é que os progressistas, com as mãos já lotadas pelas lutas econômicas sistêmicas e exclusões raciais, sem mencionar as diversas guerras, tendem a supor que os grandes grupos ecológicos dão conta de cuidar completamente da responsabilidade pela questão climática. A outra metade é que muitos dos maiores e mais significativos grupos ecológicos evitaram, com uma precisão que beirava a fobia, qualquer debate sério que considerasse as óbvias raízes da crise climática: globalização, desregulamentação e busca do capitalismo contemporâneo pelo crescimento eterno (as mesmas forças que são responsáveis por tanta destruição no resto da economia). O resultado é que aqueles que enfrentam os fracassos do capitalismo e os que lutam pela ação climática permanecem como dois polos separados em suas batalhas solitárias, com o pequeno, porém corajoso movimento da justiça climática (que traça as conexões entre racismo, desigualdade e vulnerabilidade ambiental) amarrando algumas pontes trêmulas entre eles.

Enquanto isso, a direita ganhou uma carta branca para explorar a crise econômica global que começou em 2008 para conferir à ação climática o posto de receita para o *Armageddon* econômico, uma forma certeira de aumentar os custos familiares e bloquear a criação de novos empregos, extremamente necessários, extraindo petróleo e instalando novos gasodutos. Esse terrorismo encontrou uma audiência pronta, já que não existia praticamente nenhuma voz que fosse alta o suficiente para oferecer uma visão combatente, mostrando como um novo paradigma econômico poderia proporcionar uma saída para as duas crises, tanto a crise econômica quanto a ecológica.

Longe de aprender com os erros do passado, uma facção poderosa dentro do movimento ambientalista está pressionando para que se avance ainda mais longe nessa mesma estrada desastrosa, argumentando que o caminho para atravessar as questões climáticas é tornar a causa mais palatável para valores conservadores. Isso pode ser ouvido no centro de pesquisas *Breakthrough Institute*, de perspectiva cuidadosamente centrista, onde eles pedem para que o movimento adote a agricultura industrial e a energia nuclear, em vez da agricultura agroecológica e de fontes renováveis descentralizadas. Também pode ser ouvido através de vários pesquisadores que estudam o aumento da negação do clima. Alguns, como Kahan, da Universidade Yale, apontam que, embora aqueles que foram identificados em pesquisas como altamente "hierárquicos" e "individualistas" segurem as rédeas frente a qualquer menção de regulamentação, eles tendem a gostar de grandes tecnologias centralizadas que confirmam sua crença de que os humanos podem dominar a natureza. Assim, ele e outros argumentam, os ambientalistas deveriam começar a enfatizar respostas como energia nuclear e geoengenharia (isto é, intervir deliberadamente no sistema climático para neutralizar o aquecimento global) e enfatizar as preocupações sobre a segurança nacional.

O primeiro problema com essa estratégia é que ela não funciona. Durante anos, os grandes grupos ecológicos enquadraram a ação climática como uma maneira de impor a "segurança energética", enquanto as "soluções de livre mercado" são praticamente as únicas que estão disponíveis nos Estados Unidos. Enquanto isso, o negacionismo disparou. Contudo, o problema mais preocupante dessa abordagem é que, em vez de desafiar os valores distorcidos que motivam o negacionismo, ela os reforça. A energia nuclear e a geoengenharia não são soluções para a crise ecológica. Na verdade, elas são exatamente uma aposta renovada no mesmo tipo de pensamento arrogante de curto prazo que nos levou a essa confusão.

Não é tarefa de um movimento social transformador tranquilizar os membros de uma elite megalomaníaca e apavorada assegurando que ela ainda domina o universo; nem sequer é necessário. É verdade que essa parte da população está maciçamente representada em posições de poder, mas a solução para esse problema não consiste em mudar as ideias e valores da maioria das pessoas. Mas, sim, em uma tentativa de mudar a cultura para que essa minoria pequena em número, mas desproporcionalmente influente, com a visão de mundo irresponsável que ela representa, exerça um poder significativamente menor.

Algumas pessoas da esfera climática estão devolvendo uma forte pressão contra a estratégia de apaziguamento. Tim DeChristopher, que cumpriu uma sentença de dois anos de prisão em Utah por interromper um perigoso leilão de concessões de petróleo e gás, comentou a reivindicação da direita de que a ação climática complicará a economia. "Acredito que devemos abraçar as acusações", disse ele a um entrevistador. "Não, não estamos tentando complicar a economia, mas, sim, o que nós queremos é revirá-la de cabeça para baixo. Nós não devemos tentar esconder nossa visão sobre o que queremos mudar — sobre o mundo saudável e justo que desejamos criar. Não estamos procurando pequenas mudanças: queremos uma reforma radical de toda nossa economia e sociedade". Ele acrescentou: "Acho que quando começarmos a falar sobre isso, encontraremos mais aliados do que estamos esperando."

Quando DeChristopher articulou essa visão para a formulação de um movimento climático que fosse indissociável da exigência de uma profunda transformação econômica, ela certamente soava como uma utopia. Hoje, isso parece profético. Acontece que muitas pessoas estão ansiosas por esse tipo de transformação que atua em muitas frentes, desde a prática até a espiritual.

Novas conexões políticas já estão sendo feitas. A *Rainforest Action Network*, uma ONG em defesa do meio ambiente que tem mirado no *Bank of America* pelo seu financiamento à indústria do carvão, uniu sua causa com os ativistas do *Occupy* que visavam o banco sobre as execuções de hipoteca. Ativistas contrários à prática de fraturamento hidráulico apontaram que o mesmo modelo econômico que está detonando a base do solo terrestre para manter o gás fluindo também está explodindo a base social para manter os lucros fluindo. E então vimos a organização histórica contra o oleoduto Keystone XL, que neste outono arrancou definitivamente o movimento climático para fora dos escritórios dos lobistas, levando-o diretamente para as ruas (e celas). Os militantes contrários ao oleoduto notaram que qualquer um que se preocupasse com a tomada da democracia pelas corporações não precisaria procurar muito além do processo corrupto que levou o Departamento de Estado a concluir que um oleoduto que transporta o óleo sujo de areias betuminosas por algumas das terras mais sensíveis do país teria "impactos ambientais adversos limitados". Como Phil Aroneanu, da *350.org*, afirmou: "Se Wall Street está ocupando o Departamento de Estado do presidente Obama e as salas do Congresso, é hora de as pessoas ocuparem Wall Street."

Mas essas conexões vão além de uma crítica compartilhada sobre o poder corporativo. Enquanto os *Occupiers* se perguntam que tipo de economia deve ser construída para substituir a que está se desmantelando à nossa volta, muitos estão encontrando inspiração na rede de alternativas econômicas ecológicas que vem se enraizando na última década — em projetos de energia renovável controlados pela comunidade, nos mercados agrícolas apoiados comunitariamente, em iniciativas de localização econômica que reviveram muitas ruas principais e no setor cooperativo.

Esses modelos econômicos não apenas criam empregos e reanimam as comunidades enquanto reduzem as emissões, mas o fazem de uma maneira que dispersa o poder sistematicamente — a antítese de uma economia feita por e para 1% da população. Omar Freilla, um dos fundadores da *Green Worker Cooperatives* no sul do Bronx, me disse que a experiência em democracia direta que milhares de pessoas têm tido em praças e parques como parte de movimentos contra a austeridade econômica tem sido, para muitos, "como flexionar um músculo que você não sabia que tinha". Ele diz que agora eles querem mais democracia — não apenas em uma reunião, mas também em seu planejamento comunitário e em seus locais de trabalho.

Em outras palavras, os valores culturais estão começando a mudar. Os jovens organizadores de hoje estão se planejando para mudar as políticas, mas entendem que, antes de isso acontecer, precisamos confrontar os valores subjacentes da ganância desmedida e do individualismo que criaram a crise econômica. E isso começa de maneiras altamente visíveis, como a incorporação de formas radicalmente diferentes de tratar um ao outro e de se relacionar com o mundo natural.

Essa tentativa deliberada de mudar os valores culturais não se refere às políticas de estilo de vida, nem é uma distração das lutas "reais". No futuro difícil que já tornamos inevitável, uma crença inabalável nos direitos iguais de todas as pessoas e uma capacidade de profunda empatia serão as únicas coisas que resistirão entre a humanidade e a barbárie. Através da imposição de um prazo firme, a mudança climática pode servir como catalisador para definir essa profunda transformação social e ecológica.

Afinal, a cultura é fluida. Ela pode mudar. Isso já aconteceu muitas vezes em nossa história. Os representantes na conferência Heartland sabem disso, e é por esse motivo que eles estão tão determinados a suprimir a montanha de evidências que provam que sua visão de mundo é uma ameaça à vida na Terra. A tarefa para o resto de nós é acreditar, com base nessa mesma evidência, que uma visão de mundo muito diferente pode ser nossa salvação.

GEOENGENHARIA: TESTANDO AS ÁGUAS

Não seria melhor mudar nosso comportamento — reduzindo o uso de combustíveis fósseis — antes de começarmos a manipular os sistemas básicos que sustentam a vida do planeta?

OUTUBRO DE 2012

POR QUASE 20 ANOS EU TENHO PASSADO O MEU TEMPO EM UMA EXTENSÃO REPLETA de penhascos na orla da Colúmbia Britânica chamada Sunshine Coast. Há alguns meses, tive uma experiência que me lembrou por que amo esse lugar e por que escolhi dar à luz uma criança nesta parte do mundo pouco habitada.

Eram cinco horas da manhã e, naquele momento, eu e meu marido estávamos acordados com nosso filho de três semanas. Contemplando o oceano, nós avistamos duas imponentes e pretas barbatanas dorsais: eram as orcas ou baleias assassinas. Então vimos mais duas. Nós nunca tínhamos visto uma orca nesta parte da costa, quem dirá a uma distância de apenas alguns metros do litoral. Em nosso estado de privação de sono, sentimos como se fosse um milagre, como se o bebê tivesse nos acordado para garantir que não perderíamos esses raros visitantes.

Ainda não tinha me ocorrido a possibilidade de essa aparição não ser fruto do acaso. Não até recentemente, quando li relatos de um experimento bizarro no oceano, nas ilhas de Haida Gwaii, a várias centenas de quilômetros de onde avistamos as orcas nadando.

Naquela ocasião, um empresário americano chamado Russ George jogou 120 toneladas de pó de ferro do casco de um barco de pesca alugado. O plano era criar uma proliferação de algas que sequestrariam o carbono, combatendo assim as mudanças climáticas.

George é apenas um dentre um número crescente de supostos geoengenheiros que defendem intervenções técnicas de alto risco e em grande escala que mudariam fundamentalmente os oceanos e os céus, a fim de reduzir os efeitos do aquecimento global. Além do esquema de George para fertilizar o oceano com ferro, existem outras estratégias de geoengenharia que estão sendo levadas em consideração. Entre elas, bombear aerossóis de sulfato na alta atmosfera para imitar os efeitos de resfriamento de uma grande erupção vulcânica e a criação de nuvens "brilhantes", para que elas possam refletir uma quantidade maior de raios de sol de volta para o espaço.

Os riscos são enormes. A fertilização oceânica pode desencadear zonas de mortandade e correntes tóxicas. E diversas simulações já previram que imitar os efeitos de um vulcão causaria interferência nas monções que ocorrem na Ásia e na África, ameaçando potencialmente a água e a segurança alimentar de bilhões de pessoas.

Até agora, essas propostas serviram principalmente como forragem para modelagens computacionais e artigos científicos. Mas com a aventura oceânica de George, a geoengenharia escapou decisivamente do laboratório. Se acreditarmos no relato de sua missão em que uma proliferação de algas em uma área com metade do tamanho de Massachusetts foi criada, atraindo uma enorme gama de vida aquática de toda a região, inclusive baleias, então os resultados devem mesmo ser levados em consideração.

Quando li sobre as baleias, comecei a me perguntar: será que as orcas que vi nadando em direção ao norte estavam se encaminhando para se alimentar da proliferação criada por George? Por mais improvável que seja essa possibilidade, ela fornece um vislumbre de uma das repercussões perturbadoras da geoengenharia: uma vez que começamos a interferir deliberadamente nos sistemas climáticos da Terra, seja escurecendo o Sol ou fertilizando os mares, todos os eventos naturais podem começar a adquirir um tom não natural. De repente, uma ausência que se parece com uma mudança cíclica nos padrões de migração ou uma presença que se assemelhe a um presente milagroso podem parecer eventos sinistros, como se toda a natureza estivesse sendo manipulada nos bastidores.

A maioria das reportagens e notícias caracteriza George como um geoengenheiro "rebelde". Mas, depois de pesquisar o assunto por dois anos, o que me preocupa é que cientistas muito mais sérios, apoiados por bolsos muito mais profundos, parecem estar preparados para adulterar ativamente os sistemas naturais complexos e imprevisíveis que sustentam a vida na Terra — com um enorme potencial para consequências não intencionais.

Em 2010, o presidente do Comitê de Ciência, Espaço e Tecnologia da Câmara dos Estados Unidos recomendou mais pesquisas em geoengenharia. O governo britânico começou a gastar dinheiro público no campo. Bill Gates canalizou milhões de dólares para pesquisas em geoengenharia.* E ele investiu em uma empresa, a *Intellectual Ventures*, que está desenvolvendo pelo menos duas ferramentas de geoengenharia: o "*StratoShield*", uma mangueira de 30 km de comprimento suspensa por balões de hélio que lançaria no céu partículas de dióxido de enxofre para bloquear o Sol, e uma ferramenta que supostamente teria o poder de atenuar a força dos furacões.

---

* Gates é um dos financiadores de um grupo de pesquisa com sede na Universidade de Harvard que anunciou a tentativa de viabilizar um revolucionário experimento de campo, em que aerossóis seriam pulverizados na estratosfera em 2019, um plano que atraiu uma controvérsia considerável e foi adiado várias vezes. Segundo o notável cientista climático Kevin Trenberth, "a geoengenharia solar não é a resposta" para o fracasso na redução de emissões. "O corte da radiação solar afeta o clima e o ciclo hidrológico. Promove a seca, desestabiliza as coisas e pode causar guerras. Existem muitos efeitos colaterais, e nossos modelos não são bons o suficiente para prever os resultados."

É fácil entender esse apelo. A geoengenharia oferece a promessa tentadora de consertar as mudanças climáticas, e isso permitiria que continuássemos a exercer nosso modo de vida baseado no esgotamento indefinido dos recursos naturais. E depois há o medo. É como se notícias climáticas cada vez mais aterradoras emergissem semanalmente, desde os relatos sobre as camadas de gelo derretendo muito mais rápido do que o previsto até os oceanos se acidificando muito mais rápido do que o esperado. Enquanto isso, as emissões disparam. Causa alguma surpresa que muitos estejam depositando suas esperanças na opção "quebre o vidro em caso de emergência" que os cientistas estão aprimorando em seus laboratórios?

Mas com os geoengenheiros rebeldes à solta, agora é um bom momento para fazermos uma pausa e nos perguntarmos, coletivamente, se queremos continuar estrada abaixo seguindo o caminho da geoengenharia. Porque a verdade é que a geoengenharia em si é uma proposição desonesta. Por definição, tecnologias que alteram a química do oceano e da atmosfera em escala planetária afetam a todos. No entanto, é impossível obter algo próximo a um consentimento unânime para essas intervenções. Tampouco esse consentimento pode ser inteligente, uma vez que não conhecemos e não podemos conhecer todos os riscos envolvidos até que essas tecnologias de alteração do planeta sejam realmente implantadas.

Enquanto as negociações climáticas das Nações Unidas partem da premissa de que os países devem concordar com uma resposta conjunta a um problema inerentemente comunitário, a geoengenharia levanta uma perspectiva muito diferente. Por bem menos de um bilhão de dólares, uma "*coalition of the willing*" ["coalizão de boa vontade"], um único país ou mesmo um indivíduo rico pode decidir pelas suas próprias mãos o que fazer com as alterações climáticas. Jim Thomas, do *ETC Group*, uma organização de vigilância ambiental, coloca o problema deste jeito: "A geoengenharia diz: 'a gente simplesmente vai fazer isso, e vocês lidarão com os efeitos'."

A parte mais assustadora é que os modelos sugerem que muitas das pessoas que mais poderiam ser prejudicadas por essas tecnologias já são desproporcionalmente vulneráveis aos impactos das mudanças climáticas. Imagine só: a América do Norte decide enviar enxofre para a estratosfera para reduzir a intensidade do Sol, na esperança de salvar suas plantações de milho — apesar da possibilidade real de provocar secas na Ásia e na África. Para resumir, a geoengenharia nos daria (ou daria para alguns de nós) o poder de exilar enormes faixas da humanidade em zonas de sacrifício apenas com um toque do interruptor.

As ramificações geopolíticas são arrepiantes. A mudança climática já está fazendo com que seja difícil saber se os eventos anteriormente entendidos como "atos de Deus" (uma onda de calor horrível em março ou uma *Frankenstorm*, combinação de tempestades, no Halloween) ainda pertencem a essa categoria. Mas se começarmos a alterar o termostato da Terra, deliberadamente transformando nossos oceanos em verde turvo para absorver carbono e descolorindo o céu com um branco nebuloso para desviar o Sol, levaremos nossa influência para um novo nível. Uma seca na Índia chegará a ser vista, corretamente ou não, como resultado de uma decisão consciente de engenheiros do outro lado do planeta que colocaram em risco a temporada anual de monções da região. O que antes era má sorte poderá se tornar uma conspiração malévola ou um ataque imperialista.

Haverá outras consequências viscerais que transformarão a vida na Terra. Um estudo publicado nesta primavera na revista científica *Geophysical Research Letters* descobriu que, se injetássemos aerossóis de enxofre na estratosfera para diminuir a incidência dos raios de sol, não apenas o céu se tornaria mais branco e significativamente mais brilhante, como também seríamos tratados com um intenso pôr do sol "vulcânico". Mas o que esperar do tipo de relacionamento que teremos com esses céus hiper-reais? Eles nos encheriam de admiração — ou de vaga apreensão? Sentiríamos o mesmo quando belas criaturas selvagens cruzassem nossos caminhos inesperadamente, como aconteceu com minha família neste verão? Em um livro popular sobre mudança climática, Bill McKibben alertou que estamos enfrentando "O Fim da Natureza". Na era da geoengenharia, pode ser que a gente também se encontre enfrentando o fim dos milagres.

Agora que a geoengenharia ameaça escapar do laboratório em uma escala muito maior do que uma proliferação artificial de algas, a verdadeira questão que enfrentamos é esta: não seria melhor mudar nosso comportamento, reduzindo o uso de combustíveis fósseis, antes de começarmos a manipular os sistemas básicos que sustentam a vida do planeta?

Porque, a não ser que mudemos de rumo, podemos esperar escutar muito mais relatos sobre sol invisível e manipuladores do oceano como Russ George, cuja exploração por despejo de ferro fez mais do que testar uma tese sobre fertilização oceânica. Ela também testou as águas para futuras experiências de geoengenharia. E, a julgar pela resposta silenciosa até agora, os resultados do teste de George são claros: os geoengenheiros prosseguem e a prudência foi condenada.

QUANDO A CIÊNCIA DIZ QUE A REVOLUÇÃO POLÍTICA É NOSSA ÚLTIMA ESPERANÇA

A maioria desses cientistas estava apenas quietinha fazendo o seu trabalho: medindo núcleos de gelo, executando modelos climáticos globais e estudando a acidificação dos oceanos, apenas para descobrir que, "de maneira não intencional, eles estavam desestabilizando a ordem política e social".

OUTUBRO DE 2013

EM DEZEMBRO DE 2012, UM PESQUISADOR DE SISTEMAS COMPLEXOS COM SEU cabelo cor-de-rosa, chamado Brad Werner, atravessou uma multidão de 24 mil cientistas da Terra e do espaço na reunião de outono da União Geofísica Americana, sediada anualmente em São Francisco. A conferência daquele ano contou com a presença de alguns grandes nomes, desde Ed Stone, do programa *Voyager*, da NASA, explicando um novo marco histórico no caminho para o espaço interestelar, até o cineasta James Cameron, discutindo suas aventuras em submarinos no fundo do mar.

Mesmo com todas essas figuras ilustres, era a sessão de Werner que estava atraindo boa parte da atenção. Intitulada "A Terra está f*dida?" (Título completo: "A Terra está f*dida? Futilidade dinâmica da gestão ambiental global e as possibilidades para a sustentabilidade via um ativismo de ação direta.")

Para responder a essa pergunta, o geofísico da Universidade da Califórnia, em pé na frente da sala de conferências em San Diego, guiou a multidão pela modelagem computacional avançada que ele estava usando. Falava sobre limites do sistema, perturbações, dissipação, atratores, bifurcações e um monte de outras coisas amplamente incompreensíveis para aqueles de nós que não são iniciados na teoria de sistemas complexos. Mas a conclusão era bem compreensível: o capitalismo global transformou a extração de recursos em uma ação tão rápida, conveniente e sem barreiras que os "sistemas terra-humanos", como resposta, estavam se tornando perigosamente instáveis. Quando pressionado por um jornalista para que desse uma resposta objetiva à pergunta "estamos f*didos?", Werner deixou a linguagem técnica de lado e respondeu: "Mais ou menos."

Contudo, no modelo existia uma dinâmica que oferecia alguma esperança. Werner chamou de "resistência": movimentos de "pessoas ou grupos de pessoas" que "adotam um certo conjunto de dinâmicas que não se enquadram na cultura capitalista". Segundo o resumo de sua apresentação, isso inclui "ação direta ambiental, resistência que parte de fora da cultura dominante, como em protestos, bloqueios e sabotagens realizados por povos indígenas, trabalhadores, anarquistas e outros grupos ativistas".

Não é comum que nas reuniões científicas sérias seja conclamada a resistência política em massa, quem dirá ação direta e sabotagem. Mas, novamente, Werner não estava exatamente pedindo que essas coisas acontecessem. Ele estava apenas observando que levantes em massa (nos moldes do movimento de abolição, movimento dos direitos civis ou o movimento *Occupy Wall Street*) representam a fonte mais provável de "fricção" para desacelerar uma máquina econômica que está afundando descontroladamente. Nós sabemos que os movimentos sociais do passado "tiveram uma tremenda influência (...) em como a cultura dominante evoluiu", ele apontou. Portanto, é uma questão de lógica que "se estamos pensando no futuro da Terra e no futuro de nosso acoplamento ao meio ambiente, precisamos incluir a resistência como parte dessa dinâmica". E isso, argumentou Werner, não é uma questão de opinião, mas "realmente, um problema geofísico".

Por meio das descobertas de suas pesquisas, uma enorme quantidade de cientistas se mobilizou para agir nas ruas. Físicos, astrônomos, médicos e biólogos têm estado na linha de frente dos movimentos contra armas nucleares, energia nuclear, guerra e contaminação química. E em novembro de 2012, a revista científica *Nature* publicou um comentário do investidor e filantropo ambiental Jeremy Grantham em que ele implorava aos cientistas que se unissem a essa tradição e para que "sejam presos, se necessário", porque a mudança climática "não é apenas a crise de suas vidas — é também a crise da existência de nossa espécie".

Alguns cientistas não precisam ser convencidos. O padrinho da ciência climática moderna, James Hansen, é um ativista exemplar, tendo sido preso uma meia dúzia de vezes, seja por resistir à destruição das partes mais altas das montanhas para a mineração de carvão ou à implantação de oleodutos de areias betuminosas. (Ele até abandonou o seu emprego na NASA esse ano, em parte para que tivesse mais tempo para fazer campanha.) Dois anos atrás, quando fui presa do lado de fora da Casa Branca em uma ação em massa contra o oleoduto de areias betuminosas, Keystone XL, uma das 166 pessoas algemadas naquele dia era um glaciologista chamado Jason Box, um especialista renomado mundialmente no derretimento da camada de gelo da Groenlândia. "Se eu não participasse, não conseguiria manter o respeito por mim mesmo", disse Box na época, acrescentando que "só votar não parece suficiente nesse caso. Eu preciso ser cidadão também".

Isso é louvável, mas o que Werner está fazendo com sua modelagem é diferente. Ele não está dizendo que sua pesquisa o levou a tomar medidas práticas para interromper uma política específica; o que ele está dizendo é que os resultados de sua pesquisa mostram que todo o nosso paradigma econômico é uma ameaça à estabilidade ecológica.

E, de fato, a melhor aposta da humanidade para evitar a catástrofe é desafiar esse paradigma econômico através da contrapressão do movimento das massas.

Esse é um trabalho pesado, mas ele não está sozinho nessa. Werner faz parte de um pequeno, mas cada vez mais influente grupo de cientistas cuja pesquisa sobre a desestabilização dos sistemas naturais, particularmente o sistema climático, os leva a conclusões igualmente transformadoras e até revolucionárias. Para os revolucionários enrustidos que em algum momento da vida já sonharam com a substituição da atual ordem econômica por uma que pelo menos não seja propensa a fazer com que aposentados italianos se enforquem em suas casas (como aconteceu recentemente em meio à crise de austeridade do país), essa pesquisa deve ser particularmente interessante. O motivo para isso é que ela torna o abandono desse sistema cruel em favor de algo nitidamente mais justo uma necessidade existencial de toda a espécie, e não mais uma questão de mera preferência ideológica.

Liderando esse novo grupo científico revolucionário está um dos maiores especialistas em clima da Grã-Bretanha, Kevin Anderson, vice-diretor do Tyndall Centre for Climate Change Research, que rapidamente se estabeleceu como uma das principais instituições de pesquisa climática do Reino Unido. Dirigindo-se a todos, desde o Departamento de Desenvolvimento Internacional até a prefeitura da cidade de Manchester, Anderson passou mais de uma década traduzindo pacientemente as implicações da mais recente ciência climática para políticos, economistas e ativistas. Adotando uma linguagem clara e compreensível, ele formatou um manual rigoroso para a redução de emissões que fornece uma chance decente de manter o aumento da temperatura global abaixo da meta que evitaria uma catástrofe , na opinião da maioria dos governos.

Mas, nos últimos anos, os documentos e as apresentações de slides de Anderson se tornaram mais alarmantes. Sob títulos como "Mudança Climática: Indo Além do Perigoso (...) Números brutais e esperança tênue", ele aponta que as chances de permanecer dentro de qualquer coisa que se pareça com níveis de temperatura seguros estão sendo rapidamente reduzidas.

Com sua colega Alice Bows, especialista em mitigação climática no Tyndall Centre, Anderson ressalta que nós perdemos muito tempo com estagnação política e políticas climáticas frágeis — enquanto os consumos (e emissões) globais aumentavam — e que agora estamos enfrentando cortes tão drásticos a ponto de eles desafiarem a lógica fundamental de priorizar o crescimento do PIB acima de qualquer coisa.

Anderson e Bows nos informam que a meta de mitigação em longo prazo, frequentemente citada, que prevê um corte de 80% nas emissões, para níveis abaixo dos de 1990, até o ano de 2050, foi selecionada puramente por razões de conveniência política e "não tem base científica". Isso se justifica na afirmação de que os impactos climáticos não vêm apenas do que emitimos hoje e amanhã, e, sim, das emissões acumuladas que permanecem na atmosfera ao longo do tempo. E eles alertam que, se nos concentrarmos nas metas para as décadas futuras, e não no que podemos fazer para reduzir o carbono brusca e imediatamente, há um sério risco de permitirmos que nossas emissões continuem a subir nos próximos anos, estourando assim nosso "orçamento de carbono" e nos colocando em uma posição irreversível no final do século.

É por isso que Anderson e Bows argumentam que, se os governos dos países desenvolvidos estão falando sério quando se referem a atingir a meta internacional acordada de manter o aquecimento abaixo de 2° C, e se as reduções devem respeitar qualquer tipo de princípio de equidade, então as reduções precisam ser muito mais profundas, e elas precisam acontecer bem mais cedo.

Anderson, Bows e muitos outros alertam que 2° C de aquecimento já inclui enfrentarmos uma gama de impactos climáticos extremamente devastadores e que uma meta de 1,5° C seria muito mais segura. Ainda assim, até mesmo se for para ter uma chance de pelo menos 50% de atingir a meta dos 2° C, os países industrializados precisam começar a reduzir suas emissões de gases de efeito estufa em um número próximo aos 10% ao ano (ainda mais se eles quiserem atingir os 1,5° C), e eles precisam começar agora. Anderson e Bows vão além, enfatizando que esse objetivo não pode ser cumprido com a variedade modesta de preços de carbono ou soluções de tecnologia ecológicas, geralmente preconizadas por grandes grupos verdes. Essas medidas certamente ajudarão, mas não são suficientes: uma queda de 10% nas emissões, ano após ano, é algo praticamente sem precedentes desde que começamos a alimentar nossas economias com carvão. De fato, cortes acima de 1% ao ano "historicamente só foram associados à recessão econômica ou à convulsão social", como afirmou o economista Nicholas Stern em seu relatório de 2006 para o governo britânico.

Mesmo após o colapso da União Soviética, reduções dessa duração e profundidade não ocorreram. (Os antigos países soviéticos sofreram reduções médias anuais de aproximadamente 5% durante um período de dez anos.) Elas não ocorreram após o colapso de Wall Street em 2008. (Os países ricos sofreram uma queda de cerca de 7% nas emissões entre 2008 e 2009, mas suas emissões de CO^2 recuperaram-se plenamente em 2010, e as emissões na China e na Índia continuaram a aumentar.) Os Estados Unidos, por exemplo, viram as emissões caírem por vários anos seguidos em mais de 10% ao ano, como uma das consequências imediatas do grande colapso da bolsa de valores de 1929, de acordo com dados históricos do Carbon Dioxide Information Analysis Center [Centro de Análise de Informações sobre Dióxido de Carbono]. Mas essa foi a pior crise econômica dos tempos modernos.

Se estivermos dispostos a evitar esse tipo de massacre enquanto convergimos com as metas de emissões baseadas na ciência, a redução de carbono deve ser gerenciada cautelosamente, por meio do que Anderson e Bows descrevem como "estratégias radicais e imediatas de decrescimento nos EUA, UE e outras nações ricas".

O que seria ótimo, exceto pelo fato de que por acaso temos um sistema econômico que prioriza o crescimento do PIB acima de tudo, sem olhar para as consequências humanas ou ecológicas, e pelo qual a classe política neoliberal abdicou totalmente de sua responsabilidade de gerenciar qualquer coisa (uma vez que o mercado é o gênio invisível que se encarrega de tudo).

Então, o que Anderson e Bows estão realmente dizendo é que ainda há tempo para evitar um aquecimento catastrófico, mas não dentro da forma com que regras do capitalismo são atualmente construídas. Esse pode ser o melhor argumento que já tivemos para mudar essas regras.

Em um ensaio de 2012, publicado na influente revista científica *Nature Climate Change*, Anderson e Bows lançaram um desafio, por assim dizer, acusando muitos de seus colegas cientistas de fracassarem no esclarecimento sobre o tipo de mudanças que as mudanças climáticas exigiam da humanidade. Sobre esse tópico, vale uma citação completa da dupla:

> (...) no desenvolvimento dos possíveis cenários relativos às emissões, os cientistas subestimam repetida e gravemente as implicações de suas análises. Quando se trata de evitar um aumento de 2° C, "impossível" se traduz em "difícil, mas possível", ao passo que "urgente e radical" emerge como "desafiador" — tudo para apaziguar o deus da economia (ou, mais precisamente, das finanças). Por exemplo, para evitar exceder a taxa máxima de redução de emissões ditada pelos economistas, assumem-se impossíveis picos iniciais de emissões, juntamente com noções ingênuas sobre a "grande" engenharia e as taxas de implementações de infraestruturas de baixo carbono. O mais perturbador é que, conforme o orçamento das emissões se reduz, mais a geoengenharia é proposta como uma garantia que a imposição dos economistas permaneça inquestionável.

Em outras palavras, os cientistas amenizam drasticamente as implicações de suas pesquisas em busca de uma aparente coerência dentro dos círculos econômicos neoliberais. Em agosto de 2013, Anderson estava disposto a ser ainda mais franco, escrevendo que o barco da mudança gradual já tinha partido.

> Talvez na época da ECO 92, ou mesmo na virada do milênio, níveis de mitigação de 2° C pudessem ter sido alcançados através de significativas *mudanças evolutivas dentro da hegemonia política e econômica*. Mas a mudança climática é uma questão cumulativa! Agora, em 2013, nós que estamos nas nações de alta emissão (pós) industriais enfrentamos uma perspectiva muito diferente. Nosso contínuo e coletivo desregramento de carbono dissipou qualquer oportunidade para a "mudança evolutiva" assegurada pelo nosso prévio (e maior) orçamento de carbono para os 2° C. Hoje, após duas décadas de blefes e mentiras, o orçamento remanescente de 2° C exige *mudanças revolucionárias na hegemonia política e econômica* (grifo deles).

Provavelmente nós não ficaremos surpresos se alguns cientistas climáticos estiverem um pouco assustados com as implicações radicais que até mesmo suas próprias pesquisas evocam. A maioria deles estava apenas quietinha fazendo seu trabalho: medindo núcleos de gelo, executando modelos climáticos globais e estudando a acidificação dos oceanos, apenas para descobrir, como afirma o especialista e autor australiano Clive Hamilton, que "de maneira não intencional, eles estavam desestabilizando a ordem política e social".

Mas há muitas pessoas que estão bem atentas em relação à natureza revolucionária da ciência climática. É por isso que alguns dos governos que decidiram lançar mão de seus compromissos climáticos em favor de desenterrar mais carbono tiveram de encontrar maneiras ainda mais impiedosas de silenciar e intimidar os cientistas de suas nações. Essa estratégia está se tornando mais explícita na Grã-Bretanha, com seu consultor científico chefe do Departamento de Meio Ambiente, Alimentos e Assuntos Rurais, Ian Boyd, escrevendo recentemente que os cientistas devem evitar "sugestões de que as políticas possam ser certas ou erradas" e devem expressar seus pontos de vista "trabalhando com consultores incorporados (eu, por exemplo) e se tornando na arena pública a voz da razão, em vez da voz da discórdia".

Contudo, a verdade está escapulindo mesmo assim. O fato de que a habitual busca corporativa por lucros e crescimento está desestabilizando a vida na Terra não é mais uma informação que só encontramos em revistas científicas. Os primeiros sinais estão se materializando diante de nossos olhos. E, entre nós, existe um número crescente de pessoas que estão respondendo à altura: bloqueando a prática de fraturamento hidráulico em Balcombe, na Inglaterra; interferindo nos preparativos para que a perfuração do Ártico aconteça nas águas russas (como o *Greenpeace* tem feito); levando os operadores responsáveis pela extração de areias betuminosas ao tribunal por violarem a soberania indígena; e outros incontáveis atos de resistência, grandes e pequenos. Na modelagem computacional de Brad Werner, essa é a "fricção" necessária para desacelerar as forças da desestabilização. O grande defensor e escritor climático Bill McKibben chama esses movimentos de "anticorpos" que são despertados para combater a "febre alta" que assola o planeta.

Ainda não é uma revolução, mas é um começo. E se ele se espalhar, pode ser que consiga nos garantir um tempo suficiente para que descubramos uma maneira de viver em um planeta que é nitidamente menos f*dido.

O TEMPO CLIMÁTICO VS. A IMINÊNCIA DO AGORA

A crise climática caiu em nossos colos no momento histórico em que as condições políticas e sociais só conseguiam ser hostis a um problema com tamanha natureza e magnitude — esse momento foi a retaguarda dos dançantes anos 1980: a explosão do ponto de partida para a cruzada que tinha como missão espalhar o capitalismo desregulado pelo mundo.

ABRIL DE 2014

ESTA É UMA HISTÓRIA SOBRE UM MOMENTO IMPORTUNO.

Uma das maneiras mais angustiantes que a extinção impulsionada pela mudança climática já está se apresentando é através do que os ecologistas chamam de "incompatibilidade" ou "discrepância" de tempo. Nesse processo, o aquecimento coloca em risco diversas fontes de alimento, gerando nos animais uma alteração de seu próprio ritmo, principalmente nos períodos de procriação, em que rápidas perdas populacionais podem acontecer quando não há sucesso em encontrar comida suficiente.

Em muitas espécies de pássaros, por exemplo, os padrões de migração evoluíram ao longo de milênios, de modo que os ovos são chocados exatamente quando fontes alimentares, como as lagartas, estão presentes em maior abundância, fornecendo aos pais uma alimentação farta para seus filhotes famintos. Mas como agora a primavera geralmente chega mais cedo, as lagartas também chocam mais cedo, o que significa que em algumas áreas elas se tornam menos abundantes quando os filhotes dos pássaros eclodem, resultando na possibilidade de diversos impactos em longo prazo na sobrevivência desses animais.

De maneira similar, no oeste da Groenlândia, o caribu está chegando aos campos onde concebe seus filhotes apenas para descobrir que estão dessincronizados com as plantas forrageiras das quais eles dependem há milhares de anos. Agora, elas crescem mais cedo graças ao aumento da temperatura. Isso está deixando o caribu fêmea com menos energia para lactação e reprodução, uma incompatibilidade que tem sido associada a acentuadas diminuições no nascimento de bezerros e nas taxas de sobrevivência.

Os cientistas estão estudando casos de discrepância climática entre dezenas de espécies, desde as andorinhas do Ártico até os papa-moscas. Mas existe uma espécie importante que está sendo esquecida: nós. *Homo sapiens*. Nós também estamos sofrendo um terrível caso de incompatibilidade relacionada às alterações climáticas, ainda que seja em um sentido histórico-cultural, e não biológico. Nosso problema é que a crise climática caiu em nossos colos no momento histórico em que as condições políticas e sociais eram hostis a um problema de tal natureza e com tamanha magnitude — esse momento foi a retaguarda dos dançantes anos 1980: a explosão do ponto de partida para a cruzada que tinha como missão espalhar o capitalismo desregulado pelo mundo. A mudança climática é um problema coletivo que exige ação coletiva em uma escala que a humanidade nunca alcançou. Ainda assim, ela entrou na consciência predominante no meio de uma guerra ideológica que está sendo travada na própria ideia da esfera coletiva.

Essa incompatibilidade profundamente inoportuna criou todos os tipos de barreiras à nossa capacidade de responder efetivamente a essa crise. Isso significa que o poder corporativo ascendeu no exato momento em que precisávamos exercer controles sem precedentes sobre o comportamento corporativo, a fim de proteger a vida na Terra. Isso significa que a *regulamentação* era uma palavra indesejada no exato momento em que mais precisávamos desses poderes. Isso significa que éramos governados por uma classe política que só sabe desmantelar as instituições públicas, deixando-as raquíticas no exato momento em que elas mais precisavam ser fortalecidas e reinventadas. E isso significa que estávamos sufocados por um aparato baseado em acordos de "livre comércio" que deixam as mãos dos legisladores atadas no exato momento em que eles precisam de flexibilidade máxima para conseguir uma transição energética pesada.

Confrontar essas várias barreiras estruturais para a próxima economia e articular uma visão de mundo cativante para esse modo de vida pós-carbono é o trabalho crítico de qualquer movimento climático sério, mas não é a única tarefa que temos em nossas mãos. Também temos de confrontar a maneira com que a incompatibilidade entre a mudança climática e a dominação de mercado criou barreiras até mesmo dentro de nossa própria subjetividade, tornando-se, assim, cada vez mais difícil olhar para uma das maiores crises humanitárias com algo além de olhares de relance furtivos e amedrontados. Graças à maneira com que nossas vidas cotidianas foram alteradas pelo triunfo tanto do mercado quanto pelo tecnológico, nos faltam muitas das ferramentas de observação necessárias para nos convencer de que as mudanças climáticas são, de fato, uma emergência — muito menos a confiança para acreditar que é possível viver de uma forma diferente.

E não é de se admirar: no exato momento em que precisávamos nos reunir, nossa esfera pública estava se desintegrando; no exato momento em que precisávamos consumir menos, o consumismo assumiu praticamente todos os aspectos de nossa vida; no exato momento em que precisávamos desacelerar e observar, aceleramos; e no exato momento em que precisávamos de horizontes em longo prazo, conseguimos ver apenas o presente imediato, presos no perpétuo agora de nossos feeds de mídia social constantemente atualizados.

Essa é nossa incompatibilidade com as mudanças climáticas, e afeta não apenas nossa espécie, mas potencialmente todas as outras espécies do planeta.

A boa notícia é que, diferentemente das renas e dos pássaros, nós, os seres humanos, fomos abençoados com a capacidade de raciocínio avançado e, portanto, a capacidade de se adaptar de maneira mais deliberada — e mudar velhos padrões de comportamento com uma velocidade notável. Se as ideias que governam nossa cultura estão nos impedindo de salvar a nós mesmos, então temos o poder de mudar essas ideias. Mas, antes que isso aconteça, primeiro precisamos entender a natureza da nossa discrepância climática pessoal.

NÓS SÓ SABEMOS SER CONSUMIDORES

As mudanças climáticas exigem que consumamos menos, mas só sabemos ser consumidores. A mudança climática não é um problema que pode ser resolvido simplesmente mudando o que compramos — um híbrido, em vez de um SUV, algumas compensações de carbono quando entramos em um avião. No centro da questão, essa é uma crise nascida do consumo excessivo dos ricos, o que significa que os consumidores mais maníacos do mundo terão de consumir menos para que outras pessoas possam ter o suficiente para viver.

O problema não é a "natureza humana", como costumamos dizer. Não nascemos precisando comprar tanto e, em nosso passado recente, ficamos felizes da mesma forma (em muitos casos, mais felizes) consumindo significativamente menos. O problema é que o consumo passou a desempenhar um papel de excessiva importância na nossa era.

O capitalismo tardio nos ensina que nossa subjetividade é criada através de nossas escolhas de consumidor: formamos nossas identidades, encontramos comunidades e nos expressamos fazendo compras. Assim, quando dizemos às pessoas que elas não podem comprar o quanto quiserem porque os sistemas que suportam o planeta estão sobrecarregados, parece que estamos dizendo que elas não podem ser quem realmente são, e isso pode ser entendido como um tipo de ataque. É provavelmente por essa razão que, dos "três R" originais do ambientalismo (reduzir, reutilizar, reciclar), apenas o terceiro já teve alguma tração, já que ele nos permite continuar comprando enquanto colocamos o resíduo na lixeira certa.* Os outros dois, que exigem menos consumo, estavam praticamente derrotados antes mesmo da partida.

A MUDANÇA CLIMÁTICA É LENTA, MAS NÓS SOMOS RÁPIDOS

Quando você está dentro de um trem-bala e a paisagem rural passa por você em alta velocidade, parece que tudo o que está passando, na verdade, permanece no mesmo lugar: pessoas, tratores, carros nas estradas rurais. Eles não estão, é claro. Eles estão se movendo, mas a uma velocidade tão lenta, em comparação ao trem, que parecem estáticos.

O mesmo acontece com as mudanças climáticas. Nossa cultura, movida a combustíveis fósseis, é o trem-bala, acelerando para alcançar o próximo relatório trimestral, o próximo ciclo eleitoral, a próxima porção de distração ou a próxima fatia de validação pessoal que acessamos por meio de nossos smartphones e tablets. Nosso clima em vias de ser alterado é como a paisagem do lado de fora da janela: do nosso ponto de vista atrevido, ele pode parecer estático, mas está se movendo com seu progresso lento sendo medido em camadas de gelo que estão retrocedendo, marés que inflam e aumentos adicionais de temperatura. Se não checarmos, a mudança climática certamente acelerará o suficiente para capturar nossa atenção fragmentada — as nações insulares varridas do mapa e cidades afogadas por tempestades tendem a fazer isso. Mas, a essa altura, pode ser tarde demais para que nossas ações façam a diferença, porque provavelmente a era marcada pelos pontos de inflexão provavelmente já terá começado.

---

* Agora sabemos que grande parte desse terceiro R tem sido inútil: nas cidades da América do Norte, montanhas de recipientes plásticos para viagem e lixo postal que os consumidores pensavam que estavam indo para depósitos de reciclagem para serem transformados em itens mais úteis na verdade estão indo direto para aterros sanitários ou incineração. As duas opções são fontes poderosas de produção de gases de efeito estufa. Isso está acontecendo porque, em 2018, a China reduziu severamente a quantidade de resíduos recicláveis que estava disposta a importar. Essa decisão foi tomada depois que o país descobriu que a indústria de margem comercial reduzida causava graves impactos à saúde e ao meio ambiente.

ALGUMAS REGIÕES CONCENTRAM A MUDANÇA CLIMÁTICA, MAS NÓS ESTAMOS EM TODOS OS LUGARES AO MESMO TEMPO

Não é apenas o fato de estarmos nos movendo rápido demais que se configura como um problema. É também o fato de que as mudanças climáticas exercem sua influência em um plano intensamente local: um desabrochar precoce de uma flor em particular, uma camada estranhamente fina de gelo em um lago, uma seiva que não está conseguindo fluir da árvore de carvalho, a chegada tardia de uma ave migratória. É preciso uma conexão íntima com um ecossistema específico para perceber que esses tipos de mudanças sutis estão acontecendo. Apenas quando conhecemos um lugar profundamente, não somente como um cenário, mas também como modo de sustento, e quando vemos a transmissão do conhecimento local de geração em geração como um dever sagrado é que esse tipo de comunhão pode acontecer.

Mas esse comportamento vem sendo cada vez mais raro no mundo urbanizado e industrializado. Poucos de nós vivem no mesmo lugar em que nossos ancestrais foram enterrados. Muitos de nós abandonamos rapidamente nossa casa — por um novo emprego, uma nova escola, um novo amor. E quando fazemos isso, somos desligados de qualquer conhecimento de lugar que conseguimos acumular anteriormente e do conhecimento reunido por nossos ancestrais (que, no meu caso e no de muitas outras pessoas, também migraram repetidas vezes).

Mesmo para aqueles de nós que conseguem permanecer parados no mesmo lugar, a existência diária está se desconectando cada vez mais dos espaços físicos que compartilhamos. Estamos vivendo grande parte de nossa vida através dos portais que as telas abrem, e o mundo físico tem sido explorado não com nossos sentidos, mas com os mapas em miniatura que temos em nossos celulares.

Em nossas casas, locais de trabalho e carros, todos climaticamente controlados, ficamos blindados da influência dos elementos, as mudanças que estão se desenrolando no mundo natural apenas passam por nós sem despertar nossa atenção. Podemos não fazer a menor ideia de que uma seca histórica esteja destruindo as plantações nas fazendas ao redor de nossas casas urbanas, dado que os supermercados ainda exibem produtos importados dispostos em montanhas em miniatura, com outros tantos mais chegando de caminhão o dia inteiro. É preciso que algo enorme aconteça — um furacão que ultrapasse todos os níveis de maré alta já registrados anteriormente ou uma inundação que destrua milhares de casas — para percebermos que algo está realmente errado. E, mesmo assim, temos dificuldade em manter esse conhecimento por muito tempo, pois somos rapidamente introduzidos à próxima crise antes que tenhamos a chance de nos dar conta dessas verdades.*

Enquanto isso, todos os dias a mudança climática se ocupa em aumentar as fileiras dos desenraizados, já que cada vez mais pessoas são obrigadas a deixar seus lares ancestrais motivadas pelos desastres naturais, colheitas fracassadas, gado faminto e conflitos étnicos impulsionados pelo clima. E com toda migração humana, mais conexões cruciais com lugares específicos vão sendo perdidas, fazendo com que uma quantidade ainda menor de pessoas tenha as ferramentas para ouvir atentamente o que a Terra tem a dizer.

O QUE OS OLHOS NÃO VEEM O CORAÇÃO NÃO SENTE

Os poluentes climáticos são invisíveis, e muitos de nós paramos de acreditar no que não podemos ver. Quando o ex-executivo-chefe da BP, Tony Hayward, disse aos repórteres que não precisamos nos preocupar tanto com os dispersantes de petróleo e produtos químicos que foram jorrados no Golfo do México após o desastre da Deepwater Horizon porque "é um oceano muito grande", ele estava

---

* Entrei em contato com uma amiga em Los Angeles para checar a situação depois que um muro de fumaça invadiu a cidade como uma criatura vinda diretamente do Apocalipse. "Houve alguns dias em que o céu estava tão denso que chegava a ter o gosto do fumo passivo de uma boate dos anos 1980, e qualquer pessoa só conseguia falar de planos de evacuação", relatou ela. "Mas agora todo mundo está de volta aos negócios como se nada tivesse acontecido, e isso me deixa pensando no que exatamente terá que acontecer para que as pessoas... Deixem de agir assim." Realmente, o que será preciso?

apenas falando em voz alta uma das crenças mais valiosas de nossa cultura: que o que não podemos ver também não nos machucará, e, na verdade, é como se mal existisse.

Grande parte de nossa economia se baseia na suposição de que sempre existe um "lugar distante" no qual podemos jogar nosso lixo. Há um lugar distante para onde vai nosso lixo quando ele é recolhido do meio-fio e há um lugar distante para onde vai nosso lixo quando ele é derramado ralo abaixo. Há um lugar distante onde são extraídos os minerais e metais que compõem nossos bens materiais e um lugar distante onde essas matérias-primas são transformadas em produtos acabados. Mas a lição do derramamento da BP, nas palavras do teórico ecológico Timothy Morton, é que nosso mundo é "um mundo no qual não existe um 'lugar distante'".

Na época em que publiquei o livro *Sem Logo*, na virada deste século, os leitores ficaram chocados quando descobriram as condições abusivas sob as quais suas roupas e seus acessórios estavam sendo fabricados. Só que, desde então, a maioria de nós aprendeu a conviver com isso — não exatamente tolerando, mas cultivando um estado de constante esquecimento de quais são os custos reais exigidos pelo nosso consumo. Os "lugares distantes" dessas fábricas retornaram ao esquecimento de forma ampla.

Quando nos dizem que vivemos em um tempo de conexão sem precedentes, essa é uma das ironias dessa afirmação. É verdade que não apenas podemos como também nos comunicamos em vastas geografias com uma facilidade e velocidade que eram inimagináveis apenas uma geração atrás. Mas, no meio dessa rede global de conversas, de alguma maneira conseguimos estar *menos* conectados às pessoas com as quais estamos mais intimamente enredados: as jovens mulheres nas perigosas fábricas de Bangladesh que fazem as roupas que estão em nosso corpo, ou as crianças na República Democrata do Congo cujos pulmões estão tomados pela poeira da mineração de cobalto necessárias para a produção dos celulares que se tornaram extensões de nossos braços. O que partilhamos é uma economia de fantasmas com sua cegueira deliberada.

O ar é o suprassumo do invisível, e os gases de efeito estufa que o aquecem são os mais esquivos de todos nossos fantasmas. O filósofo David Abram aponta que, durante a maior parte da história humana, foi precisamente essa qualidade invisível que concedeu ao ar o seu poder e exigiu nosso respeito. "Chamado de Sila, o vento-mente do mundo pelos Inuit; Nilch'i, ou Vento Sagrado, pelos Navajos; Ruach, ou espírito que corre, pelos antigos povos hebraicos", a atmosfera era "a dimensão mais misteriosa e sagrada da vida".

Mas em nosso tempo "raramente reconhecemos a atmosfera enquanto ela rodopia no espaço entre duas pessoas". Tendo esquecido o ar, escreve Abram, nós o transformamos em nosso esgoto, "o lixão perfeito para os rejeitos indesejados de nossas indústrias (...) Até mesmo a fumaça mais opaca e acre que irrompe pelos canos se dissipará e se dispersará, sempre e finalmente se dissolvendo no invisível. Desapareceu. O que os olhos não veem, o coração não sente".

OS ESPAÇOS DE TEMPO QUE NOS ESCAPAM

Para muitos de nós, outro fator que torna a mudança climática tão difícil de se apreender é que vivemos em uma cultura do presente perpétuo, uma cultura que se afasta deliberadamente do passado que nos criou e do futuro que estamos moldando com nossas ações. A mudança climática fala sobre como tudo aquilo que fizemos nas gerações passadas inevitavelmente afetará não apenas o presente, mas também as gerações futuras. Para a maioria de nós, esses espaços de tempo são um idioma que se tornou estranho em nossos tempos digitalizados.

Isso não se trata de julgar ninguém individualmente, nem de repreendermos a nós mesmos por nossa superficialidade, desenraizamento ou pelo nosso estado de atenção fragmentada. Pelo contrário, trata-se de reconhecer que a maioria de nós vivendo em centros urbanos e países ricos somos um produto de um projeto industrial, vinculado de maneira histórica e íntima aos combustíveis fósseis, que depois explodiu com a grande supernova da tecnologia digital.

E da mesma forma que mudamos antes, podemos mudar novamente. Após escutar o grande poeta agricultor Wendell Berry fazer uma palestra sobre como cada um de nós tem o dever de amar o nosso "lar" mais do que qualquer outro, perguntei se ele tinha algum conselho para pessoas desenraizadas como eu e meus amigos, que são absorvidos para dentro das nossas telas e que sempre parecem estar comprando para criar a comunidade perfeita onde devemos criar raízes. "Pare em algum lugar", ele respondeu. "E comece o longo processo de mil anos de conhecer esse lugar."

De muitas formas diferentes, esse é um bom conselho. Porque, para vencer a luta de nossa vida, todos precisamos de um lugar para ficar.

PARE DE TENTAR SALVAR O MUNDO SOZINHO

A própria ideia de que nós, como indivíduos atomizados, por si só poderíamos desempenhar um papel significativo na estabilização do clima do planeta certamente é uma loucura.

JUNHO DE 2015
DISCURSO DE FORMATURA DA COLLEGE OF THE ATLANTIC

GERALMENTE, UM DISCURSO DE FORMATURA TENTA FORNECER UMA BÚSSOLA MORAL aos graduados para sua vida pós-universitária. Você ouve histórias que terminam com lições claras como "O dinheiro não compra felicidade", "Seja gentil", "Não tenha medo de falhar".

Mas, em meu ponto de vista, poucos de vocês estão se debatendo tentando diferenciar o certo do errado. Curiosamente, vocês sabiam que queriam ir não apenas para uma excelente faculdade, mas para uma excelente faculdade social e ecologicamente engajada. Uma faculdade cercada pela diversidade biológica e preenchida por uma enorme diversidade humana, com uma população estudantil que abrange o mundo inteiro. Vocês também sabiam que um senso forte de comunidade importava mais do que quase tudo. Isso se trata de uma autoconsciência e autossuficiência muito maiores do que grande parte das pessoas adquire quando sai da faculdade — e, de alguma forma, vocês já tinham tudo isso quando ainda estavam no ensino médio.

É por isso que pularei a parte dos sermões para ir direto ao que interessa: o momento histórico no qual vocês estão se formando — com as mudanças climáticas, a concentração de riqueza e a violência racial, todas chegando a pontos de ruptura.

Como poderemos ajudar mais? Como poderemos servir melhor a este mundo feito em pedaços? Sabemos que o tempo é curto, especialmente quando se tratam de mudanças climáticas. Todos nós estamos ouvindo o tique-taque do relógio soando alto no plano de fundo.

Mas isso não significa que as mudanças climáticas sobrepujem todo o resto. Isso significa que precisamos criar soluções integradas, que possam reduzir radicalmente as emissões enquanto combatem a desigualdade estrutural de nosso sistema, tornando a vida tangivelmente melhor para a maioria. Isso não é uma utopia; temos exemplos vivos com os quais podemos aprender. A transição energética da Alemanha criou 400 mil empregos no setor dos renováveis em pouco mais de uma década, e não apenas despoluiu a energia, mas também a tornou mais justa, de modo que muitas redes de energia pertencem e são controladas por centenas de cidades, metrópoles e cooperativas. Eles ainda têm um longo caminho a ser percorrido para eliminar progressivamente o carvão, mas agora começaram para valer. A cidade de Nova York acaba de anunciar um plano climático que, se adotado, tiraria 800 mil pessoas da pobreza até 2025, por meio do investimento maciço em transporte, em moradias populares e no aumento do salário mínimo.

O salto holístico de que precisamos está ao nosso alcance. E saiba que não há melhor preparação para esse grande projeto do que sua educação profundamente interdisciplinar em ecologia humana. Vocês foram feitos para este momento. Não, isso não está formulado da maneira certa: vocês, de alguma forma, sabiam como se preparar para estarem prontos neste momento.

Mas muito depende das escolhas que todos nós faremos nos próximos anos. "Não tenha medo de falhar" pode ser um discurso de graduação padronizado no estilo lição de vida. No entanto, isso não funciona para aqueles de nós que fazem parte do movimento pela justiça climática, onde ter medo do fracasso é perfeitamente racional.

Porque, vamos encarar a verdade, as gerações anteriores gastaram muito além do que apenas a parte que lhes cabe do espaço atmosférico. Nós também gastamos a sua parte nos grandes fracassos — talvez essa seja a injustiça intergeracional definitiva. Isso não significa que não tenhamos mais o direito de errar. Nós podemos e erraremos. Mas Alicia Garza, uma das inspiradoras fundadoras do movimento ativista internacional Black Lives Matter, fala sobre como precisamos "cometer novos erros".

Respirem e reflitam por um minuto com essa afirmação. Vamos parar de cometer os mesmos erros. Aqui seguem alguns erros, mas acredito que internamente vocês adicionarão os seus próprios: projetar fantasias messiânicas nos políticos. Pensar que o mercado consertará o que está acontecendo. Construir um movimento formado inteiramente por brancos da classe média-alta e depois se perguntar por que as pessoas não brancas não querem se juntar ao "nosso movimento". Rasgar uns aos outros em farrapos sangrentos porque é mais fácil fazer isso do que ir atrás das forças que são as maiores responsáveis por essa bagunça. Estes são os clichês da mudança social, e eles estão ficando realmente muito chatos.

Não temos o direito de exigir a perfeição um do outro. Mas temos o direito de esperar progresso. Exigir evolução. Então, cometeremos alguns novos erros. E faremos isso enquanto rompemos nossos celeiros e construímos o tipo de movimento lindamente diverso e sedento por justiça que de fato tem uma chance de vencer — vencer contra os interesses poderosos que querem que continuemos falhando.

Tendo isso em mente, quero falar sobre um erro antigo que vejo ressurgindo. Ele tem a ver com a ideia de que, como as tentativas de grandes mudanças sistêmicas falharam, tudo o que podemos fazer é agir de forma pequena. Alguns de vocês se identificarão. Outros, não. Mas suspeito que todos vocês terão de lidar com essa tensão em seu trabalho futuro.

Uma história: quando eu tinha 26 anos, fui à Indonésia e às Filipinas para realizar as pesquisas para meu primeiro livro, *Sem Logo*. Eu tinha uma meta simples: entrar em contato com os trabalhadores que confeccionavam as roupas e os eletrônicos que eu e meus amigos comprávamos. E fiz isso. Passei as noites em pisos de concreto de dormitórios esquálidos, onde garotas adolescentes, doces e alegres, passavam suas escassas horas de folga. Oito ou até mesmo dez em um quarto. Elas me contaram histórias em que não era permitido nem sequer fazer xixi, porque as máquinas não podiam ser abandonadas. Sobre chefes que batiam e assediavam. Sobre não ter dinheiro suficiente para comprar peixe seco para acompanhar o arroz.

Elas sabiam que estavam sendo muito exploradas, que as roupas e acessórios que estavam fabricando eram vendidos por um valor muito maior do que o que elas ganhariam em um mês. Uma garota de 17 anos me disse: "Fabricamos computadores, mas não sabemos como usá-los".

Então, uma coisa que achei levemente chocante foi que alguns desses mesmos trabalhadores estavam usando roupas ornamentadas com marcas falsificadas das próprias multinacionais responsáveis por essas condições: personagens da Disney ou o inconfundível símbolo da Nike. A certa altura, perguntei a um organizador do trabalho local sobre isso. Isso não é estranho — uma contradição?

Demorou muito tempo até que ele entendesse a pergunta. Quando ele finalmente conseguiu entender, olhou para mim com um sentimento parecido com pena. Veja bem, para ele e seus colegas, o consumo individual não era considerado de forma alguma como parte do domínio político. O poder não se localizava no que você faz como um indivíduo, mas no que faz no coletivo, como parte de um movimento grande, organizado e focado. Para ele, isso significava organizar os trabalhadores para entrar em greve por melhores condições e, eventualmente, conquistar o direito de sindicalizar. O que você comia no almoço ou casualmente estava vestindo não tinha absolutamente qualquer importância.

Isso me impressionou, porque era o exato oposto de minha cultura no Canadá. De onde vim, primeiramente você expressa suas crenças políticas por meio de suas escolhas pessoais de estilo de vida e frequentemente para por aí. Proclamando em voz alta seu vegetarianismo, comprando de um comércio justo e local e boicotando marcas grandes e más.

Alguns anos depois, após o lançamento de meu livro, essas compreensões muito diferentes do que significa a mudança social ecoaram várias e várias vezes. Eu dava palestras sobre a necessidade de proteções internacionais pelo direito de formação de sindicatos. Sobre a necessidade de renovar nosso acordo de comércio internacional para que ele não encoraje uma corrida em direção ao fundo do poço. E, no entanto, no final dessas conversas, a primeira pergunta do confiante público sempre era: "Que tipo de tênis é tranquilo comprar?", "Que marcas são éticas?", "Onde você compra suas roupas?", "O que eu posso fazer, como indivíduo, para mudar o mundo?"

Quinze anos se passaram desde que publiquei o *Sem Logo*, e ainda me encontro enfrentando perguntas muito semelhantes. Atualmente, dou palestras sobre como o mesmo modelo econômico que concedeu às multinacionais um poder extremo para procurar mão de obra barata na Indonésia e na China também sobrecarregou as emissões globais de gases de efeito estufa. E, inevitavelmente, a mão se levanta: "Me diz o que posso fazer individualmente." Ou talvez "como proprietário de uma empresa".

A dura verdade é que a resposta para a pergunta "Como indivíduo, o que eu posso fazer para impedir as mudanças climáticas?" é: nada. Você não pode fazer nada. De fato, a própria ideia de que nós, como indivíduos atomizados, mesmo muitos indivíduos atomizados, por si sós poderíamos desempenhar um papel significativo na estabilização do clima do planeta certamente é uma loucura. Só podemos ir de encontro a esse tremendo desafio se estivermos juntos, como parte de um movimento global massivo e organizado.

A ironia é que as pessoas com relativamente pouco poder tendem a compreender esse ponto muito melhor do que aquelas com muito mais poder. Os trabalhadores que conheci na Indonésia e nas Filipinas sabiam muito bem que governos e empresas não valorizavam sua voz ou mesmo sua vida individual. E por causa disso foram levados a agir não apenas juntos, mas em uma vasta lona política. Tentam mudar as políticas em fábricas que empregam milhares de trabalhadores ou em zonas de exportação que empregam dezenas de milhares. Ou as leis trabalhistas em um país de milhões.

A sensação de impotência individual que eles compartilham os levou a ser politicamente ambiciosos, a exigir mudanças estruturais.

Em contraste, aqui nos países ricos, o tempo todo estão nos dizendo como somos individualmente poderosos. Seja como consumidores ou até mesmo como ativistas individuais. O resultado é que, apesar de nosso poder e privilégio, muitas vezes acabamos atuando em telas que são desnecessariamente pequenas — o nosso próprio estilo de vida, ou talvez de nosso bairro ou cidade. Enquanto isso, abandonamos as mudanças estruturais, a política e o trabalho jurídico, além de outros exemplos.

Isso não é menosprezar o ativismo local. A esfera local é fundamental. A organização da esfera local está vencendo grandes lutas contra a prática de fraturamento hidráulico e os oleodutos. A esfera local está nos mostrando como a economia pós-carbono se apresenta.

E exemplos pequenos inspiram exemplos maiores. A College of the Atlantic foi uma das primeiras escolas a abandonar os combustíveis fósseis. E me disseram que essa decisão foi tomada em uma semana. Foi preciso esse tipo de liderança de pequenas escolas que conheciam seus valores para pressionar outras instituições, como dizer, mais inseguras para seguirem seu exemplo. Como a Universidade de Stanford. Como a Universidade de Oxford. Como a família real britânica. Como a família Rockefeller. Todos se juntaram ao movimento desde que a College of the Atlantic o fez. Então, a esfera local é importante, mas apenas ela não é o bastante.

Recebi um lembrete vívido disso quando visitei Red Hook, no Brooklin, logo após o furacão Sandy. Red Hook foi um dos bairros mais atingidos pela tempestade e abriga uma incrível fazenda comunitária, um lugar que ensina crianças de projetos habitacionais próximos a cultivar alimentos saudáveis, fornece compostagem para um grande número de moradores, hospeda um mercado semanal de agricultores e administra um excelente programa agrícola apoiado pela comunidade. Em suma, estava fazendo tudo certo: reduzindo o transporte de alimentos, afastando-se dos insumos de petróleo, sequestrando carbono do solo, reduzindo o aterro sanitário por compostagem, combatendo a desigualdade e a insegurança alimentar.

Mas quando a tempestade chegou, nada disso importou. A colheita inteira foi perdida, e o medo era o de que a água da tempestade deixasse o solo tóxico. Eles podiam comprar um novo solo e recomeçar, mas os agricultores que conheci ali sabiam que, a menos que outras pessoas estivessem lutando por aí para reduzir as emissões em nível sistêmico e global, então esse tipo de perda ocorreria repetidas vezes.

Não é que uma esfera seja mais importante que a outra. É que temos de fazer as duas coisas: local e global. A resistência e as alternativas. Os "não" para o que não pode sobreviver e os "sim" para o que precisa prosperar.

Antes de deixar vocês, quero enfatizar mais uma coisa. E, por favor, escutem, porque ela é importante. É verdade que temos de fazer tudo isso. Que temos que mudar tudo. Mas vocês, em nível pessoal, não precisam fazer tudo. Tudo isso não está em suas costas.

Um dos perigos reais de ser uma juventude brilhante e sensível que ouve o relógio do clima batendo alto demais é o risco de assumir uma carga maior do que vocês conseguem suportar. Essa é outra manifestação desse senso inflado de nossa própria importância.

Pode parecer que todas suas decisões de vida carregam o peso do mundo — seja trabalhar em uma ONG nacional ou em um projeto de permacultura local ou em uma startup ecológica; seja trabalhar com animais ou com pessoas; ser cientistas ou artistas; ir para a faculdade ou ter filhos.

Esse fardo impossível que alguns de vocês estão colocando para si próprios me impressionou recentemente, quando fui contatada por uma estudante australiana de ciências com seus 21 anos, chamada Zoe Buckley Lennox. Quando conseguiu me localizar, ela estava acampada no topo da plataforma de perfuração do Ártico da Shell, no meio do Pacífico. Ela foi uma das seis ativistas do Greenpeace que escalaram a plataforma gigante para tentar retardar sua passagem, chamando a atenção para a insanidade de perfurar o solo do Ártico em busca de petróleo. Por uma semana eles viveram junto dos ventos uivantes, lá no alto.

Enquanto eles ainda estavam lá, combinei de ligar para Zoe pelo telefone via satélite do Greenpeace, apenas para agradecê-la pessoalmente por sua coragem. Você sabe o que ela fez? Ela me perguntou: "Como você sabe que está fazendo a coisa certa? Quero dizer, existe desinvestimento. Existe *lobby*. Existe a conferência climática de Paris."

Fiquei emocionada com a seriedade dela, mas também queria chorar. Ali estava ela, fazendo uma das coisas mais incríveis que se poderia imaginar — congelando inteira, tentando impedir fisicamente a perfuração do Ártico com seu corpo. E lá em cima, em suas sete camadas de roupa e equipamento de escalada, ela ainda estava se contorcendo, imaginando se ela deveria estar fazendo outra coisa.

O que eu disse a ela é o que vou lhes dizer. O que vocês estão fazendo é incrível. E o que vocês farão na sequência também será incrível, porque vocês não estão sozinhos. Vocês fazem parte de um movimento e esse movimento está se organizando nas Nações Unidas, concorrendo a cargos e levando suas escolas a desinvestir e tentando bloquear a perfuração do Ártico no Congresso e nos tribunais. E no mar aberto. Tudo ao mesmo tempo.

E, sim, precisamos ir além e crescer mais depressa. Mas o peso do mundo não está nos ombros de ninguém: não no seu. Não no da Zoe. Não no meu. Ele está na força do projeto de transformação do qual milhões já fazem parte.

Isso significa que somos livres para fazer o tipo de trabalho que nos sustentará, para que todos possamos permanecer nesse movimento em longo prazo. Porque ele será longo.

UM VATICANO RADICAL?

As pessoas de fé, particularmente nas religiões missionárias, acreditam intensamente em algo sobre as quais muitas pessoas seculares não estão tão convencidas: que todos os seres humanos são capazes de mudanças profundas (...) Até porque essa é a essência da conversão.

29 DE JUNHO, 2015
FAZENDO AS MALAS

A PRIMEIRA VEZ QUE FUI CHAMADA PARA FALAR EM UMA CONFERÊNCIA DE IMPRENSA no Vaticano sobre a recém-publicada encíclica de mudanças climáticas, "Laudato sì", do Papa Francisco, eu estava convencida de que o convite logo seria revogado. Agora faltam apenas dois dias para a conferência de imprensa e, depois dela, um simpósio de dois dias com o objetivo de explorar a encíclica. Isso está realmente acontecendo.

Como sempre acontece antes de viagens estressantes, toda minha ansiedade vai parar no guarda-roupa. A previsão do tempo para Roma na primeira semana de julho é um calor castigante, até 35° C. Supostamente, as mulheres que visitam o Vaticano devem se vestir modestamente, sem pernas expostas e nada de antebraços. A escolha óbvia é usar algo de algodão, longo e solto. O único problema nisso é que tenho uma aversão profunda a qualquer peça indumentária com cheiro hippie.

Certamente a sala de imprensa do Vaticano tem ar-condicionado. Por outro lado, "Laudato sì" faz questão de denunciar seu uso como um dos muitos "hábitos prejudiciais de consumo que, em vez de diminuir, parecem estar crescendo ainda mais". Será que as autoridades seguirão essa afirmação, abandonando o controle da temperatura apenas para esta conferência de imprensa? Ou eles manterão o ar-condicionado ligado, abraçando a contradição, assim como estou fazendo ao apoiar os escritos arrojados do papa sobre como responder à crise climática exige mudanças profundas em nosso modelo econômico orientado para o crescimento, enquanto discordo de suas palavras sobre muitas outras coisas?

Para lembrar a mim mesma o motivo pelo qual tudo isso vale a pena, reli algumas passagens da encíclica. Além de estabelecer a realidade das mudanças climáticas, ela gasta um tempo considerável explorando como a cultura do capitalismo tardio torna especialmente difícil enfrentar ou até mesmo focar esse desafio civilizacional. "A natureza está cheia de palavras de amor", escreve Francisco, "mas como podemos ouvi-las em meio a ruídos constantes, intermináveis distrações de deixar os nervos à flor da pele ou mediante o culto às aparências?"

Dou uma olhada com vergonha para o conteúdo espalhado dentro de meu armário.

(Veja bem: alguns de nós não usarão o mesmo traje branco em todos os lugares...)

1º DE JULHO — A PALAVRA COM F

Estava previsto que quatro de nós falaríamos na conferência de imprensa do Vaticano, incluindo um dos presidentes do Painel Intergovernamental sobre Alterações Climáticas das Nações Unidas. Todos, exceto eu, são católicos. Em sua introdução, o padre Federico Lombardi, diretor do Sala de Imprensa da Santa Sé, me descreve como uma "feminista judia secular", um termo que usei em minhas anotações prévias, mas nunca esperei que ele repetisse. Todas as outras coisas que o padre Lombardi diz é em italiano, mas essas três palavras são ditas em inglês e bem devagar, como se fosse para enfatizar que elas não pertenciam àquele espaço.

A primeira pergunta dirigida a mim é de Rosie Scammell, representando o jornal *Religion News Service*: “Eu estava me perguntando: como você responderia aos católicos que se preocupam com seu envolvimento e o de outras pessoas que não concordam com certos ensinamentos católicos aqui?”

Essa é uma referência ao fato de que alguns tradicionalistas têm reclamado do envolvimento de todos os pagãos, incluindo o secretário-geral da ONU, Ban Ki-moon, e uma lista de cientistas climáticos, que foram vistos dentro dessas antigas muralhas durante os preparativos da publicação da encíclica. O medo é o de que a discussão a respeito da sobrecarga planetária leve ao enfraquecimento da oposição da Igreja ao controle da natalidade e ao aborto. Como o editor de um site italiano católico popular afirmou recentemente: “O caminho que a igreja está seguindo é precisamente este: aprovar silenciosamente o controle da população enquanto fala sobre outra coisa.”

Respondi que não estou aqui para mediar uma fusão entre o movimento climático secular e o Vaticano. No entanto, se o papa Francisco está certo de que responder à crise climática exige mudanças fundamentais em nosso modelo econômico — e sim, eu acho —, então será necessário um movimento extraordinariamente amplo para exigir essas mudanças, um que seja capaz de navegar em desacordos políticos.

Após a conferência de imprensa, uma jornalista dos Estados Unidos me diz que ela vem “cobrindo o Vaticano há 20 anos e nunca pensei que ouviria a palavra ‘feminista’ neste palco”.

Só para constar, o ar-condicionado estava ligado.

Os embaixadores britânicos e holandeses na Santa Sé promoveram um jantar para os organizadores e palestrantes da conferência. Entre o vinho e o salmão grelhado, as discussões se voltam para as ramificações políticas da próxima viagem do papa aos Estados Unidos. Um dos convidados mais preocupados com esse assunto é de uma influente organização católica norte-americana. “O Santo Padre não está facilitando nossa situação indo à Cuba primeiro”, ele diz.

Pergunto a ele com que força de disseminação a mensagem de "Laudato sì" chegará em seu país. "O momento foi ruim", ele diz. "Ela foi lançada mais ou menos na mesma época em que a Suprema Corte decidiu sobre o casamento gay, e isso meio que ocupou todo o espaço disponível". Isso de fato é verdade. Muitos bispos dos EUA acolheram a encíclica, mas nem de perto isso poderia competir com o gasto do poder de fogo católico para denunciar a decisão da Suprema Corte uma semana depois.

O contraste é apenas um lembrete vívido de quão longe o papa Francisco deve ir para realizar sua visão de uma Igreja que gasta menos tempo condenando as pessoas por aborto, contracepção e com quem eles se casam, para gastar mais tempo lutando pelas vítimas pisoteadas por um sistema econômico altamente desigual e injusto. Quando a justiça climática competiu por tempo televisivo com denúncias de casamento gay, ela não teve a menor chance.

No caminho de volta ao hotel, olhando as colunas iluminadas e a cúpula da Basílica de São Pedro, sou atingida pelo pensamento de que essa batalha de vontades pode ser a verdadeira razão pela qual esses forasteiros aleatórios estão sendo convidados para este mundo enclausurado. Estamos aqui simplesmente porque não se pode contar com muitos membros poderosos da Igreja para defender a mensagem climática transformadora de Francisco — e alguns claramente ficariam felizes em vê-la enterrada ao lado de muitos outros segredos sepultados neste enclave fortificado.

Antes de dormir, passo um pouco mais de tempo com "Laudato sì", e algo chama minha atenção. No parágrafo de abertura, o papa Francisco escreve que "nosso lar em comum é como uma irmã com quem compartilhamos nossa vida e uma linda mãe que abre seus braços para nos acolher". Ele cita "Cântico das Criaturas", de São Francisco de Assis, que declara: "Louvado seja, meu Senhor, por nossa irmã, Mãe Terra, que nos sustenta e nos governa, e que produz vários frutos com flores e ervas coloridas."

Diversos parágrafos adiante, a encíclica observa que São Francisco "falava com toda a criação, pregando até para as flores, convidando-as a 'louvar ao Senhor, como se fossem dotadas de razão'".

A encíclica diz que, segundo São Boaventura, o frade do século XIII "chamava as criaturas, por menores que sejam, pelo nome de 'irmão' ou 'irmã'".

Ao apontar para as várias diretrizes bíblicas que nos dizem que devemos cuidar dos animais que nos fornecem alimento e trabalho, nos trechos seguintes do texto, o papa Francisco chega à conclusão de que "não existe lugar na Bíblia para um antropocentrismo tirânico que não se importa com as outras formas de vida". Desafiar o antropocentrismo é um discurso batido para os ecologistas, mas para o topo da Igreja Católica já é outra coisa. Não é possível ter uma visão muito mais centrada no humano do que a persistente interpretação judaico-cristã de que Deus criou o mundo inteiro especificamente para atender a todas as necessidades de Adão. Quanto à ideia de que fazemos parte de uma família com todos os outros seres vivos, com a Terra como nossa mãe que provê vida a tudo, ela também é familiar aos ouvidos ecológicos. Mas para os da Igreja? Substituir um Deus Pai por uma Terra maternal e drenar o mundo natural de seu poder sagrado foi o que a levou a condenar o paganismo, o animismo e o panteísmo.

Afirmando que a natureza tem um valor em si mesma, Francisco está derrubando séculos de interpretação teológica que consideravam o mundo natural com total hostilidade — como uma miséria a ser transcendida e uma "sedução" a ser resistida. Certamente existiram partes do cristianismo que enfatizavam a natureza como algo valioso que deveria ser administrado e protegido — algumas até a celebraram —, mas principalmente como um conjunto de recursos para sustentar os seres humanos.

Francisco não é o primeiro papa a expressar profunda preocupação ambiental — João Paulo II e Bento XVI também o fizeram. Mas esses papas não costumavam chamar a Terra de "irmã, mãe", tampouco afirmavam que esquilos e trutas são nossos irmãos.

2 DE JULHO — DE VOLTA DA NATUREZA SELVAGEM

Na Praça de São Pedro, as lojas de souvenirs estão vendendo canecas, calendários, aventais do papa Francisco — e pilhas de cópias encadernadas de "Laudato sì", disponíveis em vários idiomas. Banners de vitrines fazem a propaganda de sua presença. À primeira vista, parece apenas mais um pedaço de uma cartilha papal barata, não um documento que poderia transformar a doutrina da Igreja.

Esta manhã é a abertura do "People and Planet First: The Imperative to Change Course" ["Pessoas e o Planeta em Primeiro Lugar: O Imperativo para Mudarmos de Rumo"], um encontro de dois dias para elaborar um plano de ação em torno de "Laudato sì", organizado pela International Alliance of Catholic Development Agencies [Aliança Internacional das Agências de Desenvolvimento Católico] e pelo Pontifício Conselho Justiça e Paz. Entre os palestrantes estão Mary Robinson, ex-presidente da Irlanda e atual enviada especial da ONU para mudanças climáticas, e Enele Sopoaga, primeira-ministra de Tuvalu, um país insular cuja existência está ameaçada pelo aumento do nível do mar.

Um bispo de fala mansa de Bangladesh lidera uma oração de abertura, e o cardeal Peter Kodwo Appiah Turkson, uma das principais forças por trás da encíclica, faz a primeira palestra. Aos 66 anos, Turkson já ficou com as têmporas grisalhas, mas suas bochechas redondas ainda são joviais. Muitos especulam que este poderia ser o homem que sucederia Francisco, que está com seus 78 anos, tornando-se o primeiro papa africano.

A maior parte do discurso de Turkson é dedicada a citar as antigas encíclicas papais como precedentes para "Laudato sì". Sua mensagem é nítida: a encíclica não se trata de um papa específico, mas, sim, faz parte de uma tradição católica em que a Terra é vista como um sacramento em que um "pacto" (não uma mera conexão) entre humanos e a natureza é reconhecido.

Ao mesmo tempo, o cardeal ressalta que "a palavra *administração* aparece apenas duas vezes" na encíclica. A palavra *cuidado*, por outro lado, aparece dezenas de vezes. Isso não é por acaso, nos disseram. Enquanto a administração fala de um relacionamento baseado no dever, "quando alguém cuida de algo, é algo que se faz com paixão e amor".

Essa paixão pelo mundo natural faz parte do que passou a ser chamado de "o fator Francisco", e claramente decorre de uma mudança no poder geográfico dentro da Igreja Católica. Francisco é da Argentina, e Turkson, de Gana. Uma das passagens mais vívidas da encíclica — "Quem transformou o mundo das maravilhas dos mares em cemitérios subaquáticos desprovidos de cor e vida?" — é uma citação de uma declaração da Conferência dos Bispos Católicos das Filipinas.

Isso reflete a realidade de que, em grandes partes do Sul global, os elementos mais antropocêntricos da doutrina cristã nunca se firmaram inteiramente. Particularmente na América Latina, com suas grandes populações indígenas, o catolicismo não foi capaz de deslocar completamente as cosmologias centradas em uma Terra viva e sagrada, e o resultado foi muitas vezes uma Igreja que fundiu visões de mundo cristãs e indígenas. Com "Laudato sì", essa fusão finalmente alcançou os mais altos escalões da Igreja.

No entanto, Turkson parece avisar gentilmente a multidão para não se deixar levar. Algumas culturas africanas "endeusaram" a natureza, diz ele, mas isso não é o mesmo que "cuidar". A Terra pode ser mãe, mas Deus ainda é o chefe. Os animais podem ser nossos parentes, mas os humanos não são animais. Ainda assim, uma vez que um ensinamento papal oficial desafia algo tão central quanto o domínio humano sobre a Terra, é realmente possível controlar o que acontecerá depois?

Esse argumento é apontado vigorosamente pelo padre e teólogo católico irlandês Seán McDonagh, que fez parte do processo de elaboração da encíclica. Com sua voz pujante saindo da plateia, ele nos impele a não nos escondermos do fato de que o amor à natureza incorporado na encíclica representa uma mudança profunda e radical do catolicismo tradicional. "Estamos nos movendo para uma nova teologia", ele declara.

Para provar suas palavras, ele traduz uma oração em latim que durante a época do Advento era comumente recitada após a Comunhão: "Ensine-nos a desprezar as coisas da terra e a amar as coisas do céu." Superar séculos de aversão ao mundo corpóreo não é uma tarefa pequena e, argumenta McDonagh, tem pouca serventia para minimizar o trabalho que temos pela frente.

É emocionante testemunhar tais desafios teológicos radicais sendo lançados dentro das curvas paredes de madeira em um auditório com o nome de Santo Agostinho, o teólogo cujo ceticismo das coisas corporais e materiais moldou tão profundamente a Igreja. Mas eu imagino que, para os homens notavelmente silenciosos com suas túnicas pretas na primeira fila, que estudam e ensinam neste edifício, é também um pouco assustador.

O jantar desta noite é muito mais informal: uma *trattoria* na calçada com um punhado de franciscanos do Brasil e dos Estados Unidos, além de McDonagh, que é tratado pelos outros como um membro honorário da ordem.

Meus companheiros de jantar são alguns dos maiores causadores de problemas dentro da Igreja há anos, os que levam a sério os ensinamentos protossocialistas de Cristo. Patrick Carolan, diretor executivo da Franciscan Action Network [Rede de Ação Franciscana], com sede em Washington, D.C., é um deles. Sorrindo amplamente, ele me diz que, no final de sua vida, Vladimir Lenin supostamente disse que a Revolução Russa realmente não precisava de mais bolcheviques, mas de dez São Franciscos de Assis.

Agora, de repente, esses forasteiros compartilham muitas de suas opiniões com o católico mais poderoso do mundo, o líder de um bando de 1,2 bilhão de pessoas. Quando se autodenominou Francisco, como nenhum papa antes dele jamais havia feito, esse papa não apenas surpreendeu a todos, mas também pareceu determinado a reviver os ensinamentos franciscanos mais radicais. Usando uma cruz franciscana de madeira, Moema Miranda, uma poderosa líder social brasileira, diz que sente "como se finalmente estivéssemos sendo ouvidos".

Para McDonagh, as mudanças no Vaticano são ainda mais arrebatadoras. "A última vez que tive uma audiência papal foi em 1963", ele me conta acompanhado de *spaghetti alle vongole*. "Deixei passar três papas". E, no entanto, aqui está ele, de volta a Roma, tendo ajudado a redigir a encíclica mais comentada de que alguém pode se lembrar.

McDonagh ressalta que não foram apenas os latino-americanos que descobriram como reconciliar um Deus cristão com uma Terra mística. A tradição celta irlandesa também conseguiu manter uma sensação de "divindade no mundo natural. As fontes de água tinham uma divindade sobre elas. As árvores tinham uma divindade para elas". Mas em grande parte do resto do mundo católico, tudo isso foi eliminado. "Estamos apresentando as coisas como se houvesse continuidade, mas não houve continuidade. Aquela teologia estava funcionalmente perdida". (É um truque que muitos conservadores estão percebendo. PAPA FRANCISCO, A TERRA NÃO É MINHA IRMÃ, é o que diz uma manchete recente na *The Federalist*, uma revista online de direita.)

Quanto a McDonagh, ele está emocionado com a encíclica, embora desejasse que ela tivesse ido ainda mais longe ao desafiar a ideia de que a Terra foi criada como um presente para os seres humanos. Como isso pode ser verdade quando sabemos que ela já existia bilhões de anos antes de chegarmos?

Pergunto como a Bíblia pôde sobreviver a todos esses desafios fundamentais — tudo não se desfaz em algum momento? Ele dá de ombros, me dizendo que as escrituras estão sempre evoluindo e devem ser interpretadas de acordo com o contexto histórico. Se Gênesis precisa de algo que o anteceda, essa não é lá uma grande questão. Na verdade, tenho a sensação distinta de que ele ficaria feliz em fazer parte do comitê de redação.

3 DE JULHO — IGREJA, EVANGELIZE-SE A SI PRÓPRIA

Acordo pensando sobre resistência. Por que franciscanos como Patrick Carolan e Moema Miranda mantiveram-se por tanto tempo em uma instituição que não refletia muitas de suas crenças e de seus valores mais profundos — apenas para viver e ver uma mudança repentina que muitos aqui podem explicar apenas com alusões ao sobrenatural? Carolan me comentou que ele havia sido abusado por um padre aos 12 anos. Ele está enfurecido com os acobertamentos e, mesmo assim, não deixou que isso o afastasse permanentemente de sua fé. O que os manteve ali?

Questionei isso para Miranda quando a vi no final da palestra de Mary Robinson. (Robinson criticou gentilmente a encíclica por ter falhado ao dar a ênfase adequada ao papel das mulheres e meninas no desenvolvimento humano.)

Miranda me corrige, dizendo que, na verdade, ela não é uma das pessoas que permaneceram naquela situação por grande parte da vida. "Eu era ateia por anos e anos, comunista, maoista. Até os 33 anos. E então eu fui convertida". Ela descreveu esse momento como pura realização: "Uau, Deus existe! E tudo mudou."

Perguntei-lhe o que precipitou isso, e ela hesita, rindo um pouco. Ela me conta que estava passando por um período muito difícil em sua vida, quando se deparou com um grupo de mulheres "que tinham algo diferente, mesmo no sofrimento. E elas começaram a falar sobre a presença de Deus em suas vidas de uma maneira tão especial que me fez ouvir. E assim aconteceu, de repente Deus simplesmente estava ali. Em um momento, para mim, era impossível pensar em algo assim. No outro momento, estava lá".

Conversão — eu tinha me esquecido disso. E, no entanto, pode ser essa a chave para entender o poder e o potencial de "Laudato sì". O papa Francisco dedica um capítulo inteiro da encíclica à necessidade de uma "conversão ecológica" entre os cristãos, "segundo a qual os efeitos de seu encontro com Jesus Cristo tornam-se evidentes em sua relação com o mundo ao seu redor. Viver nossa vocação para sermos protetores da obra de Deus é essencial para uma vida de virtude; não é um aspecto opcional ou secundário da nossa experiência cristã".

Percebo que tenho testemunhado nesses três dias em Roma um evangelismo da ecologia ganhar forma — na conversa de "espalhar as boas notícias da encíclica", de "levar a Igreja estrada afora", de uma "romaria popular" para o planeta, em Miranda formulando planos para espalhar a encíclica no Brasil através de anúncios de rádio, vídeos online e panfletos para uso em grupos de estudos paroquiais.

Um mecanismo milenar projetado para missionar e converter os não cristãos agora está se preparando para direcionar internamente seu zelo missionário, desafiando e mudando as crenças fundacionais sobre o lugar da humanidade no mundo entre os já fiéis. Na sessão de encerramento, o padre McDonagh propôs "um sínodo de três anos sobre a encíclica" para educar os membros da Igreja sobre essa nova teologia da interconexão e da "ecologia integral".

Muitos ficaram intrigados com o fato de que "Laudato sì" pode ao mesmo tempo apresentar uma crítica tão radical ao presente e ser tão esperançosa quanto ao futuro. A fé da Igreja no poder das ideias e sua capacidade assustadora de espalhar informações globalmente contribuem bastante para explicar essa tensão. As pessoas de fé, particularmente nas religiões missionárias, acreditam profundamente em algo sobre o qual muitas pessoas seculares não têm tanta certeza: que todos os seres humanos são capazes de mudanças profundas. Elas permanecem convencidas de que a combinação certa de argumento, emoção e experiência pode levar a transformações na vida. Afinal, essa é a essência da conversão.

O exemplo mais poderoso dessa capacidade de mudança pode muito bem ser o Vaticano do papa Francisco, um modelo não apenas para a Igreja. Porque, se uma das instituições mais antigas e mais tradicionais do mundo pode mudar seus ensinamentos e práticas de maneira rápida e radical, como Francisco está tentando, então certamente todos os tipos de instituições mais novas e mais flexíveis também podem mudar.

E se isso acontecer — se a transformação for tão contagiosa quanto parece ser aqui —, bem, talvez tenhamos uma chance de enfrentar as mudanças climáticas.

POST SCRIPTUM

Ao reler este texto, percebi que talvez ele seja o mais problemático de todos os que estão presentes nesta coleção. Porque, mesmo com toda a coragem do papa Francisco em chamar a atenção dos governos mundiais pela sua negligência ecológica e seu desprezo brutal pela vida dos imigrantes, o Vaticano continua falhando na responsabilização de seus próprios líderes pelo sistemático abuso sexual de crianças e freiras e pelo acobertamento deliberado desses crimes. Essa negação da justiça atormentou muitos dos fiéis da Igreja e minou a autoridade moral de Francisco para liderar outras questões, incluindo a crise climática. Se não puder ser nada além disso, esse deve ser um lembrete da urgência de uma abordagem interseccional da mudança social e política: se olharmos e escolhermos quais são as crises urgentes que devem ser levadas a sério, o resultado final será a incapacidade de efetuar mudanças em qualquer uma delas. Somente uma abordagem holística e sem medo, que não sacrifique nenhum assunto no altar de nenhum outro, proporcionará a profunda transformação de que precisamos.

DEIXE-OS SE AFOGAR: A VIOLÊNCIA DA ALTERIZAÇÃO EM UM MUNDO QUE SÓ ESQUENTA

Uma cultura que atribui tão pouco valor às vidas não brancas a ponto de estar disposta a permitir que elas desapareçam nos mares ou incendeiem a si próprias nos centros de detenção também estará disposta a permitir que os países onde vivem essas mesmas pessoas sumam nos oceanos ou desidratem no calor árido.

MAIO DE 2016
DISCURSO DE EDWARD W. SAID EM LONDRES

EDWARD SAID NÃO ERA NENHUM "AMANTE DAS ÁRVORES". COM DESCENDÊNCIA DE comerciantes, artesões e outros profissionais, o grande intelectual anticolonial uma vez se descreveu como "um caso raro de um palestino urbano cuja relação com a Terra é basicamente metafórica". Em *After the Last Sky*, onde medita sobre as fotografias de Jean Mohr, ele explora os aspectos mais íntimos da vida palestina, da hospitalidade ao esporte e à decoração da casa. Os mínimos detalhes (o lugar de um porta-retratos, a postura desafiadora de uma criança) provocam uma enxurrada de ideias em Said. No entanto, quando ele foi confrontado com imagens de fazendeiros palestinos (cuidando de seus rebanhos, trabalhando nos campos), a especificidade de repente evaporou. Quais culturas estavam sendo cultivadas? Qual era o estado do solo? A disponibilidade de água? Nada estava disponível. "Continuo observando uma população de pessoas pobres, sofrendo, ocasionalmente são camponeses coloridos, imutáveis e coletivos", confessou Said. Essa percepção era "mítica", ele reconheceu — mas permanecia.

Se a agricultura era outro mundo para Said, as pessoas que dedicam a vida a assuntos como a poluição do ar e da água parecem ser habitantes de outro planeta. Falando com seu colega Rob Nixon, então na Universidade Columbia, ele certa vez descreveu o ambientalismo como "a indulgência dos amantes de árvores mimados desprovidos de uma causa adequada". Mas os desafios ambientais do Oriente Médio são impossíveis de ignorar para qualquer pessoa imersa, como Said era, em sua geopolítica. Esta é uma região intensamente vulnerável aos distúrbios provocados pela tensão do calor e da água, ao aumento do nível do mar e à desertificação. Um artigo recente da revista *Nature Climate Change* prevê que, a menos que reduzamos radicalmente as emissões e que façamos isso de maneira rápida, grandes partes do Oriente Médio provavelmente "experimentarão níveis de temperatura intoleráveis aos seres humanos" até o final deste século. Os cientistas climáticos não poderiam ser mais francos. No entanto, as questões ambientais na região ainda tendem a ser tratadas como reflexões ou causas de luxo. O motivo não é ignorância ou indiferença. É apenas o alcance. As mudanças climáticas são uma ameaça grave, mas os impactos mais assustadores estão a alguns anos de distância. No aqui e agora, sempre há ameaças muito mais urgentes para rivalizar: ocupação militar, ataque aéreo, discriminação sistêmica, embargo. Nada pode competir com isso; nem deve sequer tentar.

Há outras razões pelas quais o ambientalismo pode ter parecido um parque de diversões burguês para Said. O Estado israelense há muito tempo revestiu seu projeto de construção de nação com um verniz verde — era uma parte crucial do etos pioneiro sionista "de volta à terra". E nesse contexto, as árvores, especificamente, estão entre as armas mais potentes de apropriação e ocupação de terras. Não são apenas as incontáveis oliveiras e árvores de pistache que foram arrancadas para dar lugar a assentamentos e estradas exclusivas de Israel. São também as vastas florestas de pinheiros e eucaliptos que foram plantadas nesses pomares e nas aldeias palestinas. O participante mais notório foi o Fundo Nacional Judaico (JNF), que, sob seu lema "Tornando o Deserto Verde", vangloria-se de ter plantado 250 milhões de árvores em Israel desde 1901, muitas delas não nativas da região. Também financiou diretamente a infraestrutura de que as forças armadas israelenses precisavam, incluindo o deserto de Negev. Em materiais publicitários, a JNF se autodenomina apenas mais uma ONG ecológica, preocupada com o manejo florestal e da água, parques e recreação. Só que acontece que ela também é a maior proprietária privada de terras no estado de Israel e, apesar dos numerosos e complicados desafios legais, ainda se recusa a alugar ou vender terras para não judeus.

Eu cresci em uma comunidade judaica, em que todas as ocasiões (nascimentos e mortes, Dia das Mães, *bar mitzvahs*) eram marcadas pela compra orgulhosa de uma árvore da JNF em nome da pessoa a ser honrada. Apenas na idade adulta é que comecei a entender que aquelas agradáveis coníferas vindas de terras distantes, certificadas com os papéis que cobriam as paredes de minha escola primária de Montreal, não eram benignas — não eram apenas algo para se plantar e depois abraçar. De fato, essas árvores estão entre os símbolos mais gritantes do sistema israelense de discriminação oficial, o qual deve ser desmontado para que a coexistência pacífica se torne possível.

A JNF é um exemplo extremo e recente do que alguns chamam de "colonialismo verde". Mas o fenômeno não é nem um pouco novo; nem é exclusivo de Israel. Nas Américas, existe uma história longa e dolorosa em que partes extremamente belas de sua natureza selvagem são transformadas em parques de conservação, e depois essa designação é usada para impedir que os povos indígenas acessem seus territórios ancestrais para caçar, pescar ou simplesmente viver. Isso já se repetiu diversas vezes. Uma versão contemporânea desse fenômeno é a compensação de carbono. Os povos indígenas, do Brasil até Uganda, estão descobrindo que algumas das capturas de terras mais agressivas estão sendo realizadas por organizações de conservação. De repente uma floresta ganha uma nova roupagem, se transforma em compensação de carbono, e logo em seguida suas fronteiras não são mais acessadas pelos seus habitantes tradicionais. Como resultado, o mercado de compensação de carbono criou uma classe de violações dos direitos humanos ecológicos, com agricultores e povos indígenas sendo fisicamente atacados por guardas florestais ou segurança privada quando tentam acessar essas terras. Quando Said fez seu comentário sobre os amantes de árvore, ele deve ser visto por esse contexto.*

E tem mais. No último ano da vida de Said, a chamada barreira de separação de Israel estava subindo, confiscando enormes extensões da Cisjordânia, tirando os trabalhadores palestinos de seus empregos, agricultores de seus campos, pacientes dos hospitais — e dividindo famílias de maneira brutal. Tratando-se de direitos humanos, as razões não eram escassas para se opor ao muro. No entanto, na época, algumas das vozes dissidentes mais poderosas entre os judeus israelenses não estavam focadas em nada disso. Yehudit Naot, então ministra do Meio Ambiente de Israel, estava mais preocupada com um relatório que a informava de que "A barreira de separação (...) é prejudicial à paisagem, à flora e à fauna, aos corredores ecológicos e à drenagem dos riachos".

"Certamente não quero parar ou atrasar a construção da barreira", disse ela, mas "o dano ambiental envolvido está me preocupando". Como o ativista palestino Omar Barghouti observou mais tarde, "o ministério de Naot e a Autoridade de Proteção dos Parques Nacionais organizaram rápidos esforços de resgate para salvar uma reserva de íris afetada, movendo-a para uma reserva alternativa. Eles também criaram pequenas passagens [através da parede] para os animais".

---

* Esse contexto deve ser prioritário no planejamento e implementação de qualquer Novo Acordo Ecológico contemporâneo. Para evitar a replicação desses padrões coloniais, os conhecimentos e as lideranças indígenas terão de ser incorporados desde o início, principalmente quando se trata de ambiciosos projetos de plantio de árvores e restauração ecológica, que são extremamente necessários para reduzir o carbono e fornecer proteção contra tempestades em larga escala.

Talvez isso coloque o cinismo sobre o movimento verde em contexto. As pessoas tendem a se afastar quando sua vida é tratada com menos respeito do que a vida de flores e répteis. E, no entanto, há muito do legado intelectual de Said que ilumina e esclarece as causas subjacentes da crise ecológica global, tanto que aponta para maneiras que são muito mais inclusivas do que os modelos de campanha atuais, e sobre as quais podemos nos apoiar como resposta: maneiras que não exigem que as pessoas em situações vulneráveis arquivem suas preocupações sobre a guerra, a pobreza e o racismo sistêmico para primeiro "salvar o mundo", mas que, ao contrário, demonstram como todas essas crises estão interconectadas e como as soluções também podem estar. Em suma, Said poderia estar ocupado demais para ter tempo para os amantes de árvores, mas os amantes de árvores precisam urgentemente dedicar seu tempo a Said e a muitos outros pensadores pós-coloniais anti-imperialistas, porque sem esse conhecimento não existe nenhuma forma de entender como viemos parar nesse lugar perigoso, ou para que nos agarremos às transformações necessárias que nos levarão a um lugar mais seguro. Então, o que se segue são alguns pensamentos incompletos sobre o que podemos aprender lendo Said em um mundo em aquecimento.

Ele era e continua sendo um dos teóricos mais dolorosamente eloquentes do exílio e da saudade de casa, mas a saudade de Said, ele sempre deixava claro, era para uma casa que havia sido tão radicalmente alterada, que nem sequer existia mais. Sua posição era complexa: ele defendia ferozmente o direito de retorno dos palestinos, mas nunca afirmou que o lar estava pronto. O que importava era o princípio de respeitar igualmente todos os direitos humanos e a necessidade de justiça restauradora para guiar nossas ações e políticas. Essa perspectiva é profundamente relevante em nossos tempos de erosões costeiras, de nações desaparecendo sob o aumento do mar, do branqueamento dos recifes de corais que sustentam culturas inteiras, de um Ártico com temperaturas amenas. Isso ocorre porque o estado de profundo anseio por uma pátria radicalmente alterada, uma casa que talvez nem exista mais, está sendo globalizado de maneira rápida e trágica.

Em março de 2016, dois grandes estudos revisados por pares alertaram que o aumento do nível do mar poderia ocorrer significativamente mais rápido do que anteriormente se pensava. Um dos autores do primeiro estudo foi James Hansen, talvez o cientista climático mais respeitado do mundo. Ele avisou que, em nossa atual trajetória de emissões recorrentes, enfrentamos a "perda de todas as cidades costeiras, a maioria das grandes cidades do mundo e toda sua história" —, e não daqui a milhares de anos, mas já neste século. Em outras palavras, se não exigirmos mudanças radicais, estamos nos encaminhando para um mundo inteiro de pessoas que procuram por uma casa que não existe mais.

Said também nos ajuda a imaginar como essa situação pode parecer. Frequentemente ele invocava a palavra árabe *sumud* ("permanecer imóvel, aguentar firme") como a recusa constante de deixar uma terra, apesar das tentativas mais desesperadas de expulsão e mesmo quando ela está cercada por um perigo constante. É uma palavra mais associada a lugares como Hebron e Gaza, mas atualmente ela poderia ser aplicada aos milhares de moradores do litoral da Louisiana que elevaram suas casas sobre palafitas para que não precisem deixá-las para trás, ou para os habitantes das ilhas do Pacífico que portam o slogan "Nós não estamos nos afogando. Nós estamos lutando". Em nações de terras baixas, como as Ilhas Marshall, Fiji e Tuvalu, eles sabem que um enorme aumento do nível do mar já está previsto pelo derretimento do gelo polar e que provavelmente não há futuro para os seus países. Mas eles não só se recusam a se preocupar com a logística da realocação como eles também não se realocariam, mesmo se as fronteiras dos países mais seguros fossem solenemente abertas — um grande "se", dado que atualmente os refugiados climáticos ainda não são reconhecidos pelas leis internacionais. Ao contrário disso, eles estão resistindo ativamente: bloqueando os navios australianos de carvão com canoas havaianas tradicionais, interrompendo as negociações climáticas internacionais com sua presença inconveniente, exigindo uma ação climática muito mais agressiva. Se existe algum motivo que valha a pena comemorar no Acordo Climático de Paris — e, infelizmente, não há o bastante —, ele surgiu por causa desse tipo de ação ética: o *sumud* climático.

Mas essas considerações apenas arranham a superfície do que podemos aprender lendo Said em um mundo em aquecimento. Certamente ele era um gigante no estudo da "alterização*", o que é descrito em seu livro *Orientalismo*, de 1978, como "ignorar, estereotipar, despojar a humanidade de outra cultura, povo ou região geográfica". E uma vez que o Outro tenha sido firmemente estabelecido, o terreno é amolecido para qualquer transgressão: expulsão violenta, roubo de terra, ocupação, invasão. Porque o ponto principal da alterização é que o Outro não tem os mesmos direitos, a mesma humanidade que aqueles que fazem a distinção.

O que isso tem a ver com as mudanças climáticas? Muito provavelmente tudo.

Nós já aquecemos nosso mundo de maneira perigosa, e nossos governos ainda se recusam a tomar as medidas necessárias para interromper essa tendência. Houve um tempo em que muitos tinham o direito de alegar ignorância, mas nas últimas três décadas, desde a criação do Painel Intergovernamental de Alterações Climáticas e do início das negociações climáticas, essa recusa em reduzir as emissões vem acompanhada por uma plena consciência dos perigos envolvidos. Esse tipo de negligência teria sido funcionalmente impossível sem o racismo institucional, mesmo que apenas latente. Teria sido impossível sem o Orientalismo e sem toda a oferta de ferramentas potentes que permitem aos poderosos descartar a vida dos menos poderosos. Essas ferramentas — que classificam o valor relativo dos

---

* N.T.: No texto original, a autora usa o termo Othering em referência ao conceito usado pelo autor Edward Said, que explica o processo de diferenciação de uma outra cultura, afastando-a e excluindo-a politicamente. Tal alienação tende a marginalizar grupos de pessoas, baseados em sua identificação como ameaça aos grupos favorecidos. Optamos por traduzir para Alterização, pela sua ocorrência em obras que abordam o tema.

seres humanos — são o que permite o apagamento de nações inteiras e de culturas tradicionais. E para começar, são elas que permitem a escavação de todo esse carbono.

• • •

As alterações climáticas não são impulsionadas exclusivamente pelos combustíveis fósseis — também há a agricultura industrial e o desmatamento —, mas eles são o principal motivo. E o problema dos combustíveis fósseis é que eles são tão intrinsecamente poluentes e tóxicos, que exigem o sacrifício de pessoas e territórios: pessoas cujos pulmões e o corpo podem ser sacrificados para trabalhar nas minas de carvão, pessoas cujas terras e a água podem ser sacrificadas pela mineração a céu aberto e pelos derramamentos de petróleo. Já na década de 1970, os cientistas que aconselhavam o governo dos Estados Unidos falavam abertamente da designação de certas partes do país como "áreas de sacrifício nacional". Pense nos montes Apalaches demolidos para a mineração de carvão porque a chamada prática "mineração no topo da montanha" era mais barata do que cavar buracos no subsolo. Deve haver teorias de alterização para justificar o sacrifício de uma geografia inteira — teorias que argumentem que as pessoas que moravam lá eram tão pobres e atrasadas que sua vida e cultura não mereciam proteção. Afinal, se você é um "caipira", quem se importa com suas colinas?

Transformar todo esse carvão em eletricidade também exigiu outra camada de alterização, desta vez para os bairros urbanos ao lado das centrais elétricas e refinarias. Na América do Norte, essas são comunidades predominantemente não brancas, afrodescendentes e latinas, obrigadas a carregar o fardo tóxico de nosso vício coletivo pelos combustíveis fósseis, com taxas notavelmente mais altas de doenças respiratórias e cânceres. Foi em lutas contra esse tipo de racismo ambiental que o movimento da justiça climática nasceu.

As zonas de sacrifício dos combustíveis fósseis pontilham o mundo. Pegue o Delta do Níger, por exemplo, envenenado com uma porção de óleo derramado da *Exxon Valdez* todos os anos, um processo que Ken Saro-Wiwa, antes de ser assassinado pelo seu governo, chamou de "genocídio ecológico". As execuções dos líderes comunitários, segundo ele, foram "todas pela Shell". No meu país, Canadá, a decisão de desenterrar as areias betuminosas de Alberta, uma forma particularmente pesada de petróleo, exigiu o rompimento de tratados com as Primeiras Nações, tratados assinados com a Coroa Britânica que garantiam aos povos indígenas o direito de continuar a caçar, pescar e viver tradicionalmente em suas terras ancestrais. Exigiu isso porque esses direitos pouco importam quando a terra é profanada, quando os rios são poluídos e os alces e peixes estão repletos de tumores. E só piora: Fort McMurray, a cidade no centro do *boom* das areias betuminosas, onde muitos dos trabalhadores vivem e onde grande parte do dinheiro é gasta, foi dizimada por chamas infernais, bairros inteiros queimados até virarem pó. Extremamente quente e extremamente seco. E existe alguma conexão entre esse excesso de calor e a substância enterrada que está sendo extraída de lá.

Mesmo sem esses eventos dramáticos, esse tipo de extração de recursos é uma forma de violência, porque causa tanto dano à terra e à água, que o que emerge é o fim de um modo de vida, uma morte lenta de culturas que são inseparáveis da terra. Aniquilar a conexão dos povos indígenas com sua cultura costumava ser uma política estatal no Canadá, imposta pela remoção forçada de crianças indígenas de suas famílias para internatos onde seu idioma e suas práticas culturais eram proibidas e onde o abuso físico e sexual era generalizado. Um relatório recente da Comissão da Verdade e Reconciliação sobre essas escolas residenciais as chamou de parte de um sistema de "genocídio cultural".

O trauma associado a essas camadas de separação forçada — da terra, da cultura, da família — está diretamente associado à epidemia do desespero que hoje em dia assola muitas comunidades das Primeiras Nações. Em abril de 2016, em uma única noite de sábado na comunidade de Attawapiskat (população de 2 mil pessoas), *11 pessoas* tentaram tirar a própria vida. Enquanto isso, o conglomerado de empresas *De Beers* segue administrando uma mina de diamantes no território tradicional da comunidade; como todos os projetos extrativistas, ele prometeu esperança e oportunidade.

Os especialistas e políticos perguntam: "Por que as pessoas simplesmente não vão embora?" Muitas vão. E essa partida está ligada, em parte, às milhares de mulheres indígenas no Canadá que foram assassinadas ou estão desaparecidas, geralmente nas grandes cidades. As reportagens da imprensa raramente estabelecem uma conexão entre violência contra mulheres e a violência contra a terra (geralmente para extrair combustíveis fósseis), mas ela existe.

Todo novo governo chega ao poder prometendo uma nova era de respeito pelos direitos indígenas. Eles não cumprem tal promessa porque os direitos indígenas, conforme definidos na Declaração das Nações Unidas sobre os Direitos dos Povos Indígenas, incluem o direito de recusar projetos extrativistas, mesmo quando esses projetos estimulam o crescimento econômico nacional. E isso é um problema, porque o crescimento é nossa religião, nosso modo de vida. Assim, até Justin Trudeau, o jovem e desperto primeiro-ministro do Canadá, está comprometido e destinado a construir novos projetos de combustíveis fósseis — novas minas, novos oleodutos e novos terminais de exportação —, novamente indo contra os desejos expressos das comunidades indígenas que não querem arriscar sua água ou participar de mais desestabilização climática.

A questão é a seguinte: nossa economia movida a combustíveis fósseis requer zonas de sacrifício. Sempre foi assim. E você não pode ter um sistema baseado em sacrificar territórios e pessoas, a não ser que existam teorias intelectuais persistentes que justifiquem seu sacrifício: da Doutrina da Descoberta Cristã ao Destino Manifesto, à *terra nullius* e ao Orientalismo, dos caipiras presos no tempo aos índios presos no tempo. Frequentemente ouvimos que o culpado pelas mudanças climáticas é a "natureza humana" ou a ganância e a miopia inerentes à nossa espécie. Ou nos dizem que alteramos a

Terra de um modo tão gritante em uma escala planetária que agora estamos vivendo no Antropoceno, a idade do homem. Essas formas de explicar nossas circunstâncias atuais têm um significado muito específico que ainda não foi verbalizado: que os humanos são um tipo singular, que a natureza humana pode ser estereotipada com as características que criaram essa crise. Dessa maneira, os sistemas que certos humanos criaram, e aos quais outros humanos poderosamente resistem, conseguem se safar completamente. Capitalismo, colonialismo, patriarcado — esses tipos de sistemas.

Diagnósticos como esse também apagam a própria existência de sistemas humanos que organizaram a vida de maneira diferente, sistemas que insistem em que os seres humanos devem pensar sete gerações no futuro; devem ser não apenas bons cidadãos, mas também bons ancestrais; não devem levar mais do que precisam e devem devolver à Terra o que for preciso para proteger e aumentar os ciclos de regeneração. Esses sistemas existiram e persistem contra todas as expectativas, mas são apagados toda vez que dizemos que a ruptura climática é uma crise da "natureza humana" e que estamos vivendo na "era do homem".* E eles sofrem ataques muito reais quando megaprojetos são construídos, como a hidrelétrica do rio Gualcarque, em Honduras, um projeto que, entre outras coisas, roubou a vida da defensora da terra Berta Cáceres, assassinada em março de 2016.

---

* A ideia de que o colapso climático não é um ato da humanidade como unidade homogênea, mas, sim, de projetos imperiais específicos, recebeu um forte reforço histórico no início de 2019. Uma equipe de cientistas da University College London publicou um artigo na revista científica *Quaternary Science Reviews*, contendo um argumento persuasivo de que o período de resfriamento global conhecido como "Pequena Era do Gelo", datado entre 1500 e 1600, foi parcialmente causado pelo genocídio dos povos indígenas nas Américas após o contato europeu. Os cientistas argumentam que, com milhões de mortos por doenças e abates, enormes áreas de terra que antes eram usadas para agricultura foram recuperadas por plantas e árvores silvestres, sequestrando carbono e resfriando o planeta inteiro. "A Grande Morte dos Povos Indígenas das Américas levou ao abandono de uma quantidade suficiente de terras limpas para que a absorção de carbono terrestre resultante tivesse um impacto detectável tanto no CO^2 atmosférico quanto na temperatura global do ar na superfície", afirma o documento. O professor Mark Maslin, um dos coautores, se refere a esse resfriamento como uma "queda de CO^2 gerada por genocídio".

Algumas pessoas insistem em que não precisa ser tão ruim assim. Podemos limpar a extração de recursos; não precisamos fazer isso da maneira como foi feito em Honduras, no Delta do Níger e nas areias betuminosas de Alberta.

Exceto pelo fato de que estamos ficando sem maneiras baratas e fáceis de obter combustíveis fósseis, e é por essa razão que vimos o surgimento da prática de fraturamento hidráulico, perfuração em águas profundas e extração de areias betuminosas. Por sua vez, essa configuração está começando a desafiar o pacto faustiano original da era industrial: que os riscos mais sérios seriam terceirizados, descarregados e relegados aos Outros, nas periferias do exterior e dentro de nossas próprias nações. É um pacto que está se tornando cada vez menos viável. O fraturamento hidráulico está ameaçando algumas das partes mais pitorescas da Grã-Bretanha à medida que a zona de sacrifício se expande, engolindo todos os tipos de lugares que se imaginavam seguros. Portanto, não se trata apenas de ofender a feiura das amplas bacias de rejeitos de Alberta. Trata-se de reconhecer que não há uma maneira limpa, segura e não tóxica de levar adiante uma economia movida a combustíveis fósseis. E de reconhecer que nunca houve.

Há uma avalanche de evidências que mostram que também não existe um caminho pacífico. O problema é estrutural. Os combustíveis fósseis, diferentemente das formas renováveis de energia, como a eólica e a solar, não são amplamente distribuídos, mas são altamente concentrados em locais muito específicos, e esses lugares têm o mau hábito de se encontrar nos países de outras pessoas. Em particular, o mais potente e precioso dos combustíveis fósseis: o petróleo. É por isso que desde o começo o projeto do *Orientalismo*, de alterizar os povos árabes e muçulmanos, tem se configurado como o parceiro silencioso de nossa dependência do petróleo — e indissociável, portanto, da reação à dependência de combustíveis fósseis que é a mudança climática.

Se nações e povos são entendidos como outros — exóticos, primitivos, sedentos por sangue, como Said documentou na década de 1970 —, é muito mais fácil travar guerras e dar golpes, já que eles têm essa louca ideia de que devem controlar seu próprio petróleo de acordo com os próprios interesses. Em 1953, foi a colaboração entre EUA e Reino Unido para derrubar o governo democraticamente eleito de Mohammad Mosaddegh depois que ele nacionalizou a Companhia Anglo-Persa de Petróleo (agora BP). Em 2003, exatamente 50 anos depois, foi outra coprodução entre Reino Unido e EUA: a invasão e ocupação ilegal do Iraque. As reverberações de ambas as intervenções continuam a importunar nosso mundo, assim como as reverberações da queima bem-sucedida de todo esse petróleo. O Oriente Médio está agora espremido, de um lado pela violência desencadeada pela busca por combustíveis fósseis e, do outro, pelo impacto da queima desses combustíveis fósseis.

Em seu livro *The Conflict Shoreline*, o arquiteto israelense Eyal Weizman oferece uma perspectiva inovadora de como essas forças estão se cruzando. Ele explica que, de maneira predominante, entendemos a fronteira do deserto no Oriente Médio e no norte da África através da chamada linha de aridez, áreas em que ocorre o número mínimo considerado para o cultivo de cereais em larga escala sem irrigação — em média, 200 milímetros de chuva por ano. Esses limites meteorológicos não são fixos: eles flutuaram por várias razões, seja pelas tentativas de Israel de "esverdear o deserto" empurrando-os em uma direção ou pela seca cíclica expandindo o deserto na outra. E agora, com as mudanças climáticas, a intensificação da seca pode ter todos os tipos de impactos ao longo dessa linha.

Weizman ressalta que a cidade fronteiriça síria de Daraa cai diretamente na linha de aridez. Daraa é onde a seca mais profunda já registrada da Síria gerou muitos agricultores desabrigados nos anos que antecederam o estrondoso início da guerra civil da Síria, e foi onde a revolta síria eclodiu em 2011. Certamente a seca não foi o único fator que causou dor de cabeça. Mas o fato de 1,5 milhão de pessoas terem sido deslocadas internamente na Síria como resultado da seca claramente teve um papel importante.

A conexão entre a água, estresse térmico e conflito é um padrão recorrente e intensificador que abrange a linha da aridez: o tempo todo vemos lugares marcados por secas, escassez de água, altas temperaturas e conflitos militares — da Líbia à Palestina até alguns dos campos de batalha mais sangrentos do Afeganistão, Paquistão e Iêmen.

E isso não é tudo.

Weizman também descobriu o que ele chama de "coincidência impressionante". Quando você mapeia os alvos dos ataques ocidentais com drones na região, é possível observar que "muitos desses ataques — do Waziristão do Sul ao norte do Iêmen, Somália, Mali, Iraque, Gaza e Líbia — estão diretamente em cima ou perto da linha de aridez de 200 mm".

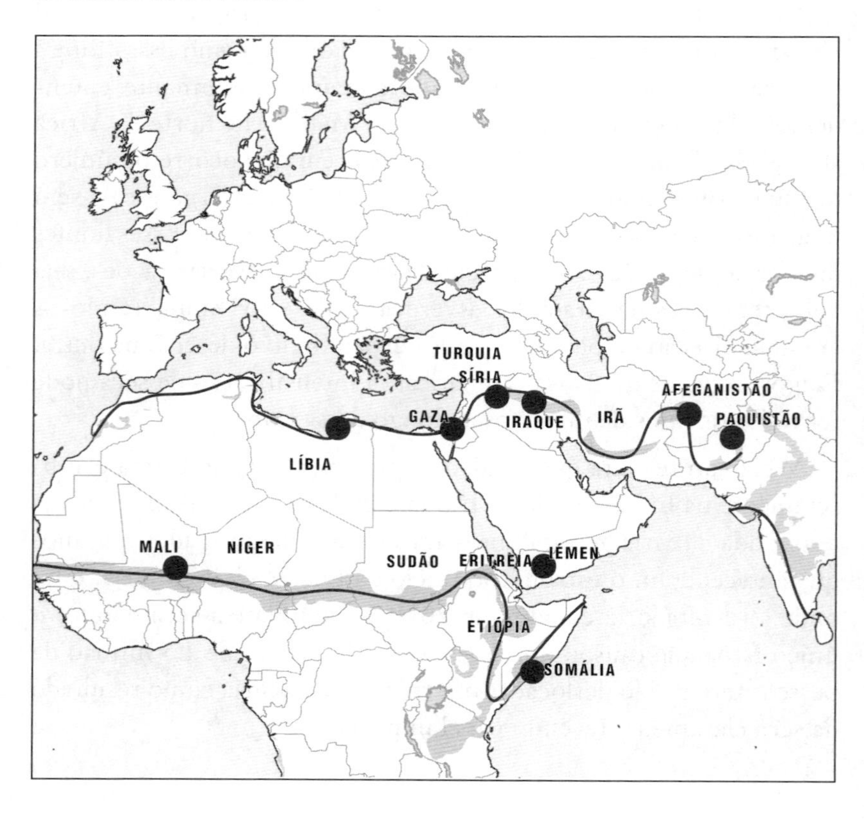

As linhas que cortam o mapa mostram a linha de aridez; os pontos no mapa representam algumas das áreas em que os ataques foram concentrados. Para mim, esta é a tentativa mais esclarecedora de visualizar o cenário brutal da crise climática.

Há uma década, tudo isso foi previsto em um relatório militar dos EUA publicado pela organização sem fins lucrativos Center for Naval Analysis. "O Oriente Médio", ela observou, "sempre foi associado a dois recursos naturais: petróleo (por causa de sua abundância) e água (por causa de sua escassez)". É verdade. E agora certos padrões se tornaram bem evidentes: primeiro, os aviões de caça ocidentais seguiram essa abundância de petróleo; agora os drones ocidentais estão ocultando precisamente a falta de água, uma vez que a seca exacerba o conflito.

Assim como as bombas seguem o petróleo e os drones seguem a seca, os barcos seguem os dois: barcos repletos de refugiados fugindo de suas casas na linha de aridez devastada pela guerra e pela seca. E a mesma capacidade de desumanizar o outro que justificava as bombas e os drones agora está sendo treinada para atingir esses imigrantes, enunciando sua necessidade de segurança como uma ameaça para a nossa, sua fuga desesperada como uma espécie de exército invasor. Táticas refinadas na Cisjordânia e em outras zonas de ocupação agora estão chegando à América do Norte e à Europa. Ao vender seu muro na fronteira com o México, Donald Trump gosta de dizer: "Pergunte a Israel, o muro funciona". Acampamentos cheios de imigrantes são demolidos em Calais, na França. Milhares de pessoas se afogam no Mediterrâneo todos os anos.* E o governo australiano detém sobreviventes de guerras e regimes despóticos em campos nas remotas ilhas de Nauru e Manus. As condições são tão desesperadoras em Nauru que, no mês passado, um imigrante iraniano morreu após atear fogo em si próprio para tentar chamar a atenção do mundo. Outra imigrante, uma mulher de 21 anos da Somália, incendiou-se alguns dias depois.

---

* Em 2016, no ano dessa palestra, um número recorde de 5.143 imigrantes morreram no cruzamento, de acordo com a Organização Internacional para as Migrações.

Malcolm Turnbull, o primeiro-ministro, alerta que os australianos "não podem deixar que suas vistas fiquem embaçadas por isso" e "precisam ser muito claros e determinados em nosso propósito nacional". Vale a pena não esquecer de Nauru da próxima vez que um colunista de um jornal de Murdoch declarar, como disse a comentarista de extrema-direita Katie Hopkins no ano passado, que é hora de a Grã-Bretanha "ser mais como a Austrália. Traga os navios de guerra, force os imigrantes de volta às suas costas e queime os barcos".*

Em outra amostra de simbolismo, Nauru é uma das ilhas do Pacífico mais vulneráveis à elevação do nível do mar. Seus moradores, depois de verem suas casas transformadas em prisões para os outros, muito provavelmente também terão de migrar. Os refugiados climáticos de amanhã são os guardas de prisão de hoje.

Precisamos entender que o que está acontecendo em Nauru e o que está acontecendo com Nauru são expressões da mesma lógica. Uma cultura que atribui tão pouco valor às vidas não brancas a ponto de estar disposta a permitir que elas desapareçam nos mares ou incendeiem a si próprias nos centros de detenção também estará disposta a permitir que os países onde vivem essas mesmas pessoas sumam nos oceanos ou desidratem no calor árido. Quando isso acontecer, as teorias da hierarquia humana — de que devemos cuidar primeiro

---

* Nos últimos anos, a Europa adotou o modelo australiano com muito gosto. Em um esforço para restringir a imigração, o governo italiano despendeu a notória Guarda Costeira sem lei da Líbia, com financiamento, treinamento, apoio logístico e equipamento — tudo o que estava ao seu alcance para que fosse possível a interceptação dos barcos migrantes antes que eles chegassem às águas europeias. Sob esse novo sistema, os migrantes que sobrevivem — milhares ainda se afogam — são levados à força de volta à Líbia e aos lugares que frequentemente são descritos como "campos de concentração", onde a tortura, o estupro e outras formas de abuso são generalizados. Enquanto isso, organizações humanitárias internacionais, como Médicos Sem Fronteiras (MSF), que já haviam salvado milhares de migrantes no mar, estão enfrentando a criminalização e apreensão de suas embarcações. No final de 2018, quando o MSF foi forçado a interromper as operações de seu navio de resgate *Aquarius*, Nelke Manders, diretor-geral do MSF, comentou: "Este é um dia sombrio. A Europa não apenas falhou ao fornecer recursos de busca e salvamento, mas também sabotou ativamente as tentativas de outras pessoas de salvar vidas. O fim do *Aquarius* significa mais mortes no mar e mais mortes desnecessárias que não serão testemunhadas."

de nós mesmos, de que os imigrantes estão aqui para destruir "nosso modo de vida" — serão ordenadas para racionalizar essas decisões monstruosas. Mesmo que implicitamente, nós já estamos fazendo essa racionalização. Embora a mudança climática acabe sendo definitivamente uma ameaça existencial para toda a humanidade, no curto prazo, sabemos que ela discrimina, atingindo primeiro e de uma maneira pior os mais pobres, sejam eles as pessoas abandonadas nos telhados de Nova Orleans durante o furacão Katrina ou entre os 36 milhões que, de acordo com as Nações Unidas, estão enfrentando fome devido à seca no sul e leste da África.

Essa é uma emergência, uma emergência presente, não uma futura, mas não estamos agindo como se fosse. O Acordo de Paris firmou o compromisso de manter o aquecimento abaixo de 2° C. É um objetivo altamente imprudente. Quando foi revelado em Copenhague em 2009, muitos representantes africanos o chamaram de "sentença de morte". O slogan de várias nações insulares de terra baixa é "1,5 para permanecermos vivos". No último minuto, uma cláusula foi adicionada ao Acordo de Paris que afirma que os países buscarão "esforços para limitar o aumento da temperatura a 1,5° C".

Isso não é apenas não vinculativo, como também é uma mentira: não estamos fazendo esforços desse tipo. Os governos que fizeram essa promessa agora pressionam por mais fraturamento hidráulico e mais mineração dos combustíveis fósseis de maior carbono do planeta, ações que são totalmente incompatíveis com o aquecimento de 2° C, quem dirá 1,5° C. Isso está acontecendo porque as pessoas mais ricas dos países mais ricos do mundo pensam que ficarão bem, que outras pessoas correrão os maiores riscos, que mesmo quando a mudança climática bater em suas portas, ela será resolvida.

Quando eles se provam errados, as coisas ficam ainda mais feias. Tivemos um vislumbre real desse futuro quando, em dezembro de 2015, as águas da enchente transbordaram na Inglaterra, inundando 16 mil casas. Essas comunidades não estavam somente lidando com o dezembro mais chuvoso já registrado. Elas também estavam sobrevivendo com o fato de que o governo realizou um ataque implacável contra os órgãos públicos e os conselhos locais que estavam na linha de frente da defesa contra inundações. Então, compreensivelmente, muitas pessoas queriam desvirtuar o assunto dessa falha. Eles perguntaram: por que a Grã-Bretanha está gastando tanto dinheiro com os refugiados e em ajuda externa quando deveria cuidar de si mesma? "A ajuda estrangeira não interessa", lemos no jornal britânico *Daily Mail*. "Que tal ajuda nacional?"

"Por que", um editorial do jornal *Telegraph* questionou, "os contribuintes britânicos devem continuar a pagar pelas defesas contra inundações no exterior quando o dinheiro é necessário aqui?" Eu não sei — talvez porque a Grã-Bretanha tenha inventado o motor a vapor que queima carvão e vem queimando combustíveis fósseis em uma escala industrial por mais tempo do que qualquer nação na Terra? Mas já estou mudando de assunto. A questão é que esse poderia ter sido um momento para entender que somos todos afetados pelas mudanças climáticas e devemos agir em conjunto e sendo solidários uns aos outros. Mas não foi assim que aconteceu, porque a mudança climática não se resume apenas às coisas que ficam cada vez mais quentes e secas: sob nossa ordem econômica e política atual, trata-se das coisas que ficam cada vez mais feias e cruéis.

A lição mais importante a ser tirada de tudo isso é que não há como enfrentar a crise climática isolando-a como se fosse um problema tecnocrático. Ela deve ser vista no contexto da austeridade e da privatização, do colonialismo e militarismo, e dos vários sistemas de alterização necessários para sustentar todos eles. As conexões e interseções entre eles são gritantes e, no entanto, com muita frequência, a resistência a eles é altamente compartimentalizada. As pessoas que são contrárias à austeridade raramente falam sobre alterações climáticas; as pessoas das alterações climáticas raramente falam sobre guerra ou ocupação. Muitos entre nós não conseguem estabelecer a conexão entre a morte de pessoas negras nas ruas das cidades dos EUA pelas armas policiais e as forças muito mais amplas que aniquilam tantas outras vidas negras em terras áridas e em barcos precários em todo o mundo.

Eu argumentaria que superar essas desconexões, fortalecendo os fios que interligam nossas diversas questões e movimentos, é a tarefa mais urgente para qualquer pessoa preocupada com a justiça social e econômica. É a única maneira de construir um contrapoder robusto o suficiente para vencer as forças que protegem o status quo altamente lucrativo, mas cada vez mais insustentável. A mudança climática atua como um acelerador de muitos de nossos males sociais (desigualdade, guerras, racismo, violência sexual), mas também pode ser um acelerador para o oposto, para as forças que trabalham pela justiça econômica e social e contra o militarismo. De fato, a crise climática, apresentando à nossa espécie uma ameaça existencial e colocando-nos em um prazo firme e inflexível baseado na ciência, pode ser apenas o catalisador de que precisamos para unir muitos movimentos poderosos ligados por uma crença no inerente mérito e valor de todas as pessoas e conectados pela rejeição da mentalidade da zona de sacrifício, seja ela aplicável a povos ou a lugares.

Enfrentamos tantas crises que se sobrepõem e se cruzam que não podemos nos dar ao luxo de consertá-las individualmente. Precisamos de soluções *integradas*, soluções que reduzam radicalmente as emissões enquanto criam muitos empregos bons e sindicalizados e que entreguem uma justiça que importe àqueles que sofreram mais abusos e foram mais excluídos na atual economia extrativista.

Said morreu no ano em que o Iraque foi invadido, vivendo para ver suas bibliotecas e museus saqueados — e seu ministério do petróleo guardado a sete chaves. Entre esses ultrajes, ele encontrou esperança no movimento global contra a guerra e em novas formas de comunicação popular possibilitadas pela tecnologia; ele observou "a existência de comunidades alternativas ao redor do mundo, informadas por fontes de notícias alternativas e profundamente atentas ao meio ambiente, aos direitos humanos e aos impulsos libertários que nos unem neste minúsculo planeta". Sim, "meio ambiente" — até os amantes de árvores tinham um lugar em sua visão.

Recentemente, enquanto lia sobre as inundações da Inglaterra, me relembrei dessas palavras. Em meio a todos os bodes expiatórios e acusações, me deparei com uma publicação de um homem chamado Liam Cox. Chateado pela forma com que alguns meios de comunicação estavam usando o desastre para acelerar o sentimento xenófobo, ele disse:

> Eu moro em Hebden Bridge, Yorkshire, uma das piores áreas afetadas pelas inundações. É uma merda, tudo ficou realmente muito molhado. Contudo (...) eu estou vivo. Eu estou seguro. Minha família está segura. Nós não vivemos com medo. Eu estou livre. Não existem balas voando sobre nossas cabeças. Não existem bombas explodindo. Não estou sendo forçado a fugir de minha casa e os países mais ricos do mundo não estão me evitando, nem estou sendo criticado pelos moradores desses lugares.
>
> Todos vocês, seus imbecis, vomitando a sua xenofobia (...) sobre como o dinheiro só deveria ser gasto "nos nossos", vocês precisam se olhar atentamente no espelho. Eu peço que vocês façam a si mesmos uma pergunta muito importante (...) eu sou um ser humano decente e honrado? Porque a nossa casa não é apenas o Reino Unido, a nossa casa é qualquer lugar em cada canto deste planeta.

Eu acho que isso cabe bem como últimas palavras.

ANOS DE SALTO: ACABANDO COM A HISTÓRIA DO INACABÁVEL

Quando se está tão fora de curso quanto nós estamos, ações moderadas não geram resultados moderados. Elas levam a consequências perigosamente radicais.

SETEMBRO DE 2016
PALESTRA, LAFONTAINE-BALDWIN, TORONTO

MEU VERGONHOSO SEGREDO CANADENSE — E POR FAVOR, NÃO ME EXPULSEM DESSE adorável salão por causa disso — é que, na verdade, eu sou estadunidense. Eu até trouxe meu passaporte para provar isso. Mas tenho também um canadense. Por lei, quando viajo para os Estados Unidos, tenho de mostrar aquele com o desenho de uma águia. E quando viajo de volta para casa em Toronto, mostro o que tem o elaborado brasão de armas cheio de adereços britânicos (além do punhado de folhas de bordo que você não consegue realmente decifrar).

Explicarei essa dualidade. Meus pais são norte-americanos nascidos nos Estados Unidos. Naquela época, isso significava que seus filhos legítimos receberiam cidadania norte-americana. Eu, por minha vez, nasci em Montreal e morei no Canadá por toda minha vida — a não ser por um período antes de completar meus cinco anos. Nos meus 20 e 30 anos, sempre fui muito objetiva quanto a minha norte-americanidade ser apenas um detalhe técnico, e não uma identidade. Raramente eu mencionava isso, não falava nem mesmo para bons amigos. Marcava a caixa "Canadá" nos formulários, e no aeroporto eu ficava na linha onde estava escrito "Canadá". E quando dava discursos e entrevistas nos Estados Unidos, dizia "seu governo", *não* "nosso governo". E mesmo que meus pais me dissessem que eu tinha direito ao passaporte norte-americano, nunca solicitei um. Eu meio que gostava de não ter nenhuma evidência física da minha norte-americanidade.

Então o que me fez mudar? Em 2011, eu estava em Washington, D.C., em um protesto contra o oleoduto Keystone XL, que, se fosse construído, levaria o betume de areias betuminosas de Alberta à Costa do Golfo.* A ação em Washington incluía desobediência civil, e, durante um período de duas semanas, milhares de pessoas tomaram a decisão de transgredir pacificamente em frente à Casa Branca sabendo que seriam presas na sequência. Supostamente, a parte de desobediência civil da ação não incluía os não estadunidenses, já que ser preso nos Estados Unidos pode comprometer seriamente a viabilidade de reingresso ao país.

Mas algo aconteceu naquele dia em Washington: uma delegação de povos indígenas do norte de Alberta, cujo território tradicional tem sido seriamente destruído pelo desenvolvimento da extração de petróleo e gás, decidiu que arriscaria as possíveis repercussões e encararia a prisão de qualquer maneira. Impulsivamente, e sem avisar meu marido, Avi (algo que ele não me deixa esquecer), decidi que me juntaria a eles.

Aquele dia foi um bom dia. Conheci algumas pessoas incríveis no carro patrulha e mais tarde no bar. Depois que todos nós fomos liberados, me ocorreu que agora poderia ser o momento em que eu teria problemas para conseguir o passaporte norte-americano. Eu estava tranquila com isso, mas decidi ver o que aconteceria se eu tentasse. Para minha surpresa, funcionou, e foi assim que finalmente consegui um passaporte norte-americano aos meus 40 anos.

---

* Apesar das várias tentativas de Donald Trump de avançar com o oleoduto de US$8 bilhões via ordem executiva, até este livro ser publicado, ele permanecia preso em disputas judiciais.

Então isso explica a parte norte-americana, mas não explica por que minha família estadunidense veio parar no Canadá. Essa é outra história que também envolve prisão. O ano era 1967, meu pai estava em vias de terminar a faculdade de Medicina, e tanto ele quanto minha mãe eram ativos contra a guerra no Vietnã. Como muitos de seus colegas, meu pai fez tudo o que pôde para evitar o recrutamento: solicitou o status de objeção de consciência, tentou encontrar uma forma alternativa de serviço, e por aí vai. Não deu certo, e ele se viu diante de uma escolha entre ir para o Vietnã, ir para a cadeia ou ir para o Canadá. Assim... aqui estamos.

Em viagens de carro, meus pais deixavam nossos olhos brilhando com as histórias de sua fuga, algo que para nós parecia um *thriller* de alta octanagem: a carta do exército, o casamento repentino, o sigilo para impedir que outras pessoas se envolvessem em seu crime. Ouvimos sobre os boatos que chegaram até eles de que os agentes alfandegários antiamericanos francófonos trabalhavam no turno da noite, e por isso os dois embarcaram em um voo noturno que aterrissou em Montreal à meia-noite. Então — ufa —, eles milagrosamente foram acenados para entrar. Eis como meu pai relembra dessa chegada: "Em 20 minutos, desembarcamos imigrantes, a caminho da cidadania canadense!"

Ter crescido no Canadá com pais estadunidenses esquerdistas me fez pintar um quadro bem cor-de-rosa deste país. Escutei muitas coisas sobre as razões que fizeram com que eles deixassem os Estados Unidos para trás: o militarismo, o jingoísmo, os milhões sem plano de saúde. E muitas outras coisas sobre o que os atraiu e nos manteve no Canadá: "um refúgio do militarismo", como o primeiro-ministro Pierre Trudeau declarou, assistência universal à saúde pública, apoio público à mídia e às artes. (Minha mãe conseguiu um emprego regular na agência de cinema *National Film Board*, onde foi paga pelo governo para fazer documentários feministas subversivos.) Em retrospecto, era como crescer em um daqueles filmes de Michael Moore que mostram o Canadá como um utópico alter ego dos EUA, onde ninguém tranca suas portas, ninguém leva um tiro e ninguém espera para ter uma consulta médica, além de todo mundo *sempre* ser superlegal uns com os outros.

Não era tão caricatural assim. Mas havia muita coisa faltando nas histórias norte-americanas sobre o Canadá que, com seus devidos filtros, moldaram minha infância e meu próprio orgulho nacional. Agora eu sei, por exemplo, que enquanto os canadenses se sentiam orgulhosos por não ingressarem na guerra do Vietnã e por receberem os desertores, as empresas canadenses estavam vendendo armas e bilhões em outros materiais para suprir o esforço de guerra dos EUA, incluindo napalm e o Agente Laranja. Jogar nos dois lados é a tradição militar canadense. Também foi assim em 2003, quando o Canadá fez questão de declarar publicamente que não havia participado da invasão ao Iraque porque o ataque não teve a aprovação da ONU — e depois, por baixo dos panos, apoiou a ocupação subsequente com intercâmbio de oficiais e navios de guerra.

Pode ser doloroso olhar atentamente para as histórias que nos deixam confortáveis, especialmente quando elas fazem parte das narrativas íntimas que moldam nossa identidade. Eu ainda luto com isso. Concordo com meus pais que nosso sistema de saúde e apoio à mídia pública e às artes são parte do que nos diferencia dos Estados Unidos. Mas também é verdade que essas instituições e tradições estão profundamente reduzidas após décadas de negligência. Hoje em dia, meu pai passa boa parte de sua aposentadoria trabalhando para defender nosso sistema de saúde pública contra a invasão de privatizações no estilo norte-americano.

Tem mais uma coisa em minha feliz história canadense que precisa ser comentada. Aquela experiência no aeroporto sem qualquer atrito — 20 minutos para conseguir o status de imigrante. Provavelmente, isso diz muito sobre o fato de meus pais serem brancos, de classe média e graduados em universidades, assim como tantos outros desertores. Nesse período, essas não foram as únicas pessoas que fugiram da guerra e que o Canadá recebeu; também recebemos 60 mil refugiados vietnamitas.

Mas essa brecha de abertura durou relativamente pouco, e em parte funcionou como uma resposta por termos nos recusado de maneira vergonhosa a abrir nossas portas para os refugiados judeus durante a

Segunda Guerra Mundial. Certamente, durante os bombardeios finais de guerras ilegais que aconteceram nas últimas décadas, incluindo as guerras que ajudamos a abastecer com armas, soldados ou ambos, o status de imigrante não foi concedido em apenas 20 minutos às pessoas não brancas, tornando-as livres para começar a trabalhar logo na segunda-feira de manhã. Milhares delas são jogadas em celas de cadeias por anos, sem serem acusadas de terem cometido crime algum. Muitas estão em prisões de segurança máxima, sem fazer a menor ideia de quando serão liberadas, uma prática que tem sido constantemente criticada pelas Nações Unidas.

As histórias que contamos sobre quem somos como nação e os valores que nos definem não são fixas. Elas mudam conforme os fatos mudam. Elas mudam à medida que o equilíbrio de poder na sociedade muda. É por isso que as pessoas comuns, e não apenas os governos, precisam participar ativamente desse processo de recontar e reimaginar nossas histórias, símbolos e processos históricos coletivos.

E sim, isso está acontecendo. Por exemplo, em toda a cidade de Toronto, onde nos reunimos hoje, o Projeto Ogimaa Mikana vem substituindo as placas de rua oficiais pelas versões em idioma *anishinaabe*. Perto de onde moro, eles também colocaram um cartaz lembrando aos transeuntes que nosso bairro rapidamente gentrificado é alvo do Dish with One Spoon Wampum Belt Covenant, um acordo criado entre algumas das nações indígenas originárias para que a terra e a água possam ser compartilhadas e cuidadas de maneira pacífica. É um esforço público para alterar o curso da história coletiva ou, mais precisamente, reanimar as histórias mais antigas que permanecem vivas, mas que geralmente são abafadas todos os dias pela enxurrada de mensagens mais barulhentas e recentes que recebemos.

É saudável questionar as histórias que naturalizamos há muito tempo, especialmente se forem aquelas reconfortantes. Também é saudável quando decidimos que podemos nos empenhar mais para mantermos a chama acesa das narrativas e mitologias que ainda nos parecem úteis e verdadeiras. Mas quando elas não nos servem mais, quando estão no meio do caminho que precisamos fazer, então precisamos estar dispostos a deixá-las descansar para que histórias diferentes possam ser contadas.

O SALTO

Com isso em mente, quero compartilhar com vocês algumas reflexões sobre uma tentativa coletiva de recontar histórias — e como ela colidiu com algumas das muito poderosas narrativas nacionais no coração da crise ecológica global. É um projeto com o qual me envolvi chamado Leap Manifesto [Manifesto Salto]. Muitos de vocês estão cientes disso. Eu sei que alguns de vocês assinaram. Mas a história por trás do Manifesto não é muito conhecida.*

O Manifesto Salto se originou em uma reunião, em maio de 2015, sediada em Toronto e com a participação de 60 organizadores e teóricos de todo o país, representando uma seção transversal de movimentos: trabalho, clima, fé, indígenas, imigrantes, mulheres, antipobreza, anticarcerário, justiça alimentar, direitos à moradia, transporte e tecnologia verde. O catalisador da reunião foi uma queda repentina no preço do petróleo, que provocou ondas de choque em nossa economia devido à dependência de receitas provenientes da exportação de petróleo de alto preço. O foco de nossa reunião foi como poderíamos aproveitar esse choque econômico — que demonstrou vividamente o perigo de arriscar as fortunas em recursos brutos voláteis — para dar o pontapé inicial na rápida mudança em direção a uma economia baseada em energias renováveis. Durante muito tempo, fomos informados de que tínhamos de escolher entre um ambiente saudável e uma economia forte; e quando o preço do petróleo caiu, acabamos com nenhum dos dois. Pareceu um bom momento para que um modelo radicalmente diferente emergisse.

---

* De várias maneiras diferentes, o Manifesto representava uma espécie de piloto do Novo Acordo Ecológico, uma tentativa de vincular uma ação climática ambiciosa com uma transição para uma economia muito mais justa e inclusiva. Conforme o Novo Acordo Ecológico for introduzido em diferentes países, pode ser útil observar os pontos fortes e fracos de nosso experimento.

Na época em que nos reunimos, os preparativos para uma campanha eleitoral federal estavam começando, e já estava claro que nenhum dos principais partidos concorreria em uma plataforma de rápida mudança para uma economia pós-carbono. Tanto os liberais quanto o Novo Partido Democrático (NDP), que àquela altura competiam pela derrubada dos conservadores do governo, estavam seguindo o manual necessário para indicar sua "seriedade" e pragmatismo, escolhendo pelo menos um novo oleoduto para defender e vibrando por ele. Vagas promessas sobre ação climática estavam sendo feitas, mas nada orientado pela ciência e nada que apresentasse a oportunidade de criar centenas de milhares de bons empregos para as pessoas que mais precisam por meio da transição para uma economia ecológica.

Então, decidimos intervir no debate escrevendo uma espécie de plataforma popular, o tipo de coisa que desejávamos que estivesse disponível para nosso voto, mas que ainda não estava disponível. E, quando nos sentamos em círculo por dois dias e encaramos uns aos outros, percebemos que esse era um novo território para os movimentos sociais contemporâneos. Antes, todos nós, ou a maioria de nós, fazíamos parte de amplas coalizões em oposição a alguma agenda de austeridade política especialmente impopular; ou nos reuníamos para lutar contra um acordo comercial indesejado ou uma guerra ilegal.

Mas essas eram coalizões em "negação" a alguma coisa, e queríamos tentar algo diferente: uma coalizão de "afirmação". E isso significava que precisávamos criar um espaço para fazer algo que nunca fazemos, isto é, sonhar juntos com o mundo que realmente queremos.

Às vezes me descrevem como autora do Manifesto Salto, mas isso não é verdade. Meu papel era ouvir e observar os temas comuns. Um dos tópicos mais nítidos refletia a necessidade de superar a narrativa nacional que a maioria de nós havia crescido escutando, uma na qual não havia limites ou qualquer coisa parecida com um ponto de ruptura do mundo natural e em que tínhamos o direito supostamente divino de extrair infinitamente. Parecia que o que precisávamos fazer era deixar essa história de lado e contar uma história diferente, e, dessa vez, uma que fosse baseada no dever de cuidar: cuidar da terra, da água, do ar — e cuidar uns dos outros.

Em grande parte por causa da diversidade na sala, também éramos conscientes de que, se quiséssemos uma coalizão "afirmativa" genuinamente ampla, não poderíamos cair no mesmo erro de recorrer a uma visão que fosse nostálgica ou que olhasse para o passado — como a saudade antiquada de uma nação da década de 1970 que nunca respeitou a soberania indígena, que excluiu as vozes de tantas comunidades não brancas, que confiou cegamente no estado centralizado e que não foi capaz de reconhecer os limites ecológicos.

Então, em vez de olhar para trás, começamos nossa plataforma partindo do princípio de olhar para onde queríamos terminar.

"Poderíamos viver em um país totalmente alimentado por energia renovável, conectada pelo transporte público acessível, no qual os empregos e as oportunidades dessa transição são projetados para eliminar sistematicamente as desigualdades raciais e de gênero. O setor que mais cresce na economia pode vir a ser o cuidado para com o outro e para com o planeta. Um número muito maior de pessoas poderia ter empregos com salários mais altos e menos horas de trabalho, para que haja tempo suficiente para curtir as pessoas que amamos e florescer junto com nossas comunidades."

A ideia inicial era pintar uma imagem clara de onde queríamos ir, para depois entrarmos no âmago da questão do que seria necessário para chegar a esse lugar. Mas antes de entrar nesses detalhes, quero voltar ao desafio das histórias oficiais.

Pelo nome, Salto, já dá para entender que se tratam de mudanças grandes e rápidas. Assim se justifica a escolha pelo nosso título: porque, quando falamos de alterações climáticas, sabemos que a razão do problema ter piorado foi nossa procrastinação, então, mesmo que os pequenos passos estejam na direção certa, eles ainda nos levarão a um buraco muito profundo. No entanto, ao enquadrar nosso projeto como um processo de transformação sem incrementação, também nos colocamos em uma colisão frontal com uma história acalentada por muitos interesses poderosos neste país: que somos um povo moderado, que segue em frente, um passo de cada vez. Em um mundo de esquentadinhos, gostamos de dizer a nós mesmos que escolhemos o caminho do meio, fragmentando as diferenças. Nenhum movimento súbito para nós, e certamente nenhum salto.

De fato, essa é uma história muito legal, e a moderação é uma boa saída para todos os tipos de circunstância. É uma boa abordagem para o consumo de álcool, por exemplo, e sundaes com calda de chocolate quente. O problema nisso tudo, e o motivo pelo qual escolhemos de forma bem consciente um título pouco moderado, é que, quando se tratam de mudanças climáticas, o incremental e a moderação, na verdade, se tornam um grande problema. Porque, ironicamente, elas nos levarão a um futuro muito extremo, quente e cruel. Quando se está tão fora de curso quanto nós estamos, ações moderadas não geram resultados moderados. Elas levam a consequências perigosamente radicais.

Mas esse nem sempre foi o caso. Em 1988, o Canadá sediou a primeira reunião intergovernamental para falar sobre a crise climática e a necessidade de redução das emissões por parte das nações industrializadas. Aconteceu nesta mesma cidade e veio com algumas recomendações fantásticas. Se os tivéssemos ouvido, se todos tivéssemos começado a reduzir nossas emissões há três décadas, poderíamos ter lidado com isso de uma forma suave e lenta: acabando com nossa pegada de carbono e mandando embora alguns pontos percentuais por ano. Um tipo de supressão muito moderada, gradual e centrista.

Nós não fizemos isso. Nós — não apenas nosso país, mas praticamente todas as nações ricas e em rápido desenvolvimento — não fizemos isso. A realidade é que, ano após ano, enquanto os governos se reuniam para falar sobre a redução de emissões, elas aumentaram em mais de 40%. Aqui no Canadá, abrimos novas e enormes fronteiras de combustíveis fósseis e desenvolvemos tecnologia para cavar um dos petróleos que possuem mais carbono do planeta. Não reduzimos os fatores causadores da ruptura climática; nós renovamos nossa aposta neles. Isso não foi lá muito moderado — na verdade, isso foi bem extremo.

Parece que agora o problema é muito pior. Pior porque as emissões explodiram, e por essa razão, temos de cortá-las de maneira muito mais profunda, para que elas possam ocupar níveis seguros. E pior, porque não temos tempo de sobra, então precisamos iniciar esses cortes imediatamente. É isso o que acontece quando você deixa para o outro dia várias vezes. Você vai ficando sem dias.

Então, agora é a hora em que realmente precisamos agir de maneira radical. Ação repentina e abrangente, não importa quão profundamente ela entre em conflito com aquelas histórias confortáveis que contamos a nós mesmos sobre nossas almas centristas. Chame como quiser: um Novo Acordo Ecológico, a Grande Transição, um Plano Marshall para o Planeta Terra. Mas não se engane: este não é um adendo, não é mais um item em uma lista de tarefas governamentais; nem existe algum interesse especial que o planeta queira satisfazer. O tipo de transformação que agora é necessária só acontecerá se for tratada como uma *missão* civilizacional, em nosso país e em todas as principais economias do mundo.

Quando redigimos o Manifesto Salto, estávamos muito conscientes de que as emergências são vulneráveis a abusos de poder, e de forma alguma os progressistas são imunes a isso. Assistimos a toda uma história longa e dolorosa em que os ambientalistas insistem em transmitir a mensagem — seja implícita ou explicitamente — de que "Já que nossa causa é tão grande, tão urgente e tão abrangente, ela deve ser prioridade frente a tudo e todos os demais". Nas entrelinhas: "Primeiro salvaremos o planeta e depois nos preocuparemos com pobreza, violência policial, discriminação de gênero e racismo."

Realmente, essa parece ser uma ótima maneira de criar um movimento ínfimo, fraco e homogêneo. Porque, se você e sua comunidade estão na mira da pobreza, da guerra, do racismo e da violência sexual, então *todas elas* são ameaças existenciais. Desse modo, nos inspiramos pelo crescimento do movimento de justiça climática no mundo todo e tentamos outra abordagem. Decidimos que, se mudaríamos radicalmente nossa economia, para torná-la muito mais limpa diante da catástrofe climática, logo teríamos de aproveitar essa oportunidade para torná-la muito mais justa em todas essas diferentes frentes ao mesmo tempo. Assim ninguém precisaria escolher qual era a ameaça existencial mais importante. Darei alguns exemplos rápidos.

Como era de se esperar para um documento focado nas questões climáticas, solicitamos grandes investimentos em infraestrutura ecológica: fontes renováveis, eficiência, transporte, transporte ferroviário de alta velocidade. Tudo isso para chegar a uma economia 100% renovável em meados do século e 100% de energia renovável muito antes disso. Sabíamos que todas essas demandas seriam grandes geradoras de empregos — investir nesses setores cria seis a oito vezes mais empregos do que direcionar esse mesmo dinheiro em petróleo e gás. Por essa razão, foi solicitado financiamento público para que os trabalhadores em vias de perderem seus empregos nos setores extrativistas recebessem um novo treinamento em direção à próxima economia. Assim eles estariam preparados, e, como nos disseram os sindicatos que participavam das nossas reuniões, era crucial que esses trabalhadores estivessem envolvidos democraticamente na concepção desses programas de retreinamento. Então, é isso que temos na plataforma: princípios básicos de uma transição baseada na justiça.

Mas também queríamos ir além. Quando falamos sobre "empregos verdes" — e falamos muito sobre eles —, a maioria de nós imagina um cara de capacete instalando um painel solar. Claro, esse é um tipo de trabalho ecológico, e precisamos de muitos deles. Mas existem muitas outras funções que já têm baixo carbono. Por exemplo, cuidar de idosos e doentes não queima muito carbono. Fazer arte não queima muito carbono. Ensinar as crianças é de baixo carbono. Creche é de baixo carbono. E, no entanto, esse trabalho, realizado predominantemente por mulheres, tende a ser subvalorizado, mal remunerado e frequentemente alvo de cortes no governo. Por isso, decidimos estender deliberadamente a definição usual de trabalho verde em qualquer coisa útil e enriquecedora para nossas comunidades e que não queime muitos combustíveis fósseis. Como disse um participante, "Enfermagem é energia renovável. Educação é energia renovável". Além disso, esse tipo de trabalho torna nossas comunidades mais fortes, mais humanas e, portanto, mais capazes de lidar com os choques de um futuro repleto das rupturas climáticas que estão vindo em nossa direção.

Outro elemento-chave no Manifesto Salto ficou conhecido como "democracia energética", isto é, a ideia de que, sempre que possível, a energia renovável deve ser pública ou de propriedades comunitárias. E deve ser controlada da mesma forma, de modo que os lucros e benefícios de novas indústrias sejam muito menos concentrados do que são com combustíveis fósseis. Fomos inspirados pela transição energética da Alemanha, que viu centenas de cidades e municípios retomarem das empresas privadas o controle sobre suas redes de energia, bem como uma explosão de cooperativas de energia verde, onde os lucros da geração de energia permanecem na comunidade para que os serviços essenciais possam ser custeados.

Mas decidimos que precisamos mais do que democracia energética, também precisamos de justiça energética, até de reparações energéticas. Porque a maneira como a indústria de geração de energia e outras indústrias poluentes se desenvolveram nos últimos dois séculos obrigou as comunidades mais pobres a suportar uma parcela desproporcional dos encargos ambientais, ao mesmo tempo em que obtinham muito pouco dos benefícios econômicos. É por isso que o Salto declara que "os povos indígenas e outras pessoas na linha de frente da atividade industrial poluidora devem ser os primeiros a receber apoio público para seus próprios projetos de energia limpa".

Alguns acham esses tipos de conexões intimidadoras. Dizem a nós que já é bastante difícil reduzir as emissões — então por que sobrecarregá-la tentando consertar tantas outras coisas ao mesmo tempo? Nossa resposta é a de que, se vamos nos afastar da extração interminável de recursos para reparar nosso relacionamento com a Terra, por que não começaríamos reparando nosso relacionamento uns com os outros durante o processo? Por muito tempo, nos ofereceram políticas que segregam as crises ecológicas dos sistemas econômicos e sociais que as estão impulsionando. Esse é precisamente o modelo que falhou em produzir resultados. Em contrapartida, nunca experimentamos uma transformação holística em escala nacional.

Outro exemplo. O Manifesto reconhece explicitamente o papel que as políticas externas de nosso governo desempenharam e continuam a desempenhar, fazendo com que as pessoas sejam obrigadas a deixar suas casas e busquem asilo em outros países. Alguns são pressionados pelos impactos econômicos desastrosos dos acordos comerciais que nosso governo apoiou, outros, pelas minas que nossas empresas construíram. Alguns são pressionados por guerras que o nosso governo ajudou a criar ou financiar.

Todos esses — acordos comerciais, guerras, minas — são os principais contribuintes para o aumento das emissões globais de gases de efeito estufa, e agora a própria mudança climática também está forçando as pessoas a deixarem suas casas. Foi por essa razão que decidimos reformular os direitos dos imigrantes como uma questão de justiça climática. Definimos claramente que precisamos abrir nossas fronteiras para um número muito maior de imigrantes e refugiados, e que todos os trabalhadores, independentemente do status de imigração, devem ter direitos e proteções trabalhistas integrais. Não é por caridade ou por uma expressão de bondade que temos em nossos corações que precisamos fazer isso, mas, sim, porque as mudanças climáticas, em sua complexidade global, nos ensinam que nossos destinos são, e sempre foram, interconectados. No fundo de tudo isso, trata-se de que tipo de pessoas queremos ser conforme nossa ação coletiva produz impactos que se tornam cada vez mais inegáveis. É uma questão moral e espiritual, tanto quanto econômica e política.

Nós sabíamos que o maior obstáculo que nossa plataforma enfrentaria seria a forte influência da lógica de austeridade — todos nós recebemos ao longo de décadas a mensagem de que os governos estão perpetuamente quebrados. Então, por que sequer se preocupar em sonhar com uma sociedade genuinamente igualitária? Com isso em mente, trabalhamos com uma equipe de economistas para elaborar um documento paralelo que mostrasse exatamente como aumentaríamos as receitas para pagar pelo nosso plano.

Antes que a plataforma fosse lançada ao público, abordamos muitas organizações e indivíduos importantes. Repetidamente, ouvimos: sim. É isso o que queremos ser. Vamos pressionar nossos políticos. Que se ferre a cautela canadense. Ícones nacionais juntaram-se a nós sem hesitar: Neil Young. Leonard Cohen. O romancista Yann Martel nos respondeu que o manifesto deveria ser "gritado dos telhados". Esse era um documento raro que poderia ser assinado pelo Greenpeace, o chefe do Congresso Canadense do Trabalho e por anciões indígenas como o famoso porta-voz do Haida e mestre escultor Gujaaw. Mais de 200 organizações ao todo.

A REAÇÃO

Dado esse entusiasmo inicial, o que aconteceu quando lançamos a plataforma no mundo inteiro francamente nos surpreendeu um pouco. "Tempestade de merda" seria um eufemismo.

Primeiro, nosso ex-primeiro-ministro Brian Mulroney surgiu de sua aposentadoria para declarar que o Salto era "uma nova filosofia de niilismo econômico" e que "devemos resistir e derrotar". Então, depois que o NDP votou a favor de apoiar a essência e debater suas especificidades, a sessão de ministros de três províncias e de três partidos políticos diferentes partiu para denunciá-lo. "Centenas de cidades seriam varridas do mapa. *Amanhã*. E virariam cidades fantasma" — disse um deles. "Uma ameaça existencial", disse outro. E, finalmente, o (agora ex) membro do NDP, ministro de Alberta: "Uma traição."

O fato interessante é que nada disso parece ter tido muito impacto nas bases. As pessoas continuam adicionando seus nomes à plataforma. Elas continuam escrevendo capítulos locais do Salto. E uma pesquisa realizada no auge da reação revelou que a maioria dos eleitores dos partidos verdes, NDP e dos liberais apoiava as ideias centrais do Manifesto Salto. Até 20% dos conservadores. Acho que isso revela uma cisão bastante interessante: muitas pessoas de diferentes persuasões políticas leram o Salto e acharam que soava eminentemente sensato, até inspirador. Mas nossas elites espalhadas pelas diretrizes dos partidos concordaram que parecia o fim do mundo.

Então, o que podemos fazer com esse abismo? A verdade é que a maior parte do alvoroço foi causada apenas por uma linha no Salto. Era a que dizia que não podemos construir mais nenhuma "infraestrutura de combustível fóssil que nos condicione a um aumento de extração por décadas no futuro". A linha que continha as palavras "sem oleodutos".

Vamos desenvolver um pouco mais essa afirmação. Do ponto de vista científico, ela não é totalmente controversa. Em Paris, os governos negociaram um tratado climático que prometia manter o aquecimento abaixo de 2° C, enquanto buscavam "esforços para limitar o aumento da temperatura a 1,5° C". (Foi a equipe de Justin Trudeau que lutou para obter essa linguagem mais ambiciosa.)

Para colocar isso em perspectiva: já aquecemos o planeta em aproximadamente 1° C do ponto em que estávamos antes de os humanos começarem a queimar carvão em escala industrial. Portanto, se quisermos atingir a meta de 1,5° C a 2° C, isso nos leva a um orçamento de carbono bem restrito. Manter o compromisso — e nesse ponto os cientistas têm sido bem claros — exige que abandonemos muitas reservas atuais de carbono. E para as formas particularmente poluentes de combustível fóssil, como o betume de Alberta, isso significa que cerca de 85% a 90% precisa ficar para trás. Essa é uma pesquisa científica revisada por pares que foi publicada na revista *Nature* e em outros lugares; não há o que contestar.

O mesmo vale para a abertura de novas fronteiras de combustíveis fósseis com tecnologias como fraturamento hidráulico. E nossos políticos não colocam isso em disputa. Eles admitem que suas metas atuais de redução de emissões — e isso é verdade não apenas no Canadá — nos levam muito além das metas de temperatura estabelecidas em Paris. Eles não chegam a um orçamento de carbono de 1,5° C a 2° C. Eles chegam a um aquecimento de 3° C a 4° C — e isso só se conseguirmos atingir esses objetivos. Um grande "se".

Podemos debater se vale a pena realizar as coisas muito complicadas que são necessárias para evitar o aquecimento do planeta entre 3° C e 4° C (que, a propósito, os cientistas climáticos disseram ser incompatível com qualquer coisa que você possa descrever como civilização organizada). Seria um debate interessante para se ter. Mas esse não é o debate que estamos tendo. Em vez disso, quando as pessoas argumentam por políticas climáticas guiadas pela ciência e pelos objetivos públicos de nosso próprio governo, elas são basicamente instruídas a calar a boca e parar de destruir o país.

UM DEBATE EXCLUSIVAMENTE RESTRITO

Isso não é verdade em todo lugar. Outros países estão avançando com algumas das políticas que realmente refletem a realidade científica. A Alemanha e a França proibiram o fraturamento hidráulico, por exemplo. Ambas têm um longo caminho a percorrer para alinhar suas emissões com as metas de temperatura do Acordo de Paris, mas a aversão que a Europa sente sobre as conversas de deixar o carbono para trás não é nem de perto tão poderosa aqui. E não podemos culpar somente o fato de termos um grande setor de petróleo e gás com muitos empregos em risco. Outros países também têm, e estão bem mais avançados do que nós. Até os Emirados Árabes Unidos, autênticos petrolíferos, estão se preparando para o fim do petróleo, canalizando dezenas de bilhões das riquezas em petróleo para novos investimentos em energias renováveis.

Não é apenas o Canadá que parece não conseguir ter um debate racional sobre os limites ecológicos. O debate é igualmente fora de si na Austrália e nos Estados Unidos, com grandes segmentos da classe política e erudita negando explicitamente a ciência — e quanto mais isso acontece, mais o resto do mundo fica com um pé atrás. Eu tenho pensado sobre a explicação para essas discrepâncias geográficas e acho que isso volta para onde começamos: aquelas narrativas nacionais oficiais que dizem aos países quais são os valores que os definem e o tipo de estruturas de poder que essas narrativas nutrem e mantêm.

A HISTÓRIA DE QUE O MUNDO É INESGOTÁVEL

Quando lançamos o Salto, nos confrontamos com uma narrativa extremamente profunda, uma narrativa que precede a fundação de países jovens como o nosso. Começa com a chegada dos exploradores europeus, em uma época em que seus países natais se debatiam com sérios limites ecológicos: grandes florestas desapareceram, animais grandes foram caçados até a extinção.

Foi nesse contexto que o então chamado Novo Mundo foi imaginado como uma espécie de continente de reposição, que deveria ser usado para obtenção de insumos. (Eles não chamaram de *Nova* França e *Nova* Inglaterra por acaso.)

E que insumos! Aqui parecia um valioso tesouro sem fim — de peixes, aves, peles, árvores gigantes e, mais tarde, metais e combustíveis fósseis. Na América do Norte e, mais tarde, na Austrália, essas riquezas cobriam territórios tão vastos que era impossível discernir suas fronteiras. Éramos o lugar do mundo inesgotável — e sempre que começávamos a nos esgotar, nossos governos apenas levavam a fronteira mais para o oeste.

A própria existência dessas terras se assemelhava a um sinal divino: esqueça as fronteiras ecológicas. Graças a esse "continente dublê", parecia não haver uma maneira de esgotar a generosidade da natureza. Revivendo os primeiros relatos europeus do que viria a ser o Canadá, fica claro que os exploradores e primeiros colonos realmente acreditavam que, de uma vez por todas, não haveria mais medo de escassez. As águas da costa de Terra Nova estavam tão cheias de peixes que "bloquearam a passagem" dos navios de John Cabot. Em 1720, para o padre Charlevoix, em Quebec, "o número de [bacalhau] parece igual ao dos grãos de areia que cobrem a margem". E então ali existiam os araus-gigantes. As penas do pássaro parecido com um pinguim eram cobiçadas para os colchões e, nas ilhas rochosas, principalmente para além da Terra Nova, eles eram encontrados em grande número. Como Jacques Cartier observou em 1534, havia ilhas "tão cheias de pássaros quanto qualquer campo ou prado é repleto de grama".

Repetidas vezes, as palavras "*inexauríveis*" e "*infinitas*" foram usadas para descrever as dimensões das florestas de grandes pinheiros do leste, os cedros gigantes do noroeste do Pacífico e todos os tipos de peixe. Outro bordão comum era o de que a generosidade da natureza era tão maravilhosa que realmente não fazia sentido se preocupar em gerenciar esse enorme tesouro para evitar que ele se esgotasse. Havia uma quantidade tão grande de tudo que ser descuidado se tornava uma liberdade gloriosa. Thomas Huxley (o biólogo inglês conhecido como "buldogue de Darwin") disse na Exposição Internacional de Pesca de 1883 que "a pesca do bacalhau (...) é inesgotável; falo isso porque nada do que fazemos realmente afeta o número de peixes. Qualquer tentativa de regular essas pescarias parece, consequentemente (...), inútil".

Dado o que sabemos agora, essas parecem ser as famosas últimas palavras de uma época. Considerando que em 1800 os araus-gigantes foram completamente exterminados. Considerando que os estoques de castores começaram a decair no leste do Canadá logo depois. Considerando que o bacalhau supostamente inesgotável de Terra Nova foi declarado "extinto comercialmente" em 1992. Quanto às nossas florestas primárias inesgotáveis, elas praticamente foram varridas aqui no sul de Ontário. Mais de 91% das maiores e melhores matas da ilha de Vancouver desapareceram.

Obviamente, muito disso não é exclusivo do Canadá. A economia dos Estados Unidos nos seus primórdios também era brutalmente extrativista.* Mas existiam algumas diferenças cruciais. A economia escrava do sul baseava-se na extração de trabalho humano forçado, usado para limpar e cultivar terras que alimentariam o norte, que se industrializava rapidamente. Embora a escravidão existisse no Canadá, nosso papel principal no comércio transatlântico de escravos era como fornecedor: grande parte desse bacalhau supostamente interminável foi salgado e enviado para as Índias Ocidentais Britânicas (Jamaica, Barbados, Guiana Britânica, Trindade, Granada, Dominica, São Vicente e Santa Lúcia). Para os ricos proprietários de *plantation*, o bacalhau era uma fonte inestimável de proteína barata para os africanos escravizados.

Nosso nicho econômico estava sempre devorando vorazmente a natureza selvagem — tanto os animais quanto as plantas. Antes de ser um país, o Canadá costumava ser uma empresa extrativista, a companhia de comércio de peles da Baía de Hudson. E isso nos moldou de maneiras que ainda precisamos começar a confrontar. Mas de alguma forma isso vai ao encontro do motivo que explica por que tanta comoção foi gerada quando um grupo de pessoas se reuniu para dizer: na verdade, já atingimos os limites do que a Terra é capaz de

---

* Como o historiador Greg Grandin argumentou recentemente no livro *The End of the Myth: From the Frontier to the Border Wall in the Mind of America*, a promessa de avançar por uma fronteira aberta em constante expansão foi a principal maneira pela qual os políticos norte-americanos resolveram problemas sociais e ecológicos. Sempre que o solo era exaurido pela agricultura descuidada, ou um grupo de imigrantes (brancos) pobres exigia maior igualdade, a resposta era confiscar ainda mais terras dos nativos norte-americanos e expandir o terreno violentamente. Mas agora o muro figurativo foi atingido e não há mais nenhuma divisa disponível, seja geográfica, financeira ou atmosférica. Grandin argumenta que Donald Trump e seu muro de fronteira devem ser entendidos como uma reação ao colapso do mito da divisa: sem divisa para conquistar, Trump volta toda sua atenção no entesouramento da riqueza dos EUA para o seu grupo favorito, enquanto todo o resto permanece do lado de fora. É por isso que as narrativas nacionais antiquadas não podem ser deixadas de lado para morrerem em paz. Elas precisam ser desafiadas com novas histórias que refletem como nosso conhecimento evoluiu desde então e quem queremos ser a partir de agora — do contrário, eles se tornarão contaminados e ainda mais perigosos.

suportar; temos que deixar recursos para trás, mesmo quando eles ainda são rentáveis. Agora é o momento para uma nova história e um novo modelo econômico.

Como essas enormes fortunas foram construídas na América do Norte exclusivamente com a extração de animais selvagens, florestas intactas, metais enterrados e combustíveis fósseis, nossas elites econômicas cresceram acostumadas a ver o mundo natural como sua despensa dada por Deus. O que descobrimos com o Salto é que, quando alguém ou alguma coisa (como a ciência climática) aparece e desafia essa afirmação, não parece ser uma verdade com a qual é difícil de lidar. Como aprendemos, parece um ataque existencial.

O historiador econômico Harold Innis (que nunca levou em conta o papel crucial do Canadá no comércio de escravos) nos alertou para isso há quase um século. Ele argumentou que a extrema dependência do Canadá da exportação dos recursos naturais brutos atrofiou o desenvolvimento de nosso país na "fase primordial". Isso também se aplica em grande parte da economia dos EUA — Louisiana e Texas com petróleo, Virgínia Ocidental com carvão. Essa filiação aos recursos brutos torna as economias intensamente vulneráveis a monopólios e a choques econômicos externos. É por isso que o termo *república das bananas* não é considerado um elogio.

Embora o Canadá não se veja dessa forma, e algumas regiões tenham se diversificado, a narrativa da nossa história econômica é outra. Ao longo dos séculos, fizemos a guinada da bonança à falência. No final da década de 1800, o comércio de castores entrou em colapso quando as elites europeias de repente perderam o interesse nas cartolas feitas de peles e a seda, mais suave, se tornou objeto de desejo. No ano passado, a economia de Alberta despencou por causa de uma queda súbita no preço do petróleo. Costumávamos ser assediados pelos caprichos dos aristocratas britânicos; agora são príncipes sauditas. Não sei se isso conta como progresso.

O problema não é apenas a montanha-russa de commodities. É que os riscos aumentam a cada ciclo de expansão e contração. O frenesi pelo bacalhau derrubou uma espécie; o frenesi pelo petróleo das areias betuminosas e pelo gás do fraturamento hidráulico está ajudando a derrubar o planeta.

E, no entanto, apesar desses enormes riscos, parece que não conseguimos parar. A dependência das commodities continua a moldar o corpo político de estados que foram colônias de assentamentos, como o Canadá, os Estados Unidos e a Austrália. E em todos esses três países, continuará a confundir as tentativas de curar as relações com as Primeiras Nações. Isso acontece porque a dinâmica básica do poder — nossos países confiando na riqueza incorporada em suas terras — permanece inalterada. Por exemplo, quando o comércio de peles era a espinha dorsal da produção de riqueza nas partes ao norte deste continente, a cultura indígena e as relações com a terra se tornaram uma ameaça profunda ao desejo de extração. (Sem contar que não haveria qualquer comércio se não fosse pelas habilidades indígenas de caça e captura.) É por isso que as tentativas de cortar essas relações com a terra eram tão sistemáticas. As escolas residenciais eram uma parte desse sistema. O mesmo aconteceu com os missionários que viajaram com comerciantes de peles, pregando uma religião que moldava as cosmologias indígenas como formas pecaminosas de animismo — mais uma vez não importando que as visões de mundo que eles tentaram exterminar tenham uma quantidade enorme de ensinamentos sobre como regenerar o mundo natural, em vez de esgotá-lo infinitamente.

Hoje, no Canadá, temos governos federais e provinciais que falam muito sobre "verdade e reconciliação" em relação a esses crimes. Mas isso continuará sendo uma piada cruel se os canadenses não indígenas não combaterem o "porquê" por trás desses abusos dos direitos humanos. E o porquê, como afirma o relatório oficial da Comissão da Verdade e Reconciliação, é bastante simples: "O governo canadense adotou essa política de genocídio cultural porque desejava se desfazer de suas obrigações legais e financeiras para com os povos aborígines e obter controle sobre suas terras e seus recursos."

Em outras palavras, o objetivo era sempre remover todas as barreiras à extração irrestrita de recursos. Isso não é uma história antiga. Em todo o país, os direitos à terra indígena continuam sendo a única e maior barreira à extração de recursos capaz de desestabilizar o planeta, desde oleodutos até extração de madeira. Ainda estamos tentando conseguir essa terra e o que está por baixo dela. Da mesma forma, também vemos o mesmo acontecer ao sul da fronteira, na luta dos Sioux de Standing Rock contra a construção do oleoduto *Dakota Access*. Isso era verdade há 200 anos, e continua sendo verdade até os dias de hoje.

Quando os governos falarem de verdade e reconciliação e, em seguida, promoverem projetos de infraestrutura indesejados, por favor, lembrem-se disto: não pode haver verdade a menos que admitamos o "porquê" por trás dos séculos de abuso e roubo de terras. E não pode haver reconciliação quando o crime ainda está em andamento.

Somente quando tivermos a coragem de contar a verdade sobre nossas histórias antigas, as novas histórias chegarão para nos guiar. Histórias que reconhecem que o mundo natural e todos seus habitantes têm limites. Histórias que nos ensinam como cuidar uns dos outros e regenerar a vida dentro desses limites. Histórias que acabam de uma vez por todas com o mito de um mundo inesgotável.

UMA OPINIÃO ARRISCADA EM UM PLANETA EM RISCO

Extrair sem limites, como se não houvesse um esgotamento e nem consequências, é nossa cultura. Uma cultura de sempre tomar e ir embora. E agora essa cultura de "pegar e levar" atingiu um ponto lógico de conclusão. A nação mais poderosa do mundo elegeu um usurpador como chefe de Estado.

NOVEMBRO DE 2016
DISCURSO NA ENTREGA DO PRÊMIO SYDNEY DA PAZ

ENQUANTO FAZIA ANOTAÇÕES PARA ESSE DISCURSO DURANTE AS ÚLTIMAS SEMANAS, em termos práticos, eu sabia que deveria estar preparando duas versões: a versão "Hillary vence" e a versão "Trump vence".

A questão é a seguinte, eu simplesmente não conseguia escrever a versão "Trump vence". Tentava digitar, mas meus dedos decretaram greve. Eu sabia que meras 48 horas separavam a descoberta do resultado das eleições presidenciais dos EUA do momento em que eu estaria falando com vocês; portanto, em retrospecto, eu estava grosseiramente abandonando meus deveres. E caso minhas palavras pareçam apressadas, peço desculpas — de fato, foram apressadas. Uma opinião arriscada, como eles chamam hoje em dia, em um planeta em risco.

Se existe uma única e abrangente lição na vitória de Trump, talvez seja a seguinte: nunca, em hipótese alguma, subestime a potência do ódio. Nunca subestime a potência do clamor explícito a um poder que se sobreponha ao "outro" — aos migrantes, aos muçulmanos, às pessoas negras, às mulheres. Especialmente durante as épocas de dificuldades econômicas. Porque, quando grandes números de homens brancos, criados em um sistema social construído para elevar sua humanidade sobre todas as outras, se veem assustados e inseguros, muitos deles se enfurecem. E não há nada de errado com o ato de se enfurecer — existem vários motivos para estarmos saturados.

Mas, dentro de uma cultura em que algumas vidas são elevadas de maneira tão sistemática perante as outras, a raiva faz com que muitos desses homens e mulheres se tornem uma massa de modelar para qualquer coisa que traga de volta a ilusão da dominação oferecida por algum demagogo do momento — mesmo que temporariamente. Construa um muro. Tranque-os. Deporte todos. Agarre-os onde quiser e mostre quem está no comando.

Quais são as outras lições que podemos tirar de nossa realidade atual de um mundo onde Trump é presidente, com seus dois dias de idade?

Uma lição: que a dor econômica é real e veio para ficar. Quatro décadas de políticas corporativas neoliberais de privatização, desregulamentação, livre comércio e austeridade já nos provaram isso.

Outra lição: os líderes que representam esse consenso fracassado não são páreo para os demagogos e neofascistas que reivindicam sua derrubada. Eles não têm nada tangível a oferecer e são vistos, com toda a razão, como as pessoas responsáveis por grande parte desse deslocamento econômico.

Somente uma agenda ousada e genuinamente redistributiva tem a esperança de conversar com essa dor, fazendo com que ela seja redirecionada para o lugar ao qual realmente pertence: às elites compradoras de políticos que se beneficiaram tão extravagantemente com o leilão da riqueza pública, com a poluição da terra, do ar e da água; e com a desregulamentação da esfera financeira.

Mas existe uma lição ainda mais profunda que devemos aprender urgentemente com os eventos desta semana: se quisermos vencer contra Trump e seus semelhantes — e todos os países têm seu próprio

Trump nacional —, devemos urgentemente confrontar e lutar contra o racismo e a misoginia que existem em nossa cultura, em nossos movimentos e em nós mesmos. Isso não pode ser uma reflexão tardia; isso não pode ser um adendo. Isso é central para entender de que forma alguém como Trump pôde subir ao poder. Muitas pessoas disseram que votaram nele apesar de seus censuráveis discursos sobre raça e gênero. Elas gostaram do que ele tinha a dizer sobre o comércio e o retorno da manufatura, e sobre ele não ser uma "cria de Washington".

Desculpe, mas isso não cola. Você não pode votar em alguém que, baseado em discursos de ódio, seja capaz de importunar publicamente raça, gênero e capacidade física, a menos que, em algum nível, você ache que essas questões não são assim tão importantes. Simplesmente não pode fazer isso. Você não pode fazer isso, a menos que esteja disposto a sacrificar "o outro" pelo seu (esperado) ganho.

Mas não se tratam apenas dos eleitores de Trump e das histórias que eles podem ter contado a si mesmos. Nós também alcançamos esse estágio perigoso por causa das histórias sobre "o outro" que são contadas no lado progressivo do espectro político. Como aquela que sustenta que, quando lutamos contra a guerra, as mudanças climáticas e as desigualdades econômicas, isso automaticamente beneficiará mais os negros e os indígenas porque são eles as maiores vítimas do sistema atual.

Isso também não funciona. Temos um histórico longo e doloroso de movimentos de esquerda em busca de justiça econômica que estão deixando de fora os trabalhadores não brancos, indígenas e as mulheres.

Para construir um movimento realmente inclusivo é preciso que uma visão realmente inclusiva comece a partir dos mais brutalizados e excluídos, começando com eles e sendo liderada por eles. Rinaldo Walcott, um grande escritor e intelectual canadense, lançou um desafio há alguns meses aos liberais e esquerdistas brancos. Ele escreveu:

> As pessoas negras estão morrendo em nossas cidades, atravessando oceanos, em guerras por recursos que não foram feitas por nós (...) De fato, é óbvio que globalmente a vida das pessoas negras é descartável de uma maneira e em uma tendência que é radicalmente diferente daquela de outros grupos.
>
> É a partir dessa dura realidade de marginalização que quero propor que qualquer nova ação política no contexto norte-americano deva passar no que chamarei de teste da negritude. O teste da negritude é simples: exige que qualquer política vá ao encontro do requisito de melhorar as péssimas condições da vida das pessoas negras (...) Quando uma política não corresponder a esse teste, então saberemos que essa política falhou desde a primeira instância de sua proposta.

Vale a pena dedicar um bom tempo para pensar nisso. Eu sei que muitas vezes meu trabalho não foi aprovado nesse teste. Mas agora, mais do que nunca, aqueles de nós que falam sobre paz, justiça e igualdade devem estar aptos a enfrentar esse desafio.

Quando se trata de ação climática, está estupidamente nítido que não construiremos o poder necessário para vencer a não ser que incorporemos a justiça — particularmente a justiça racial, mas também a de gênero e econômica — no centro de nossas políticas de baixo carbono. O único caminho a seguir é o termo cunhado pela jurista feminista negra Kimberlé Crenshaw: interseccionalidade. Não podemos brincar de "minha crise é mais urgente que a sua" — a guerra triunfa sobre o clima; o clima triunfa sobre a classe; a classe triunfa sobre o gênero; o gênero triunfa sobre a raça. Meus amigos, é jogando esse jogo de triunfos que acabamos com Trump triunfando*.

Ou lutamos por um futuro do qual todos façam parte, começando pelos que são mais atingidos pela injustiça e exclusão hoje, ou continuaremos perdendo. E não há tempo para isso. Além do mais, quando fazemos essas conexões entre as questões (alterações climáticas, ca-

---

* N.E.: Em inglês, *trump* pode se referir a "triunfo" ou a "trunfo" (em jogos de cartas, naipe que prevalece sobre os outros).

pitalismo, colonialismo, supremacia branca e misoginia), existe uma espécie de alívio. Porque, na verdade, está tudo conectado, todos são trechos da mesma história.

Na semana passada, tudo isso passava por mim de maneira muito intensa quando visitei a Grande Barreira de Corais. Eu estava lá com o *The Guardian* para filmar um curta-metragem sobre essa maravilha natural, que atualmente se encontra em meio a uma vasta mortandade, diretamente relacionada ao aquecimento do oceano.* Observando a enorme quantidade de corais descoloridos e mortos, descobri que a maioria de meus pensamentos eram sobre meu filho de quatro anos, Toma, que ainda não sabe nadar e muito provavelmente nunca verá um recife próspero em sua vida.

Não tenho a menor dúvida de que as emoções mais fortes que emergem em mim sobre a crise climática têm a ver com ele e sua geração — o tremendo roubo intergeracional em andamento. Tenho visões de puro pânico sobre o clima extremo ao qual condicionamos nossas crianças. A tristeza pelas coisas que eles jamais conhecerão é ainda mais intensa. Eles estão crescendo em tempos de extinção em massa, roubados da companhia cacofônica de tantas formas de vida em rápido desaparecimento. A sensação é de uma solidão desesperadora.

Mas não era só nisso que eu estava pensando. Flutuando nas águas de Port Douglas, também me vi pensando no capitão James Cook. Pensando em todas as forças que se uniram exatamente na época em que o HMS Endeavour navegava por essas mesmas águas.

Todos vocês que estudaram bem a história australiana sabem que Cook chegou a Queensland em 1770. Apenas seis anos depois, o motor a vapor comercial da Watt entrou no mercado como uma máquina de

* Em 2016 e 2017, desencadeado pela elevação das temperaturas do oceano, a Grande Barreira de Corais foi submetida a um branqueamento em massa, responsável por transformar o que antes era uma festa de vidas coloridas e preciosas em um cemitério branco e fantasmagórico. Aproximadamente metade do vasto recife de corais morreu nesse período. Em abril de 2019, uma nova pesquisa foi publicada revelando que o recife não estava se recuperando. Como a revista *New Scientist* relatou: “em 2018, a quantidade de larvas de corais nos recifes caiu 89%, atingindo níveis históricos. ‘Coral morto não faz bebê’, diz Terry Hughes, que liderou o trabalho da Universidade James Cook, na Austrália.”

aceleração maciça da Revolução Industrial — agora movida por uma potente combinação de trabalho escravo nas colônias em parceria com o carvão que alimentava os motores a vapor comerciais. Nesse mesmo ano, 1776, Adam Smith publicou *A Riqueza das Nações*, o texto fundamental do capitalismo contemporâneo — bem a tempo de os Estados Unidos declararem sua independência da Grã-Bretanha.

Colonialismo, escravidão, carvão, capitalismo — todos fortemente combinados no período de seis anos, criando o mundo moderno.

O nascimento desse país chamado Austrália ocorreu precisamente no despertar do capitalismo movido a combustíveis fósseis. Nós deveríamos estar conectando os pontos, porque eles estão conectados — a apropriação de terras, os combustíveis fósseis que começaram a mudar nosso clima, as teorias econômicas e sociais que racionalizaram tudo isso. Em um sentido muito real, todos nós estamos vivendo no clima do capitão Cook, ou, pelo menos, naquele em que suas fatídicas viagens oceânicas desempenharam um papel absolutamente central na criação.

Em minha pesquisa para esse discurso, um detalhe em particular me impressionou: a vida do HMS Endeavour não começou como um navio da marinha ou científico, encarregado na missão de desvendar mistérios astrológicos e biológicos — e reivindicar vastas faixas de território para a coroa britânica sem consentimento indígena durante seu tempo livre. Não, o HMS Endeavour foi construído em 1764 para transportar carvão pelas vias navegáveis britânicas. Quando a marinha o comprou, o barco teve de ser extensivamente (e exorbitantemente) reequipado para ser adequado à viagem de Cook e Joseph Banks. De alguma forma, parece apropriado que o navio que reivindicou Nova Gales do Sul e Queensland tenha tido seu princípio de vida como um navio de carvão.

Por um acaso, é de se admirar que o governo australiano tenha um caso de amor desmedido com o carvão? É de se admirar que nem mesmo o branqueamento catastrófico da Grande Barreira de Corais, uma das maravilhas do mundo, possa ter conseguido inspirar o governo de Queensland a repensar sua confiança nessa rocha negra?

Ao aceitar esse prêmio, seis anos atrás, Vandana Shiva lembrou que as raízes de nossa crise se estabelecem "em uma economia que falha ao respeitar os limites éticos e ecológicos". Limites são um problema para nosso sistema econômico.

Extrair sem limites, como se não houvesse um esgotamento e nem consequências, é nossa cultura. Uma cultura de sempre tomar e ir embora.

E agora essa cultura de pegar e levar atingiu um ponto lógico de conclusão. A nação mais poderosa do mundo elegeu um usurpador como chefe de Estado, Donald Trump — um homem que se gabava publicamente de agarrar mulheres sem que elas consentissem; que declara sobre a invasão do Iraque: "Deveríamos ter pegado o petróleo deles", que se dane o direito internacional.

É claro que essa usurpação desenfreada não é uma característica particular de Trump. Nós vivemos a epidemia da usurpação: apropriação de terras, apropriação de recursos. Até mesmo uma apropriação do céu por meio de uma poluição extensa que não deixou nenhum espaço atmosférico para os países mais pobres se desenvolverem.

E agora estamos atingindo o limite máximo da usurpação. É isso que a mudança climática está nos dizendo. É o que nossas guerras sem fim estão nos dizendo. É isso que a vitória eleitoral de Trump está nos dizendo. Essa é a hora de colocar toda a energia que temos para transformar uma cultura de extração sem limites em uma cultura de consentimento e cuidado.

Cuidando do planeta e uns dos outros.

Fiquei incrivelmente honrada quando soube que havia recebido o Prêmio Sydney da Paz pelo meu trabalho relativos às alterações climáticas. Esse é um prêmio que já foi concedido a alguns de meus heróis pessoais — Arundhati Roy, Noam Chomsky, Vandana Shiva, Desmond Tutu, entre muitos outros. Um clube bem legal para se fazer parte.

Então, receber esse chamado me deixou muito emocionada. Mas, depois que a emoção baixou um pouco, as dúvidas vieram à tona. Uma delas era: por que eu? Meus escritos se baseiam no trabalho de tantos milhares de ativistas da justiça climática em todo o mundo e muitos estão envolvidos nessa causa há muito mais tempo do que eu. A outra dúvida era mais prática: ao aceitar um prêmio por fazer minha parte na luta contra a poluição, será que realmente posso justificar a poluição de transporte necessária para chegar até aqui e fazer com que isso aconteça? Para ser totalmente honesta com vocês, ainda não tenho certeza de que isso seja justificável.

Mas fui aconselhada por amigos e colegas australianos. Eles ressaltaram que seu governo ocupa a primeira posição na exportação de carvão do mundo, vendendo diretamente para os países onde as emissões crescem em maior velocidade. E no que concerne ao gás natural liquefeito, parece que vocês estão se direcionando para assumir o mesmo papel de liderança.

Mesmo quando outros países congelam e diminuem sua produção de carvão, o primeiro-ministro é desafiador. Ele diz que o plano é manter o curso do carvão "por muitas e muitas décadas" — se os objetivos climáticos de Paris tiverem a chance de ser cumpridos, esse é um tempo que ultrapassa em muito a previsão necessária para que todos nos livremos desse combustível poluente. No início desta semana, eu disse que a Austrália permanece cada vez mais solitária quando levanta para o mundo seu dedo médio sujo de fuligem. Infelizmente, esse é o momento em que terei de alterar essa declaração: com a mudança de Donald Trump para a Casa Branca, a partir de janeiro, Malcolm Turnbull terá uma companhia nessa empreitada.

Quando fui aconselhada pelos amigos australianos, eles me disseram que o megafone que vem junto deste prêmio poderia ser útil para apoiar os trabalhos que eles vêm desenvolvendo — esforços cruciais para interromper novos projetos de combustíveis fósseis, como a colossal mina de carvão Carmichael no território Wangan e Jagalingou. E cruciais também para parar o Gasoduto do Norte, que abriria vastas áreas do Território do Norte para o fraturamento hidráulico industrial.

Essa resistência é de importância global, porque esses megaprojetos referem-se a enormes reservatórios do que chamamos agora de "carbono não queimado", dióxido de carbono e metano que, se extraídos e queimados, não apenas acabarão com os já irrisórios compromissos climáticos firmados pela Austrália, mas também estourarão o orçamento global de carbono da mesma forma. A matemática é muito clara: em Paris, nossos governos (até o daqui) concordaram com o objetivo de manter o aquecimento abaixo de 2° C, enquanto buscavam "esforços para limitar o aumento da temperatura a 1,5° C".

Essa meta — uma meta ambiciosa — faz com que toda a humanidade fique confinada em um orçamento de carbono. Se queremos atingir tais metas, dando às nações insulares uma chance de sobreviver, essa é a quantidade total de carbono que pode ser emitida. E agora, graças à impactante pesquisa da Oil Change International em Washington, D.C., sabemos que, se queimarmos todo o petróleo, gás e carvão de campos e minas que já estão em produção, é muito provável que ultrapassemos os 2° C de aquecimento e certamente passaremos os 1,5° C.

O que não pode ser feito sob nenhuma circunstância é precisamente o que a indústria de combustíveis fósseis está determinada a fazer e o que o seu governo tem a intenção de ajudá-los a realizar: cavar novas minas de carvão, abrir novos campos de fraturamento hidráulico e afundar novas plataformas de perfuração offshore. Tudo isso precisa ser deixado para trás.

Do lado oposto está o que devemos fazer: diminuir cuidadosamente as atividades dos projetos existentes de combustíveis fósseis, ao mesmo tempo em que as energias renováveis são rapidamente alavancadas até que, em meados do século, as emissões globais tenham sido globalmente reduzidas a zero. A boa notícia é que, com as tecnologias existentes, já podemos fazer isso. A boa notícia é que, na mudança para uma economia pós-carbono, podemos criar milhões de empregos bem remunerados em todo o mundo — em fontes renováveis, em transporte público, em eficiência, em novas urbanizações, em limpar a terra e água que foram poluídas.

A melhor de todas as notícias é que, à medida que transformamos a forma como geramos energia, como nos deslocamos pelos espaços, como cultivamos nossos alimentos e como vivemos nas cidades, temos uma oportunidade histórica de construir uma sociedade mais justa em todas as frentes e onde todos são valorizados. E eis como pode ser feito. Sempre que possível, garantimos que nossa energia renovável venha de fornecedores e cooperativas controlados pela comunidade, para que as decisões sobre o uso da terra sejam tomadas de forma democrática e os lucros da produção de energia sejam usados para custear os serviços de necessidades básicas.

Sabemos que, nos últimos 200 anos, as pessoas mais pobres e vulneráveis foram aquelas que pagaram o maior preço pela nossa dependência da energia poluente, principalmente as pessoas não brancas, muitas delas indígenas. Aquelas cujas terras foram roubadas e envenenadas por mineração. E nas comunidades urbanas mais pobres estão localizadas as refinarias e usinas de energia mais poluentes.

Então, sim, nós podemos e devemos insistir para que, na hora que os fundos públicos sejam recebidos e a gestão dos projetos de energia ecológica seja direcionada, as comunidades indígenas e outras linhas de frente sejam as primeiras da fila — com empregos, lucros e habilidades permanecendo nessas comunidades. Essa tem sido uma exigência central do movimento pela justiça climática, liderado por comunidades não brancas. Isso já está começando a acontecer em uma base ad hoc. Mas, muito frequentemente, a responsabilidade pelo crescimento das finanças é relegada às comunidades já subfinanciadas. Essa situação está de cabeça para baixo: justiça climática significa que estamos em dívida com essas comunidades e os recursos públicos que devemos são apenas uma gota no oceano de reparação.

A justiça climática também significa que os trabalhadores de setores com alto teor de carbono, muitos dos quais sacrificaram sua saúde em minas de carvão e refinarias de petróleo, devem ser participantes plenos e democráticos nessa transição baseada na justiça. O princípio norteador deve ser: nenhum trabalhador será deixado para trás.

Seguem aqui alguns exemplos do meu país. Há um grupo de petroleiros nas areias betuminosas de Alberta que deram início a uma organização chamada Iron and Earth. Eles estão reivindicando ao nosso governo que os trabalhadores demitidos da indústria de petróleo possam voltar a trabalhar tendo um novo treinamento nas instalações de painéis solares, começando pelos prédios públicos, como escolas. É uma ideia elegante, e quase todo mundo que a escuta decide apoiá-la.

Enquanto isso, nosso sindicato dos trabalhadores dos correios tem se deparado com uma pressão para que as agências postais sejam fechadas, restringindo a entrega de correspondência e talvez até ocasionando a venda de todo o serviço à FedEx. Como sempre, austeridade. Mas, em vez de lutar pelo melhor negócio possível sob essa lógica fracassada, eles elaboraram um plano visionário para que todos os correios do país se tornassem um centro para a transição ecológica — um lugar onde você pode recarregar veículos elétricos e ignorar os grandes bancos, obtendo um empréstimo para iniciar uma cooperativa de energia; e onde toda a frota de entrega não é apenas elétrica e fabricada no Canadá, como também faz mais do que entregar correspondências: entrega produtos cultivados localmente e confirma se está tudo bem com os idosos.

Esses são planos concebidos através de uma lógica *bottom up* (de baixo para cima) e democrática para uma transição justa baseada no desligamento dos combustíveis fósseis. E precisamos que eles sejam desenvolvidos em todos os setores (da assistência médica à educação e à mídia) e multiplicados ao redor do mundo.

Vocês diriam que o preço para financiar tudo isso parece salgado? Que bom que vivemos em uma época de riquezas privadas sem precedentes! Como aperitivo, podemos e devemos pegar os lucros provenientes dos últimos dias de vida dos combustíveis fósseis para gastá-los na justiça climática; para subsidiar transporte público gratuito e energia renovável acessível; para ajudar as nações pobres a ultrapassarem os combustíveis fósseis, indo direto para as fontes de energia renovável; e para apoiar os imigrantes refugiados de suas terras em razão das guerras pelo petróleo, dos péssimos acordos comerciais, das secas e outros impactos agravantes das mudanças climáticas e do envenenamento dessas terras por empresas de mineração, muitas com sede em países ricos como o meu e o seu.

A conclusão é a seguinte: conforme ficamos limpos, temos de ser justos. Mais do que isso, conforme ficamos limpos, podemos começar a reparar os crimes que fundaram nossas nações: roubo de terras, genocídio, escravidão. Sim, estamos falando das coisas mais pesadas. Porque não procrastinamos apenas na realização da ação climática durante todos esses anos. Temos procrastinado e adiado as demandas mais básicas de justiça e reparação. E já perdemos tempo em todas as frentes.

Tudo isso deve ser feito porque é certo e justo, mas também porque é inteligente. A dura verdade é esta: os ambientalistas não podem vencer sozinhos as lutas de redução de emissões. Ninguém está sendo depreciado; o que acontece é que o fardo é pesado demais. Essa transformação representa uma revolução na maneira como vivemos, trabalhamos e consumimos.

Serão necessárias alianças poderosas entre todos os braços da coalizão progressista para que esse tipo de mudança seja alcançado: sindicatos, direitos dos imigrantes, direitos indígenas, direitos à moradia, transporte, professores, enfermeiros, médicos, artistas. Para que tudo mude, é preciso que todo mundo participe.

E para construir esse tipo de coalizão, tem de ser sobre justiça: justiça econômica, justiça racial, justiça de gênero, justiça migratória, justiça histórica. Não como reflexões posteriores, mas como princípios motores. Isso só acontecerá quando aprendermos com aqueles que foram mais impactados sobre o que significa uma liderança real. Em uma outra noite aqui em Sydney, o jovem e incrível líder indígena, Murrawah Johnson, estando bem no centro da luta contra a mina de Carmichael, falou precisamente desse ponto: “As pessoas precisam aprender a ser lideradas.”

Não porque é “politicamente correto”, mas porque, no aqui e agora, a única coisa capaz de motivar os movimentos populares a colocar seu coração e alma para lutar é a justiça. Não estou falando sobre ir a uma marcha ou assinar uma petição, embora também exista um lugar para isso. Estou falando do trabalho sustentável, diário e de longo prazo da transformação social. É a sede de justiça — a necessidade corporal desesperada por justiça — que cria movimentos como esse.

Precisamos de guerreiros nesta luta, e os guerreiros não enfrentam o acúmulo de carbono na atmosfera, pelo menos não por conta própria. Os guerreiros defendem o direito à água potável, a boas escolas, à necessidade de empregos bem remunerados e o direito à assistência médica universal. Os guerreiros defendem a reunificação de famílias separadas por guerras e políticas cruéis de imigração.

Vocês já sabem que não haverá paz sem justiça — esse é o princípio central da Sydney Peace Foundation. Mas, da mesma forma, eis aqui o que precisamos entender: também não existe nenhuma ruptura das mudanças climáticas sem que haja justiça.

Talvez eu deva me desculpar por esse tipo de discussão em um evento que celebra a paz. Mas temos que deixar claro que estamos falando de lutar, e essa luta precisa desesperadamente de um espírito guerreiro. Porque, da mesma forma que a humanidade tem muito a ganhar com essa batalha, as empresas de combustíveis fósseis têm muito a perder. Todo esse carbono não queimado representa trilhões em rendimentos. Todos os anos, nas reservas atuais e nas novas reservas, gastam-se dezenas de bilhões na busca por esse carbono.

E os políticos que apostaram a sua parte nesses interesses também têm muito a perder. Doações de campanha, com certeza. O benefício dessa porta giratória entre o cargo eleito e o setor extrativista também. Mas talvez o mais importante: o dinheiro que irrompe quando você não precisa pensar nem planejar — só cavar. Agora mesmo, a Austrália está obtendo lucros extraordinários com a exportação de carvão para a China. Não é a única maneira de encher os cofres do governo, mas certamente é a mais preguiçosa: sem planejamentos industriais irritantes, sem aumento de impostos ou royalties sobre as corporações e os bilionários que têm os recursos para comprar infinitas propagandas de ataque.

Tudo o que você precisa fazer é distribuir licenças, reverter algumas leis ambientais, impor novas restrições draconianas aos protestos, chamar os desafios legítimos dos tribunais de "guerra jurídica verde", detonar os ambientalistas sem parar na imprensa de Murdoch, e você está pronto.

É por isso que não devemos nos surpreender com a avaliação devastadora oferecida por Michael Forst, o relator especial da ONU sobre a situação dos defensores dos direitos humanos, feita no mês passado. Depois de uma visita à Austrália, ele escreveu:

> Eu fiquei impressionado ao observar os indícios crescentes de uma série de medidas cumulativas que exerceram enorme pressão sobre a sociedade civil australiana (...) Fiquei espantado ao observar o que se tornou uma frequente difamação pública dos defensores dos direitos humanos pelos altos funcionários do governo, em uma aparente tentativa de deslegitimá-los, intimidando-os e desencorajando-os de seu trabalho legítimo.

É, de fato, surpreendente que muitas das pessoas que estão fazendo o trabalho mais crucial neste país — protegendo os mais vulneráveis e defendendo ecologias frágeis do ataque industrial — estejam enfrentando uma espécie de guerra suja. E sabemos muito bem que não é preciso muito para que esse tipo de guerra política e midiática se transforme em uma guerra física, com fatalidades muito reais.

É isso o que estamos assistindo ao redor do mundo, quando os defensores de terra, de Honduras ao Brasil, tentam interromper as minas, o desmatamento e as megabarragens. Nós vimos isso na Índia e nas Filipinas, quando algumas comunidades tentaram parar as usinas de carvão porque elas são uma ameaça para suas águas e seus pântanos. A guerra não é metafórica, ela é uma guerra real, com munições reais e letais disparadas contra os corpos das pessoas que estão atravancando o caminho das escavadeiras.

Segundo a ONG Global Witness, essa guerra mundial está piorando: ela relata que "Em 2015, mais de três pessoas foram mortas por semana enquanto defendiam suas terras, florestas e rios contra as indústrias destrutivas (...) Esses números são chocantes e trazem a evidência de que o meio ambiente está emergindo como um novo campo de batalha para os direitos humanos. Em todo o mundo, a indústria está penetrando em novos territórios de forma cada vez mais profunda (...) E as comunidades que se posicionaram a respeito encontram-se progressivamente na linha de fogo da segurança privada das empresas, das forças estatais e de um mercado próspero para assassinos de aluguel". Estima-se que cerca de 40% das vítimas são indígenas.*

E não vamos querer nos enganar dizendo que isso só acontece nos chamados países em desenvolvimento. Agora mesmo, em Dakota do Norte, Estados Unidos, estamos assistindo a guerra pelo planeta se agravar no momento em que a polícia e a segurança privada parecem ter acabado de se retirar de um campo de batalha em Faluja, reprimindo brutalmente um movimento indígena não violento pela proteção da água.

Os Sioux de Standing Rock estão tentando parar a construção de um oleoduto que impõe uma ameaça muito clara ao abastecimento de água e cuja operação nos impulsionaria a um aquecimento que desestabilizaria o planeta. Por esse motivo, defensores de terras sem armas foram baleados com balas de borracha, borrifados com spray de pimenta e outros gases, atingidos por canhões sonoros, atacados por cães, colocados no que foi descrito como canis, revistados e presos.

Meu medo é o de que essa difamação dos defensores de terra que estamos vendo acontecer aqui na Austrália prepare o terreno para ataques como esses — todas as várias tentativas de deslegitimização,

---

* Com a eleição de Jair Bolsonaro como o presidente do Brasil, essa guerra entrou em uma nova fase ainda mais letal. Bolsonaro fez com que a abertura da Amazônia a um desenvolvimento irrestrito se tornasse uma prioridade máxima e atacou os direitos à terra indígena, declarando em tom ameaçador que "vamos dar uma espingarda e uma licença de porte de armas para todos os agricultores".

muitas vezes sobrepostas, baseadas na construção pela mídia de perfis explicitamente racistas do povo indígena, somadas a um estado de segurança cada vez mais draconiano.

Portanto, mesmo que eu continue me sentindo constrangida em relação à queima de carbono que gastei no meu voo, estar aqui me deixa mais do que feliz, nem que seja para desempenhar o confuso papel de estrangeira intrometida que diz: “Esperem um pouco. Sabemos onde isso vai parar, e esse caminho que vocês estão tomando é arriscado.” Este país tão bonito e lindamente diverso merece algo melhor.

Ah, e sobre essa ideia de que, de alguma forma, o seu carvão é um presente humanitário para a população pobre da Índia? Isso tem que parar. A Índia está sofrendo mais do que quase qualquer outro lugar do mundo pela poluição do carvão e as alterações climáticas fomentadas pela sua queima. Alguns meses atrás, Délhi estava tão quente que algumas das estradas derreteram. Desde 2013, mais de quatro mil indianos morreram nas ondas de calor. Nesta semana, eles fecharam todas as escolas em Délhi porque a poluição era tão espessa que eles tiveram de declarar uma emergência.

Enquanto isso, o preço da energia solar despencou 90%, e agora ela é uma opção mais viável para eletrificação do que o carvão, principalmente porque exige menos infraestrutura e se adéqua tão bem ao controle da comunidade. Muitas comunidades estão exigindo isso, mas na Índia, como em outros lugares, a maior barreira é a ligação entre o Governo Poderoso e o Carbono Poderoso: quando as pessoas podem gerar sua própria eletricidade a partir de painéis em seus telhados e até mesmo alimentar essa energia de volta em uma microrrede, elas deixam de ser clientes de gigantescas empresas de serviços, elas são concorrentes. Não é de se admirar que tantas barreiras estejam sendo impostas nessa estrada: nada agrada mais as empresas que um mercado fiel.

É esse cenário acolhedor que os movimentos dos direitos indígenas e da justiça climática ameaçam virar do avesso. E nós vamos virar — mas, enquanto celebramos a paz, precisamos deixar bem claro que essa será a luta de nossa vida.

TEMPORADA DE FUMAÇA

Começou a me chamar a atenção como tudo isso é precário; essa história de não estarmos em chamas.

SETEMBRO DE 2017

NESTES DIAS, É COMPREENSÍVEL QUE AS PRINCIPAIS NOTÍCIAS SOBRE O MUNDO natural sejam relacionadas à água.

Ouvimos falar que a mistura entre os petroquímicos e as quantidades recordes de água arremessadas pelo furacão Harvey provocou uma escala inimaginável de poluição e envenenamento em Houston e em outras cidades e metrópoles do Golfo. Também ouvimos falar das inundações épicas que deslocaram centenas de milhares de pessoas de Bangladesh a Nigéria (apesar de não ouvirmos o suficiente). E mais uma vez estamos testemunhando a temível força da água e do vento enquanto o furacão Irma se apresenta como uma das tempestades mais poderosas registradas, deixando um rastro de devastação no Caribe e já mirando a Flórida como próximo alvo.

No entanto, a água passa longe de ser o assunto principal para grande parte da América do Norte, Europa e África neste verão. Na verdade, o foco está na sua ausência; na terra estar tão seca e o calor ser tão opressivo a ponto de as montanhas arborizadas soltarem fumaça como vulcões. Nos incêndios com força suficiente para atravessar o rio Columbia, com velocidade suficiente para iluminar os arredores de Los Angeles como um exército invasor e com uma disseminação suficiente para ameaçar tesouros naturais, como o Parque Nacional Glacier e as sequoias mais altas e mais antigas.

O verão de 2017 ficou marcado como o verão do fogo para milhões de pessoas, desde a Califórnia até a Groenlândia, de Oregon a Portugal, da Colúmbia Britânica a Montana, da Sibéria à África do Sul. E mais do que qualquer outra coisa, foi o verão da fumaça onipresente e inescapável.

Durante anos, os cientistas climáticos nos alertaram de que um mundo em aquecimento é um mundo extremo, e nesse mundo a humanidade é fustigada tanto pelos excessos brutais quanto pelas ausências sufocantes dos elementos essenciais que costumavam manter a fragilidade da vida em equilíbrio por milênios. No final do verão de 2017, com grandes cidades submersas na água e outras engolidas pelas chamas, estamos vivendo a primeira demonstração deste mundo extremo, em que os extremos naturais estão páreo a páreo com os extremos sociais, raciais e econômicos.

#CLIMAFAKE

Chequei a previsão do tempo antes de chegar à Sunshine Coast, na Colúmbia Britânica, uma faixa litorânea irregular caracterizada pelo verde-escuro persistente das florestas que se unem aos rochedos e às praias cobertas por troncos flutuantes, os restos charmosos das madeireiras em suas décadas de operações desleixadas. Acessível apenas por balsa ou hidroavião, esta é a parte do mundo em que meus pais moram, onde meu filho nasceu e onde meus avós estão enterrados. Apesar da familiar sensação de estar em casa, agora nós só ficamos aqui durante algumas semanas no ano.

O *site* meteorológico do governo do Canadá previu que a próxima semana seria gloriosa: um período de sol constante, céu azul e temperaturas acima da média. Imaginei tardes quentes remando no Pacífico com o combo de noites estreladas.

Mas quando chegamos lá, no início de agosto, um tenebroso cobertor branco havia tomado conta da costa, e com a temperatura que fazia dava até para usar um suéter. As previsões erram com certa frequência, só que isso é mais complicado. Acima da sujeira, em algum lugar lá em cima, o céu *estava* sem nuvens. O sol *estava* particularmente quente. No entanto, os meteorologistas não contavam com o fator que interferiu nessas verdades: grandes quantidades de fumaça, sopradas de mais de 600 quilômetros do interior da província, aonde estão acontecendo cerca de 130 incêndios incontroláveis.

A fumaça que desceu foi suficiente para transformar o azul turquesa do céu nesse branco denso e ininterrupto. Foi suficiente para refletir uma boa porção do calor solar de volta ao espaço, empurrando artificialmente as temperaturas para baixo. Foi suficiente para transformar o próprio Sol em uma demarcação irritada de fogo vermelho cercada por uma auréola estranha, incapaz de queimar através da neblina implacável. Foi suficiente para apagar as estrelas. Foi suficiente para absorver qualquer possível pôr do sol. No final do dia, a bola vermelha desaparece abruptamente, apenas para ser substituída por uma estranha lua laranja ocre.

A fumaça criou seu próprio sistema climático, tão poderoso a ponto de transformar não apenas o clima da região em que estamos, mas também um trecho de território que parece cobrir cerca de 200 mil quilômetros quadrados. E a fumaça, essa mancha gigante que aparece nas imagens de satélite, não respeita os limites de fronteiras: além de praticamente um terço da Colúmbia Britânica ter sido sufocado, grandes partes do noroeste do Pacífico, incluindo Seattle, Bellingham, e Portland, em Oregon, também o foram. Na era do *#FakeNews*, esse é o #ClimaFake, uma bagunça no céu que em grande parte foi criada pela ignorância tóxica e pela negligência política.

O governo emitiu alertas sobre a qualidade do ar de ponta a ponta na costa, incitando que as pessoas evitassem atividades extenuantes. Fora isso, depois de um certo limiar, as partículas finas na atmosfera são oficialmente inseguras, ruins o suficiente para causar problemas de saúde. O ar encontra-se três posições acima desse limiar de segurança em partes de Vancouver, sendo significativamente pior em algumas comunidades costeiras menores. As pessoas idosas e outras populações sensíveis estão sendo pressionadas a permanecerem dentro de casa — ou, melhor ainda, a se deslocarem para algum lugar que tenha um sistema decente de filtragem de ar. Um passeio no shopping é recomendado por um funcionário local.

INTERIOR INFERNAL

A qualidade do ar é bem pior no epicentro do desastre, onde as chamas estão mais próximas. Considera-se inseguro qualquer valor acima de 25 microgramas de partículas finas por metro cúbico. A cidade que atualmente abriga muitos dos evacuados, Kamloops, marca em média 684,5 microgramas por metro cúbico. Esse número é capaz de rivalizar com alguns dos piores dias de Pequim. Os voos das companhias aéreas estão sendo cancelados, e os postos de saúde estão lotados pelas pessoas que sofrem de problemas respiratórios.

Segundo a Cruz Vermelha, desde que esse desastre começou, cerca de 840 incêndios individuais foram iniciados, fazendo com que, neste momento, cerca de 50 mil pessoas sejam forçadas a evacuar suas casas. No início de julho, o governo declarou um raro estado de emergência que já havia sido prorrogado duas vezes desde nossa chegada. Centenas de estruturas foram destruídas, e algumas comunidades inteiras, incluindo reservas indígenas, foram reduzidas a cinzas.

Cerca de 3.100 quilômetros quadrados de florestas, fazendas e pradarias queimaram até então. Na história da Colúmbia Britânica, esse se torna o segundo maior desastre de incêndio — e como ele continua se fortalecendo, o recorde de todos os tempos está bem perto de ser alcançado.

Eu ligo para um amigo em Kamloops. "Quando se tem a possibilidade, todas as pessoas estão levando seus filhos para longe, especialmente as crianças pequenas."

Isso coloca as coisas em perspectiva para nós na costa. Aqui pode estar enfumaçado, mas, ainda assim, nós temos muita sorte.

ISSO VAI PASSAR

Desde o Ano Novo e a nova administração dos EUA, não tiro um dia de folga, muito menos um fim de semana. Como tantos outros, participei de demasiadas reuniões e de marchas até meus pés criarem bolhas. Escrevi um livro em um turbilhão, depois entrei em turnês com ele. Meu marido Avi e eu ajudamos a dar início a uma nova organização política, *The Leap*. Durante o inverno e a primavera, o mantra de nossa família se tornou: "Férias em C.B. (Colúmbia Britânica)." Era a luz no fim do túnel (mesmo que temporária), e estávamos com tudo planejado para largar tudo e cair de cabeça ali. Também foi assim que fizemos com que nosso filho de cinco anos, Toma, continuasse firme com a gente no jogo. Enquanto ainda estávamos nas noites frias do leste, mapeamos todas os passeios nas florestas que iríamos fazer, as viagens de canoa, os mergulhos. Imaginamos as amoras que colheríamos, as tortas que assaríamos. Listamos os avós, as tias, os tios, os primos e os velhos amigos que visitaríamos.

Em nossa casa, essa pausa (meus colegas de trabalhos mais jovens chamam isso de "autocuidado") ganhou qualidades míticas. Talvez isso explique por que eu ainda estou um pouco lenta para processar a gravidade dos incêndios — e a fumaça.

No primeiro dia, tenho certeza de que o Sol afastará a fumaça quando der meio-dia. Ao anoitecer, anuncio que pela manhã tudo isso passará e pelo menos um vislumbre do céu aparecerá. Na primeira semana, todos os dias recebem minhas saudações esperançosas, convencida de que essa luz pálida que está nos espreitando através das cortinas é apenas uma névoa da manhã. Todo dia que passa, estou errada.

A plácida previsão do tempo que parecia tão promissora antes de viajarmos acaba se tornando uma maldição. Os dias ensolarados e sem vento significam que, uma vez que a fumaça se estabelece sobre nossa cabeça, ela estaciona ali como um teto externo e imóvel. Dia após dia após dia.

Minhas alergias estão enlouquecendo. Fico lavando meus olhos com colírio e uso anti-histamínicos bem além da dosagem recomendada. Começam a surgir urticárias tão severas em Toma que ele precisa de esteroides.

Toda hora eu fico tirando meus óculos e os limpando. Primeiro esfrego com minha blusa, depois com um pano de microfibra, até chegar no adequado limpador de vidro. Nada ajuda. Nada faz a mancha desaparecer.

SAUDADES DO AZUL

Uma semana após a névoa branca, tenho a sensação de que o mundo parece pequeno. A vida que existe além da fumaça começa a parecer um boato. Quando estamos na beira do oceano, geralmente é possível olhar através do Mar de Salish para a Ilha Vancouver. Agora nos esforçamos para ver um afloramento de rocha que está apenas a alguns metros de distância do litoral.

Estive nesta costa por invernos inteiros quando mal se podia ver o Sol. Aprendi a amar a beleza férrea, os infinitos tons de cinza esculpidos nas montanhas, o céu baixo e o movimento da névoa. Mas isso é diferente. Falta uma qualidade de vida na fumaça; ela apenas fica ali, imóvel e monótona.

Muitas pessoas neste planeta aprenderam a conviver com os cobertores de fumaça em grandes cidades poluídas, como Pequim, Nova Délhi, São Paulo e Los Angeles. A fumaça que vem dos incêndios é um pouco diferente. Em parte, porque você sabe que não está respirando a poluição das usinas de energia ou os gases de escape dos carros, mas, sim, a fumaça das árvores que até pouco tempo atrás estavam vivas. Você está respirando floresta morta.

Decidi que os animais estão deprimidos. As focas parecem levantar a cabeça de uma maneira puramente utilitarista, apenas para pegar um ar e depois desaparecer novamente sob a superfície cinza. Elas não brincam. Estou convencida de que as águias estão voando porque essa é sua função, não porque elas estão se divertindo — nada de planar ou fazer windsurf. Não duvido de que estou imaginando tudo isso, projetando, antropomorfizando — é um mau hábito que carrego.

Envio um e-mail a um amigo em Seattle, um ambientalista de destaque, para perguntar como ele está se saindo com a fumaça. Ele relata que os pássaros pararam de cantar, e ele fica com raiva o tempo todo. Pelo menos eu não sou a única.

E SE NÓS FORMOS OS PRÓXIMOS?

Começou a me chamar a atenção como tudo isso é precário, essa história de não estarmos em chamas.

Essa parte da Colúmbia Britânica, que tecnicamente é uma floresta tropical temperada, tornou-se um barril de pólvora. Nesse verão, menos de meia polegada de chuva caiu até agora. Geralmente a cobertura do solo da floresta é úmida e esponjosa, agora ela está amarela, desidratada e árida sob os pés. Você pode sentir o cheiro inflamável.

Por todas as estradas vemos placas amarelas que anunciam a proibição total de fogueiras. Toda vez que ligamos o rádio, ouvimos avisos cada vez mais frenéticos sobre fogueiras, cigarros jogados para fora de carros e fogos de artifício. Quando um cara bêbado resolveu soltar fogos de artifício para celebrar o fato de que sua casa havia sobrevivido a uma varredura de fogo — o que poderia muito bem ter causado outro incêndio —, ele ganhou uma noite na prisão e mais de mil dólares em multas.

É evidente que uma tempestade de raios ou dois campistas descuidados seriam o suficiente para acabar com esse lugar. Nós já chegamos perto disso outras vezes. Dois anos atrás, a cerca de 20 minutos daqui, um grave incêndio florestal ameaçou parte da costa, tirando a vida de um morador local que estava ajudando a combater as chamas. No entanto, apesar dos anos que passei morando nesse lugar, até esta semana, eu realmente nunca havia dedicado um tempo para pensar sobre quais seriam as consequências caso um incêndio como esse saísse de controle. Agora eu sei, e é perturbador. Durante todo o ano,

Sunshine Coast tem uma população de 30 mil pessoas, atendidas por uma única estrada que termina em uma doca de balsa. Como é que uma evacuação de emergência pode funcionar em um lugar sem estradas?

Pergunto a amigos locais. Eles parecem preocupados e falam sobre quem tem que tipo de barco de pesca.

UMA MORTE NO CAMPO DE MIRTILO

Nove dias dentro da névoa branca e algumas notícias terríveis aparecem. Em uma das áreas atingidas pela fumaça, um trabalhador agrícola de Sumas, Washington (a menos de 1,6 km da fronteira canadense), morreu em um hospital de Seattle. Com um visto temporário H-2A, Honesto Silva Ibarra veio do México aos Estados Unidos para trabalhar durante a temporada de safra. Ele tinha 28 anos e começou a passar mal quando estava colhendo mirtilos nas Fazendas Sarbanand, geridas pela empresa com sede na Califórnia, Munger Farms.

Seus colegas de trabalho culpam as inseguras condições de trabalho pela morte de Silva: longas jornadas, poucas pausas, comida e água potável insuficientes — tudo isso combinado à chegada da fumaça densa da Colúmbia Britânica. "Os trabalhadores estão sobrecarregados, mal alimentados, não estão suficientemente hidratados, e isso já está acontecendo há semanas", disse Rosalinda Guillen, diretora do grupo de advocacia Community to Community Development. Eles disseram aos repórteres que alguns trabalhadores desmaiaram no trabalho.

Um representante da Munger Farms alega que Silva morreu pela falta de medicação para diabetes e que a fumaça do incêndio e o calor não tinham "nada a ver" com o que aconteceu. A empresa também afirma que fez tudo o que pôde para salvá-lo.

Seja qual for a causa (ou causas) da morte, a maneira como a empresa tratou os colegas de trabalho de Silva quando eles levantaram suas queixas é uma janela arrepiante para o nível de precariedade que a vida pode assumir para os milhares de trabalhadores imigrantes na América. Depois que Silva foi hospitalizado, os trabalhadores promoveram uma greve de um dia para exigir respostas e melhores condições de trabalho. Imediatamente, 66 deles foram demitidos por insubordinação. Eles ficaram sem o pagamento pelos seus últimos dias de trabalho e não tinham meios para retornar às suas casas no México. Os trabalhadores só receberam seus salários após organizarem um acampamento de protesto, marcharem para os escritórios da empresa e atraírem a mídia local. Assim, a Munger "voluntariamente se ofereceu para fornecer um meio de transporte seguro para que todos os trabalhadores demitidos pudessem retornar às suas casas", de acordo com o porta-voz da empresa.

Mas não conseguiram de volta os empregos de que tanto precisavam. A Munger é responsável pelo fornecimento de redes como Walmart, Whole Foods, Safeway e Costco.

Ao norte da fronteira, existem relatos semelhantes de trabalhadores temporários desmaiando e ficando doentes no trabalho — com a fumaça definitivamente colaborando para agravar essa situação. E os advogados apontam que, em vez de serem cuidados, seus empregadores costumam enviar os trabalhadores que estão doentes de volta para casa como mercadorias defeituosas. De acordo com a Corporação de Radiodifusão do Canadá, pelo menos dez trabalhadores na quente e esfumaçada Colúmbia Britânica foram enviados de volta ao México e à Guatemala, "considerados doentes demais para trabalhar".

COMO SEMPRE, UM DESASTRE EXTREMAMENTE SEGMENTADO

Várias e várias vezes nós aprendemos a mesma lição: em sociedades altamente desiguais, onde as profundas injustiças tracejam fielmente as fronteiras étnicas, os desastres não conseguem nos unir em uma única e difusa família humana. Durante, e depois, eles concedem doses extras de dor às pessoas que, antes mesmo do desastre acontecer, já se ferravam mais do que todo mundo, ampliando as divisões preexistentes com uma intensidade ainda maior.

Nós sabemos um pouco sobre como isso se apresenta durante tempestades como Katrina, Sandy, Harvey e Irma. Quanto ao fogo, nós entendemos menos. Mas isso está mudando. Por exemplo, sabemos que, à medida que a Califórnia luta contra uma temporada de incêndios sem fim, o estado se torna intensamente dependente do trabalho nas prisões, já que os presos realizam um dos serviços mais perigosos de combate ao fogo pela taxa horária incrivelmente baixa de um dólar. Nós sabemos que, em 2016, centenas de trabalhadores sul-africanos foram contratados para ajudar a combater o incêndio de Fort McMurray em Alberta — tão somente para interromper em massa logo após descobrirem que estavam recebendo salários significativamente menores do que seus colegas canadenses e menos do que o valor que era alegado pelos relatórios da imprensa. Foram enviados prontamente de volta para casa.

Da mesma forma que acontece nas inundações, nós também sabemos que nossa mídia concede um espaço muito maior de cobertura para o resgate de animais domésticos em incêndios nos Estados Unidos e no Canadá do que às vidas humanas perdidas nas chamas infernais da Indonésia ou do Chile. Em 2012, um estudo global estimou que, principalmente na África Subsaariana e no Sudeste Asiático, mais de 300 mil pessoas morrem anualmente como resultado da poluição do ar e da fumaça dos incêndios.

E neste verão, na Colúmbia Britânica, aprendemos ainda mais sobre o modo como as desigualdades se intensificam contra um cenário ardente. Durante as emergências de incêndio, seja no combate às chamas ou na reconstrução posterior, várias preocupações foram levantadas por líderes indígenas em relação ao nível de resposta urgente que suas comunidades receberiam em comparação com as não indígenas. Tendo isso em mente, várias reservas indígenas diretamente ameaçadas pelo incêndio se recusaram a evacuar, parte delas tendo permanecido para combater as chamas — algumas com seus próprios equipamentos e equipes de bombeiros, outras com poucas coisas além de mangueiras de jardim e irrigadores. Em pelo menos um caso, a polícia respondeu com ameaças de que entraria no território e removeria as crianças de suas famílias, palavras que reverberam de maneira traumática em um país que até pouco tempo atrás retirava sistematicamente as crianças indígenas de suas casas por questões políticas.

No final, nenhuma casa dos povos originários foi invadida e muitas foram salvas por causa de brigadas de incêndio auto-organizadas. Ryan Day, responsável pela Bonaparte Indian Band, disse: “Não teríamos mais casas nessa reserva se todos evacuássemos.”

UM MUNDO COM DOIS SÓIS

Já faz quase uma semana desde que a fumaça subiu, e a Lua está prestes a ficar cheia. As pessoas levam a sério a lua cheia por aqui. Existem festas dançantes estimuladas por drogas na floresta e passeios de caiaque à noite, aproveitando a iluminação extra da Lua.

Mas no início de agosto, quando a Lua quase cheia começa a surgir, em um primeiro momento eu penso ter visto o Sol: tem a mesma forma e praticamente a mesma cor ardente.

Por cerca de quatro dias, parece que estamos em um planeta diferente, um com dois sóis vermelhos e sem nenhuma lua.

FRUTA AZEDA

É a segunda semana do teto de fumaça, e finalmente as amoras estão maduras. Partimos para a colheita. Com o ar tão denso e as notícias tão sombrias, dá uma sensação estranha manter esse ritual de verão despreocupado, mas, mesmo assim, nós seguimos. Para Toma, uma de suas atividades favoritas de todos os tempos é combinar longas caminhadas com comilança sem fim.

Acaba sendo um fracasso. Até as frutas mais maduras estão azedas com tão pouca chuva e um sol tão fraco para aquecê-las. Rapidamente, Toma perde o interesse e se recusa a continuar tentando. Quando chegamos em casa, temos arranhões nas canelas e bolsos vazios.

No entanto, não interrompemos as caminhadas. Todos os dias, passamos horas dentro das matas de cedros cobertos de musgo e pinheiros, respirando o ar superoxigenado. Eu amo essas florestas e nunca menosprezei sua beleza primordial. Agora me encontro em um estado próximo à adoração — agradecendo não apenas pela purificação do ar ou pelo sequestro de carbono que elas fornecem ("serviços ecossistêmicos", na linguagem do ambientalismo empresarial), mas por sua pura resistência. Por não se juntar a seus irmãos que estão em chamas. Por permanecer ao nosso lado, apesar de nossas falhas. Pelo menos até agora.

OLHA EU DE NOVO

Eu já tinha respirado essa fumaça. Obviamente, não essas mesmas partículas atmosféricas, mas uma fumaça que veio de muitos desses mesmos incêndios. E o mais estranho é que a respirei em outra província, cerca de 915 quilômetros a leste daqui.

Durante meados de julho, em Alberta, ajudei a dar um curso sobre relatório ambiental no Banff Centre for Arts and Creativity.

A previsão do tempo também parecia perfeita desta vez: dia ensolarado, claro e quente. Também desta vez, desde o primeiro dia em que estive lá, a presença de fumaça deturpou completamente a previsão: uma névoa obscureceu as montanhas espetaculares do Parque Nacional de Banff, provocando avisos de qualidade do ar, dores de cabeça e um nó na garganta. Mais #ClimaFake.

Os ventos sopravam para leste nesse mês de julho, e é por isso que as Montanhas Rochosas estavam ficando cobertas de fumaça. Na capital do petróleo no Canadá, Calgary, o horizonte da cidade, com suas torres de vidro brilhantes em meio aos logotipos Shell, BP, Suncor e TransCanada, foi obscurecido pela fumaça densa. E ela não parou por aí. Alcançando bem o centro do continente, a fumaça continuou viajando rumo ao leste, para Saskatchewan e Manitoba, e para o sul, até chegar em Dakota do Norte e Montana. (A NASA divulgou uma imagem impressionante da pluma de 800 quilômetros.)

Então, os ventos mudaram abruptamente e começaram a soprar a pluma para o oeste, com as Montanhas Rochosas agindo como uma raquete de tênis gigante, lançando a fumaça para o Pacífico — bem no momento em que a minha família estava indo para a costa da Colúmbia Britânica.

Inalar pela segunda vez em um verão a fumaça proveniente das mesmas florestas incineradas — sem contar que eu tenha viajado 900 quilômetros atravessando toda uma fronteira provincial — foi uma experiência assustadora. Senti que de alguma forma a mancha estava me perseguindo como o monstro de fumaça em *Lost*.

MUNDO EM CHAMAS

Parte da alucinação de tudo isso é a enorme escala do desastre, tanto temporal quanto espacialmente. Mesmo furacões devastadores como Harvey tendem a concentrar seus impactos em uma geografia restrita. E o evento é relativamente breve (embora suas consequências não o sejam).

Os meses de duração desses incêndios são de uma ordem totalmente diferente. Existem os impactos diretos dos incêndios: a enorme faixa de terra carbonizada, as dezenas de milhares de vidas viradas de cabeça para baixo pelas ordens de evacuação, as casas, o gado e as fazendas perdidas, as indústrias (de operadores de turismo a serrarias) que foram forçadas a fechar.

E então existem os impactos menos diretos de toda essa fumaça errante. A fumaça dessa conflagração cobriu uma área de aproximadamente um 1 milhão e 800 mil quilômetros quadrados durante os meses de julho e agosto. Maior do que toda a França, Alemanha, Itália, Espanha e Portugal juntos. Como se todos fossem tocados ao mesmo tempo por esse único desastre veloz.

E este é apenas um vislumbre de uma temporada de incêndios muito maior. Grande parte do oeste norte-americano estava em chamas no final do verão. Um incêndio em Los Angeles foi o maior já registrado dentro dos limites da cidade. Um estado de emergência sobre o fogo foi declarado para cada município do estado de Washington. Em Montana, um incêndio florestal chamado Lodgepole Complex queimou cerca de 1.100 quilômetros quadrados de território, tornando-se o terceiro maior incêndio da história da região. Isso faz parte de um aumento mais amplo no número de incêndios e na duração de meses em que eles queimam: desde a década de 1970, a temporada de incêndios nos Estados Unidos aumentou 105 dias, de acordo com uma análise da Climate Central.

Nessa temporada de incêndios que ainda não acabou, a área europeia incendiada aumentou o triplo da média. O centro de Portugal sofreu os impactos mais mortais: em junho, mais de 60 pessoas morreram em um incêndio perto de Pedrógão Grande.* Centenas de casas queimaram na Sibéria. Durante os meses de verão do Chile, o país enfrentou o maior incêndio florestal registrado em sua história, e milhares de pessoas foram deslocadas. Em junho, na África do Sul, a mesma tempestade que causou inundações na Cidade do Cabo atiçou as chamas mortais de incêndios sem precedentes nas cidades próximas. Neste verão, até a Groenlândia, aquele lugar congelante, viu incêndios florestais grandes e incomuns. Jason Box, um cientista climático de renome mundial especializado na camada de gelo da Groenlândia, apontou que "as temperaturas na Groenlândia estão provavelmente mais altas [do que já foram] nos últimos 800 anos".

SIM, SÃO AS ALTERAÇÕES CLIMÁTICAS

O que está em jogo não é apenas um clima mais quente e seco. Outro fator é a tentativa arrogante, sempre presente, de reengenharia das forças naturais que são muito mais poderosas do que nós. O fogo é uma parte crucial do ciclo de vida da floresta: as florestas quei-

---

* Apenas um ano depois, esse número de mortes foi superado no país vizinho, Grécia. Cerca de 100 pessoas morreram em uma série de incêndios que atingiram terras costeiras a partir de Ática, no que foi o incêndio mais mortal da história europeia moderna. Os restos de uma família numerosa foram encontrados à beira de um penhasco, com os membros entrelaçados: eles se agarraram uns aos outros conforme as chamas se aproximavam. "Vendo o fim se aproximando, eles se abraçaram instintivamente", disse o chefe da Cruz Vermelha da Grécia, Nikos Economopoulos, a uma equipe de televisão.

mam periodicamente se forem deixadas por conta própria, abrindo caminho para um novo crescimento e reduzindo a quantidade de arbustos altamente inflamáveis e de madeiras velhas ("combustível", na linguagem dos bombeiros). Há muito tempo que diversas culturas indígenas usam o fogo como parte essencial do cuidado da terra. Mas na América do Norte, o manejo florestal moderno suprimiu sistematicamente os incêndios cíclicos para proteger as árvores lucrativas que eram destinadas às serrarias, e por conta do medo de que pequenos incêndios pudessem se espalhar para áreas habitadas (e há cada vez mais áreas habitadas).

Sem a presença das queimadas naturais regulares, as florestas ficam cheias de combustível, provocando incêndios que se alastram sem o menor controle. E há muito mais combustível como resultado das infestações de escolitídeos, que deixaram para trás enormes setores de árvores mortas, secas e quebradiças. Há evidências convincentes de que a epidemia de escolitídeos foi exacerbada pelo calor e pela seca relacionados às mudanças climáticas.

Sobrepondo-se a tudo está o simples fato de que um clima mais quente e seco (diretamente relacionado às mudanças climáticas) é extremamente propício para incêndios florestais. De fato, essas forças conspiraram para transformar as florestas em fogueiras dispostas perfeitamente, com a terra seca agindo como um jornal amassado, as árvores mortas servindo como lenha e o acréscimo de calor unindo as pontas. O especialista em incêndios florestais da Universidade de Alberta, Mike Flannigan, fala com franqueza. "No Canadá, o crescimento de áreas queimadas é resultado direto da mudança climática causada pelo homem. Conectar eventos individuais é um pouco mais complicado, mas desde os anos 1970, a área queimada dobrou no Canadá como consequência da elevação da temperatura." E de acordo com um estudo de 2010, a ocorrência de incêndios no Canadá deve aumentar em 75% até o final do século.

Eis aqui o que é realmente alarmante: 2017 nem sequer foi um ano do El Niño, o fenômeno cíclico do aquecimento natural que foi comumente citado como um fator-chave nos enormes incêndios que ocorreram no sul da Califórnia e no norte de Alberta no ano passado.

Alguns meios de comunicação pareceram dispostos a abandonar a cobertura, já que não tinha nenhum El Niño para culpar. Citando a Deutsche Welle da Alemanha: "A mudança climática deixa o mundo em chamas."

CONTOS DE FADAS E CICLOS DE RETROALIMENTAÇÃO

"Parece que a neve está chegando", Toma declara solenemente com o rosto grudado na janela. Do outro lado está o ar branco e espesso.

Desde que deixamos Alberta, sua mente de cinco anos vem lutando para tentar entender a fumaça que definiu seu verão. Tentando decifrar minha tosse crônica e sua erupção cutânea raivosa. E, acima de tudo, ele luta com a trilha sonora das conversas preocupadas entre os adultos de sua vida.

Sua resposta passa por algumas fases: à noite, pesadelos o acordam. Ele escreve músicas com letras como "Por que tudo está dando errado?", e existem muitas gargalhadas inapropriadas.

No começo, a ideia dos incêndios deixou Toma empolgado. Ele achava que eram fogueiras e estava ansioso pelos marshmallows. Então seu avô explicou que o Sol havia se transformado naquele ponto estranho e brilhante porque a própria floresta estava pegando fogo. Ele ficou arrasado. "E o que vai acontecer com os animais?"

Nós desenvolvemos técnicas para controlar a preocupação. Começando por respirações profundas que se repetem várias vezes ao dia. Mas então me ocorreu que provavelmente não seja bom respirar doses extras desse ar em particular, quanto mais se tratando de pulmões pequenos que já estão propensos a infecções.

Pode parecer estranho o fato de que Avi e eu não conversamos com Toma sobre as alterações climáticas, uma vez que esse é o tema tanto dos livros que escrevo quanto dos filmes que ele dirige, e durante a maior parte do tempo, nosso foco é na necessidade por uma resposta que seja transformadora à crise. Mas nós falamos sobre poluição, embora em uma escala em que Toma possa entender. Como os motivos pelos quais devemos selecionar o plástico e usá-lo cada vez menos, já que ele deixa os animais doentes. Ou quando estamos observando o escapamento dos carros e caminhões e falamos sobre como é possível obter energia do Sol e do vento, armazenando-a em baterias. Uma criança pequena pode apreender conceitos como esses e saber exatamente o que deve acontecer (melhor do que muitos adultos). Mas pedir que as crianças de sua idade lidem com a ideia de que todo o planeta está sofrendo de uma febre tão alta que muitas vidas na Terra podem ser perdidas em suas convulsões, me parece um fardo pesado demais.

Este verão ficará marcado como o fim de sua proteção. Eu não me orgulho disso e sequer me lembro de ter tomado essa decisão. Ele finalmente juntou os pontos pela simples razão de ouvir muitos adultos falarem obsessivamente sobre como o céu está estranho e quais são as verdadeiras razões por trás dos incêndios.

Em um parquinho no meio da névoa, conheci uma jovem mãe que oferecia conselhos sobre formas de tranquilizar as crianças preocupadas. Ela diz para seus filhos que, no ecossistema, os incêndios florestais são uma parte positiva do ciclo de renovação — a queima abre caminho para um novo crescimento, e isso alimentará os ursos e os veados.

Digo que sim com a cabeça, me sentindo uma péssima mãe. Mas eu também sei que ela está mentindo. É verdade que o fogo é uma parte natural do ciclo de vida, mas os incêndios que estão acontecendo agora, capazes de apagar o Sol no noroeste do Pacífico, são o oposto disso — eles fazem parte de uma espiral de morte planetária. Muitas dessas chamas são tão quentes e intransigentes que estão deixando para trás a terra queimada.* Os aviões borrifam rios de retardante de fogo que se infiltram nos cursos d'água, constituindo uma ameaça aos peixes da região. E assim como meu filho temia, os animais estão perdendo suas casas florestais.

---

* Como aconteceu em novembro de 2018 em Paradise, Califórnia, quando uma cidade de 27 mil pessoas foi arrasada no incêndio mais mortal da história do estado.

No entanto, o maior de todos os riscos é o carbono que está sendo lançado à medida que as florestas queimam. Três semanas depois de a fumaça ter descido para a costa, descobrimos que os incêndios resultaram em uma triplicação do total anual de emissões de gases de efeito estufa na Colúmbia Britânica. E esse valor continua subindo.

Quando os cientistas climáticos alertam para os ciclos de retroalimentação, parte do que eles querem dizer relaciona-se a esse aumento dramático nas emissões: o aumento das temperaturas e os longos períodos sem chuva são impulsionados pela queima de carbono, o que, por sua vez, impulsiona mais incêndios, e então mais carbono é liberado na atmosfera, e as condições se tornam ainda mais quentes e secas, logo, ainda mais incêndios acontecem.

Na Groenlândia, os incêndios florestais estão apresentando outro ciclo de retroalimentação igualmente letal. A fuligem (também conhecida como carbono preto) produzida pelas queimadas se aloja nas camadas de gelo, deixando-o cinza ou preto. O gelo escurecido absorve mais calor do que o reflexivo gelo branco, o que faz com que o gelo derreta mais rapidamente, o que leva ao aumento do nível do mar e à liberação de grandes quantidades de metano, o que causa mais aquecimento e mais incêndios, que, por sua vez, criam mais gelo enegrecido e mais derretimento.

Então, não, me recuso a dizer para Toma que os incêndios são uma parte feliz do ciclo da vida. Para apaziguar o pesadelo, concordamos com meias verdades e falsificações. "Os animais sabem como escapar dos incêndios. Eles correm para rios, córregos e outras florestas."

Uma das coisas que também falamos para Toma é sobre como precisamos plantar mais árvores para que os animais possam voltar para casa. Isso ajuda. Pouco, mas ajuda.

UM ALERTA VITAL — PARA ALGUNS

Uma das regiões mais atingidas pelos incêndios é um lugar que visitei com frequência, o território do povo Secwepemc, que engloba uma enorme faixa de terra no interior da Colúmbia Britânica — grande parte agora em chamas. O falecido Arthur Manuel, um antigo líder dos Secwepemc, era um amigo querido e me hospedou várias vezes. Até então, nesse ano de 2017, visitei seu território duas vezes: uma vez para comparecer ao funeral de Manuel e outra para uma reunião que ele estava organizando até o momento em que a insuficiência cardíaca tirou sua vida.

O encontro foi uma resposta à decisão tomada pelo primeiro-ministro canadense Justin Trudeau de aprovar um projeto de $7,4 bilhões que quase triplicaria a capacidade do oleoduto Trans Mountain da empresa Kinder Morgan, responsável por transportar o óleo de areias betuminosas de alto carbono de Alberta até a Colúmbia Britânica. A expansão da rede de oleodutos que passaria por dezenas de hidrovias nas terras de Secwepemc é repreendida com veemência por muitos proprietários de terras tradicionais. Arthur acreditava que a luta tinha o potencial de se tornar um "Standing Rock do norte".

Quando os incêndios começaram neste verão, os amigos e a família de Manuel não perderam tempo e logo argumentaram que construir ainda mais infraestruturas de combustíveis fósseis enquanto o mundo está ardendo em chamas é tão absurdo quanto imprudente. O Secwepemc Working Group on Indigenous Food Sovereignty [Grupo de Trabalho Secwepemc Sobre Soberania Alimentar Indígena] emitiu uma declaração opondo-se ao projeto de expansão do oleoduto e exigindo o encerramento imediato do oleoduto menor já existente a fim de reduzir o risco de um acidente catastrófico caso o fogo e o petróleo se encontrassem.

"Estamos em um estado crítico de emergência, lidando com os impactos das alterações climáticas", disse Dawn Morrison, professora Secwepemc. "Ambas as capacidades, de colher salmão selvagem e ter acesso a água potável, cruciais para manter a saúde de nossas famílias e comunidades, serão colocadas em risco caso o oleoduto da Kinder Morgan sofra um rompimento ou seja impactado pelos incêndios."

Isso é senso comum: quando a infraestrutura de petróleo e gás é acertada em cheio pelos efeitos cumulativos da queima excessiva de combustível fóssil — pense em plataformas de petróleo atingidas por grandes tempestades ou Houston debaixo d'água —, todos nós deveríamos fazer o mesmo que Secwepemc: tratar o desastre como um alerta vital sobre a necessidade de construir uma sociedade mais segura. E rápido.

FAÇA QUALQUER COISA, MAS NÃO FALE DE PETRÓLEO

No entanto, nossos sistemas políticos e econômicos não são construídos dessa maneira; de fato, eles são criados para substituir ativamente esse tipo de instinto de sobrevivência. Assim sendo, a Kinder Morgan sequer se dá ao trabalho de responder às preocupações da comunidade. Mais que isso, neste mesmo mês, com todos os incêndios ainda queimando, a empresa se prepara para começar a construção da expansão.

Pior, algumas indústrias extrativistas estão aproveitando ativamente o estado emergencial para terminar os trabalhos que seriam impossíveis durante os tempos comuns. Por exemplo, faz anos que a Taseko Mines luta para construir um projeto altamente controverso de mina de ouro e cobre a céu aberto em uma das partes da Colúmbia Britânica mais atingidas pelos incêndios. Até agora, a oposição feroz entre os povos Tsilhqot'in conseguiu combater com sucesso a concretização desse projeto tóxico, tendo como resultado diversas vitórias regulatórias cruciais.

Mas em julho deste ano, depois que várias comunidades Tsilhqot'in se viram impactadas pelas ordens de evacuação ou por permanecerem em suas terras para enfrentar o fogo com suas próprias mãos, o governo da Colúmbia Britânica, já de partida, conhecido como o "faroeste" dos subornos políticos, fez algo extraordinário. Após sofrerem uma derrota humilhante nas eleições, o governo, em sua última semana no cargo, entregou uma série de permissões para que a Taseko avançasse na exploração. "Desafia a compaixão que a C.B conceda as autorizações que destruirão irreparavelmente nossas terras enquanto nosso povo luta por nossos lares e vidas", disse Russell Myers Ross, um chefe Tsilhqot'in. Um representante do governo que já se vai respondeu: “Dada a situação de incêndio que afeta algumas de suas comunidades, levo em consideração que isso possa estar chegando em um momento difícil para vocês.” Apesar dos transtornos que os incêndios geraram em seu povo, os Tsilhqot’in estão lutando contra a manobra no tribunal, e, em face aos problemas legais, a empresa já foi forçada a suspender seus planos de perfuração.

Qualquer um que ainda tivesse alguma esperança de que os incêndios pudessem forçar o primeiro-ministro Justin Trudeau a partir para uma ação climática séria acabou ficando gravemente desapontado. O primeiro ministro do Canadá adora ser fotografado saltitando na espetacular natureza selvagem da Colúmbia Britânica (de preferência sem camisa), e recentemente sua esposa, Sophie Grégoire, desencadeou um vendaval de *emojis* ao postar uma foto surfando na ilha de Vancouver. (Foi durante os incêndios, e o céu estava nebuloso.)

Mas, por trás de toda sua euforia em relação às florestas e águas costeiras da Colúmbia Britânica, quando se trata de expansão de oleodutos e areias betuminosas, Trudeau está pisando fundo no acelerador. Em 2017, ele disse para uma multidão animada de executivos de petróleo e gás em Houston: “Nenhum país encontraria 173 bilhões de barris de petróleo no solo e simplesmente deixaria isso para trás.” Desde então, ele não vacilou. Não importa que Houston tenha sido inundada por uma tempestade sem precedentes ou que um terço do próprio país de Trudeau esteja pegando fogo. Este mês, um de seus principais ministros se manifestou sobre a aprovação do oleoduto da Kinder Morgan: “Desde então, nada do que tenha acontecido mudou nossa opinião de que estamos tomando uma boa decisão.” No que tange aos combustíveis fósseis, Trudeau acionou o piloto automático, e, pelo que parece, nada o fará desviar desse caminho.

E então temos o presidente Donald Trump, cujos crimes climáticos são tão vastos e tão sobrepostos que não dá nem para delinear aqui. Contudo, parece válido mencionar que ele escolheu justamente este verão de inundações e incêndios para desmantelar o painel consultivo federal que avalia os impactos das mudanças climáticas nos Estados Unidos e dar o sinal verde para a perfuração do Ártico no mar de Beaufort.*

O CARA QUE PERDEU DUAS CASAS

Não são apenas os políticos que estão comprometidos e determinados a não tirar nenhuma lição das mensagens estridentes da natureza.

No meio da emergência de incêndio da Colúmbia Britânica, a Corporação de Radiodifusão Canadense (CBC) conseguiu encontrar o ouro do interesse humano: eles encontraram um homem, Jason Schurman, cuja casa de madeira foi destruída pelas chamas na Colúmbia Britânica — e que um ano antes também perdera uma casa nos incêndios em Fort McMurray. Duas casas, dois incêndios, o mesmo cara. A CBC publicou fotos de suas propriedades carbonizadas (separadas por pouco mais de 1.200 quilômetros) lado a lado. Nos dois casos, apenas a lareira e a chaminé permaneceram.

Existem muitos detalhes comoventes na história sobre os destroços humanos que esses desastres deixam para trás: a papelada sem fim, as memórias traumáticas e a tensão familiar. Mas as alterações climáticas não são nem sequer mencionadas. Isso é notável, porque Schurman

---

* Em 2018, um ano depois, o então (agora ex) secretário do Interior de Trump aproveitou os maiores incêndios florestais já registrados na Califórnia e silenciosamente abriu novos e grandes trechos de floresta para exploração madeireira. Isso não era nenhuma novidade para Ryan Zinke, que, enquanto servia como membro do Congresso em 2015, copatrocinou uma legislação que ameaçava a proteção ambiental das florestas públicas. Três anos depois, ele ainda estava repetindo o mantra de que a melhor opção para controlar incêndios florestais era o desmatamento. "Todo ano assistimos à queima de nossas florestas e todo ano há um alerta para agirmos. Mesmo assim, quando chega a hora da ação, e nós tentamos afinar as florestas mortas ou que estão morrendo, ou tentamos colher de forma sustentável as madeiras das áreas densas e propensas ao fogo, somos atacados com litígios frívolos de ambientalistas radicais que preferiam ver as florestas e comunidades queimarem a ver um madeireiro na floresta." Não há dúvida de que a Califórnia precisa tanto de um melhor gerenciamento florestal quanto de uma política mais sábia de uso da terra. Mas tendo em vista o papel indispensável que as árvores desempenham para manter o carbono fora da atmosfera, a última coisa que deveríamos estar fazendo é expandir o desmatamento em nome da prevenção de incêndios.

trabalha nas areias betuminosas de Alberta como supervisor de área. Ainda assim, o repórter não perguntou a Schurman se perder duas casas e quase perder o filho não levantou nenhum questionamento sobre o setor em que trabalha (um dos únicos setores no Canadá ou nos Estados Unidos que ainda paga a operários salários que sustentam uma vida de classe média). Em vez disso, a história de um homem que foi "duas vezes incendiado" figurou como uma história curiosa, ao lado de uma sobre um bombeiro que se casou no meio das chamas.

Quando essa história irresistível foi selecionada pela *Vice*, o repórter levantou o tema das mudanças climáticas com Schurman, reconhecida pelo entrevistado como um dos possíveis fatores que estavam contribuindo para que esses incêndios fora do controle se alastrassem. Mas, com uma abordagem bem no estilo *Vice*, a maior parte do artigo focou em como o petroleiro está lidando com suas perdas através da *body art* barroca: "A dor constante de uma tatuagem também desliga completamente a mente (...) de perder tudo o que eu tenho."

VOCÊ ACABA SE ACOSTUMANDO

De uma maneira ou de outra, não somos todos culpados por um sonambulismo frente ao apocalipse? A fumaça que enfrentamos tem a especificidade de lançar um foco suave sobre a vida, e isso parece tornar essa negação coletiva ainda mais aguda. Em agosto, todos parecemos sonâmbulos aqui na costa, cambaleando enquanto fazemos nossos trabalhos e nossas tarefas, tirando férias dentro de uma densa nuvem de fumaça, fingindo que não ouvimos o alarme soando lá no fundo.

Afinal, a fumaça não é fogo. Não é uma inundação. Ela não centraliza sua atenção imediata ou te obriga a fugir. No pior dos casos, você pode viver com ela. Você acaba se acostumando.

E é isso que fazemos.

Remamos na fumaça e agimos como se fosse bruma. Trazemos cervejas e sidras para a praia e observamos que, por outro lado, você quase não precisa de filtro solar.

Sentada na praia sob aquele céu leitoso e falso, repentinamente aquelas imagens de famílias tomando banho de sol em praias encharcadas de óleo no meio do desastre da Deepwater Horizon surgem no meu pensamento. E então me dou conta: aqui estamos nós, nos recusando a permitir que um incêndio violento e de proporções jamais vistas antes interfira nas férias da família.

Durante os desastres, você ouve muitos elogios à resiliência humana. E somos uma espécie notavelmente resiliente. Mas isso nem sempre é bom. Parece que muitos de nós podem se acostumar a quase tudo, até à constante aniquilação de nosso próprio hábitat.

UMA JANELA PARA UM PLANETA HACKEADO

Uma semana depois que nossos "Dias de Neblina" foram assim chamados por um jornal local de Sunshine Coast, uma história inspiradora é publicada no *The Atlantic* com a manchete: PARA ACABAR COM O AQUECIMENTO GLOBAL, A HUMANIDADE DEVERIA OFUSCAR O CÉU?

O assunto principal do texto é um método frequentemente denominado como gerenciamento de radiação solar, onde o dióxido de enxofre seria pulverizado na estratosfera para criar uma barreira entre a Terra e o Sol, forçando a temperatura a baixar. O artigo observa que a retirada de Trump do Acordo de Paris significa que mais governos, incluindo a China, estão levando a sério o escurecimento do Sol.

Os possíveis riscos são mencionados pela primeira vez no parágrafo 20, onde o jornalista cita um cientista climático dizendo que *hackear* o planeta "poderia induzir secas ou inundações ou coisas assim". Sim, isso seria um saco. De fato, existe uma grande quantidade de pesquisas revisadas por pares mostrando que essa forma de geoengenharia pode interferir nas monções da Ásia e da África, consequentemente colocando em risco o abastecimento de água e comida para bilhões de pessoas.

Agora imagine um cenário em que homens como Trump, o primeiro-ministro indiano Narendra Modi e o "Líder Supremo" da Coreia do Norte Kim Jong-un tivessem o poder de implementar essas tecnologias de alteração climática, como armas não convencionais, nos empurrando a uma era de guerras climáticas não declaradas na qual um país sacrifica a precipitação de outro a fim de salvar suas colheitas, e o outro faria uma represália desencadeando megainundações.

Alguns dos supostos hackers planetários insistem que esses riscos mais pessimistas podem ser gerenciados (embora eles nunca expliquem como). No entanto, todos admitem a presença de aspectos negativos menores. É quase certo que a pulverização de dióxido de enxofre na estratosfera criaria uma névoa branca e leitosa permanente, fazendo com que o céu azul claro se tornasse um artigo do passado para todo o planeta. A névoa pode muito bem impedir os astrônomos de observar as estrelas e os planetas claramente, e a luz solar mais fraca pode reduzir a capacidade de produção de energia dos geradores de energia solar.

Quando você pensa sobre isso de maneira abstrata, esse pode parecer um preço pequeno a se pagar para comprar "algum tempo extra para a gente se organizar" no controle da poluição, como pontua o artigo do *The Atlantic*. Mas ler sobre essa possibilidade de escurecer deliberadamente o céu se torna algo completamente diferente quando você já tem um céu artificialmente obscurecido pela fumaça onipresente, definindo uma sombra literal sobre a vida cotidiana.

Não é pouca coisa simplesmente perder o céu. Mesmo nas cidades mais populosas, achamos que, toda vez que olharmos para cima, veremos o mundo além de nosso alcance — sim, existem aviões e satélites, mas além disso estão os céus, o desconhecido, o definitivo "lá fora". Em agosto deste ano, quando contemplamos o céu em praticamente todos os cantos do noroeste do Pacífico, não vimos absolutamente nada dessa imensidão. A única coisa que vimos foi o reflexo de nós mesmos nos detritos de nosso próprio sistema quebrado. Nós tínhamos um teto no manto de fumaça, não um céu — e até a própria possibilidade parecia não ter espaço com essa tampa sufocante.

Eu me ouço sugerindo freneticamente a Avi que devemos apenas dirigir para o norte até que a gente alcance o ar puro. E então me lembro de que, se fizéssemos isso, estaríamos cara a cara com o gelo permanente em seu rápido derretimento. Nós permanecemos ali.

O VENTO MUDA

Alguma coisa muda depois de quase duas semanas inteiras de fumaça. Primeiro eu escuto; logo depois vejo os galhos se mexendo: vento. A temperatura cai subitamente. E ao meio-dia, manchas reais de azul aparecem separadas por nuvens. Eu já tinha me esquecido de como elas são diferentes da neblina — para começar, elas são mais altas e têm todos os tipos de formas e movimentos delicados.

Mesmo que a fumaça ainda não tenha desaparecido por completo, uma boa quantidade foi soprada para longe para que de repente o mundo ficasse mais nítido. Fresco. Você sabe aquele momento em que uma febre longa finalmente vai embora e você sente uma euforia? Eu me sinto assim.

O dia seguinte traz chuva; não muita, mas o bastante para que pudéssemos esperar por algum alívio para os 2.400 bombeiros exaustos e sobrecarregados de trabalho. Minhas alergias acabam, e Toma está voltando a dormir durante a noite toda.

Mas no interior as notícias são desastrosas. O mesmo vento que finalmente afrouxou o manto de fumaça na costa partiu para soprar as chamas no epicentro dos incêndios. Para as brigadas de incêndio, essa imobilidade que prendia a fumaça aqui por tanto tempo tinha se tornado o único ponto luminoso disso tudo. Agora isso acabou, e ainda não temos chuva suficiente.

Durante toda a próxima semana, a Colúmbia Britânica continua queimando e superando recordes. Em meados de agosto, os incêndios quebram o recorde provincial das terras queimadas em um ano:

8.940 quilômetros quadrados.* No decorrer dos dias, vários incêndios diferentes combinam suas forças para criar o maior incêndio isolado na história da Colúmbia Britânica.

CEDO DEMAIS

Não sinto nada além de pavor quando o eclipse solar chega. Temos um céu limpo, um local de visualização quase perfeito, e, em teoria, sei que o que está prestes a acontecer é uma maravilha natural. Mas eu simplesmente não estou pronta para me despedir do Sol novamente, mesmo que por alguns minutos. Ele acabou de chegar.

Durante todo o eclipse, fico sentada sozinha do lado de fora, olhando para o horizonte, apegada à luz que morre. Uma semana depois de os neonazistas marcharem com tochas em Charlottesville, Virgínia, e com grande parte do mundo engolida por verdadeiros incêndios incontroláveis, essa escuridão repentina do nosso mundo parece literal demais.

O SISTEMA GLOBAL DE ALARME PARA INCÊNDIOS ESTÁ QUEBRADO

Mais de 160 incêndios ainda estão queimando na Colúmbia Britânica durante todo o fim de semana do Dia do Trabalho. O clima extremamente quente, seco e ventoso conspirou na criação das condições ideais para não apenas inflamar uma série de novos e enormes incêndios florestais, como também expandir exponencialmente os antigos. Diariamente as autoridades anunciam novas evacuações. Ao longo do verão, cerca de 60 mil pessoas deslocadas se registraram na Cruz Vermelha como evacuadas na última contagem. Era a quarta vez que o estado de emergência tinha sido estendido.

---

* Apenas um ano depois, esse recorde sombrio foi quebrado, durante a histórica temporada de incêndios de 2018.

Mas mesmo no Canadá, é impossível que essa notícia possa competir com as consequências devastadoras do furacão Harvey; com os registros de mortos e dos milhões impactados pelas inundações recordes no sul da Ásia e na Nigéria; e agora a fúria do furacão Irma. Depois, há as chamas em Los Angeles que ocupam todas as manchetes, o estado de emergência no estado de Washington e novas evacuações obrigatórias do Parque Nacional Glacier ao norte de Manitoba. No início de setembro, uma imagem de satélite mostrou toda a extensão do continente coberta pela fumaça, #ClimaFake, do Pacífico até o Atlântico, com suas agitações de tempestade.

Eu mal consigo acompanhar as convulsões que não param de surgir, e esse é meu trabalho. O que sei é o seguinte: nossa casa coletiva está em chamas, com todos os alarmes disparando simultaneamente, soando desesperadamente por nossa atenção. Continuaremos tropeçando e chiando na luz baixa, agindo como se a emergência já não estivesse sobre nós? Ou os avisos serão suficientes para forçar muitos mais de nós a fazer alguma coisa? A respondermos como os Secwepemc, que, mesmo em uma nuvem de fumaça, não deixam de pôr seus corpos em risco para impedir que um oleoduto seja construído em sua terra devastada pelas chamas?

No final deste verão de fumaça, essas são as perguntas que ainda pairam no ar.

AS APOSTAS DE NOSSO MOMENTO HISTÓRICO

Vocês vieram e nos mostraram que podiam ganhar. Agora vocês têm de ganhar.

SETEMBRO DE 2017
CONFERÊNCIA DO PARTIDO TRABALHISTA, BRIGHTON

FAZER PARTE DESTA CONVENÇÃO HISTÓRICA É UM PRIVILÉGIO ENORME. SENTIR SUA energia e otimismo.

Porque, meus amigos, lá fora o clima está sombrio. Como posso começar a descrever um mundo de cabeça para baixo? Desde chefes de estado tuitando ameaças de aniquilação nuclear às regiões completamente abaladas pelo caos climático, aos milhares de imigrantes se afogando nas costas da Europa, à retomada dos partidos publicamente racistas, recentemente e de forma mais alarmante na Alemanha — na maioria dos dias, conviver com isso é simplesmente pesado demais. Então, diante de um cenário tão vasto, quero começar com um exemplo que pode parecer insignificante.

O Caribe e o sul dos Estados Unidos estão no meio de uma temporada de furacões sem precedentes: logo após a passagem de um furacão que bateu todos os recordes, outro aparece e atropela as cidades. Enquanto nos reunimos, Porto Rico — atingido por Irma e depois Maria — está sem energia, e pode ser que essa situação perdure por meses. Seus sistemas hidráulicos e de comunicação também se encontram seriamente comprometidos. Nessa ilha, três milhões e meio de cidadãos estadunidenses precisam desesperadamente da ajuda de seu governo.

Mas, assim como no Furacão Katrina, a cavalaria está pecando na hora de agir. No momento, Donald Trump está muito ocupado tentando demitir atletas negros, difamando-os por terem a ousadia de lançar um holofote sobre a violência racista.

Como se tudo isso já não bastasse, agora os abutres estão cercando. A imprensa comercial está repleta de artigos que discutem como a venda da empresa de eletricidade de Porto Rico é a única forma de os cidadãos terem sua iluminação de volta. Talvez queiram que vendam suas estradas e pontes também.

Explorar crises devastadoras a fim de contrabandear políticas que devoram a esfera pública e enriquecem ainda mais uma pequena elite é um fenômeno que chamei de *doutrina de choque*. Várias vezes nós vemos a repetição desse ciclo deplorável. Após o colapso financeiro de 2008, nós vimos esse processo. E já estamos vendo a mesma coisa acontecer na maneira com que os conservadores estão planejando explorar o *Brexit* para promover acordos comerciais desastrosos em prol das empresas sem que haja qualquer debate a respeito.

Estou destacando Porto Rico porque a situação é extremamente urgente. Mas também porque esse é um microcosmo de uma crise global muito maior que também contém muitos dos mesmos elementos sobrepostos: aceleração do caos climático, militarismo, histórias do colonialismo, uma esfera pública fraca e negligenciada, uma democracia totalmente disfuncional. E sobrepondo tudo isso, a capacidade aparentemente ilimitada de desconsiderar um grande número de vidas não brancas. Vivemos em uma época em que é impossível individualizar uma crise afastando-a de todas as outras. Todas elas se fundiram, reforçando e aprofundando uma a outra como se fosse uma criatura cambaleante de várias cabeças. Eu acho que pensar no atual presidente dos EUA da mesma maneira pode ajudar.

Saber como resumi-lo adequadamente é uma tarefa difícil. Sendo assim, tentarei dar um exemplo local. Vocês sabem essa coisa horrível que está obstruindo os esgotos de Londres? Acredito que vocês chamam isso de "*fatberg*". Bem, Trump é o equivalente político disso: uma fusão de tudo o que é nocivo na cultura, na economia e no corpo político, tudo isso junto em uma espécie de massa autoadesiva. E descolar isso tem sido muito, muito difícil. Tem ficado tão assustador que só nos resta rir. Mas não se engane: Trump representa uma crise que pode ecoar no tempo geológico, seja nas mudanças climáticas ou na ameaça nuclear.

Mas hoje minha mensagem para vocês é esta: momentos de crise não precisam seguir o caminho da doutrina de choque — eles não precisam se tornar oportunidades para que aqueles que já têm fortunas obscenas consigam ainda mais.

O caminho oposto também é uma opção.

Quando esses episódios acontecem, podemos localizar reservas de força e foco que nem sequer sabíamos que existiam, e pode ser nessa hora que encontraremos nossas melhores versões. Toda vez que um desastre acontece, vemos isso se manifestar em nível local. Após a catástrofe da torre Grenfell, todos testemunhamos esse acontecimento.* Quando os responsáveis desapareceram, a comunidade se fortaleceu, uniu todos sob seus cuidados, organizou as doações e defendeu os sobreviventes (assim como os mortos). Mais de 100 dias após o incêndio, mesmo que não haja justiça e que apenas um punhado dos sobreviventes tenha sido realocada, eles continuam agindo da mesma forma.

---

* Em junho de 2017, mais de 70 pessoas foram mortas em North Kensington, Londres, vítimas de um incêndio que ocorreu em um prédio de 24 andares. Investigações subsequentes descobriram que várias formas de negligência contribuíram para que o edifício estivesse vulnerável às chamas, incluindo um tapume cheio de plástico que havia sido instalado para melhorar a aparência do exterior da torre, mas que, como ficou provado, era hiperinflamável; um equipamento de incêndio em péssimas condições de manutenção; um sistema de ventilação quebrado; e poucas rotas de fuga.

E não é apenas em nível local que o desastre desperta algo notável em nós. Também existe um longo histórico digno de orgulho de crises que provocam transformações progressivas em uma escala social ampla. Pense nos Estados Unidos durante o *New Deal*, com suas vitórias conquistadas pelos trabalhadores por moradia e aposentadoria enquanto viviam a Grande Depressão. Ou no Serviço Nacional de Saúde instituído neste país após os horrores da Segunda Guerra Mundial.

Devemos nos lembrar que não seremos necessariamente arrasados pelos momentos de grande crise e perigo. Eles também podem nos catapultar para avançarmos.

Isso foi alcançado pelos nossos ancestrais progressistas em momentos cruciais da história. Agora que está tudo em risco, podemos repetir essa mesma fórmula. Mas o que aprendemos com a Grande Depressão e com o período pós-guerra é que simplesmente resistir, simplesmente dizer não ao ultraje derradeiro, nunca fez com que essas vitórias transformadoras fossem conquistadas.

Para vencer o momento de verdadeira crise, também precisamos de um "sim" ousado e progressista, um plano que nos guie a reconstruir e responder às causas subjacentes da crise. E esse plano precisa ser convincente, credível e, acima de tudo, cativante. Precisamos ajudar uma população exausta e cautelosa a se imaginar nesse mundo melhor.

É por essa razão que, hoje, me sinto honrada por estar com vocês. Porque foi exatamente isso o que o Partido Trabalhista fez na última eleição. Em busca de obter mais poder para si mesma, Theresa May realizou uma campanha cínica baseada na exploração do medo e do choque — primeiramente pelo medo de um acordo ruim no Brexit, depois pelo medo que os terríveis ataques terroristas em Manchester e Londres provocaram. No outro lado da moeda, como resposta, o partido e a liderança trabalhistas se concentraram na raiz dos problemas: o fracasso da "guerra ao terror", a desigualdade econômica e o enfraquecimento da democracia.

Mas vocês fizeram mais do que isso.

Vocês apresentaram aos eleitores um manifesto arrojado e detalhado, no qual estabelecia-se um plano para que milhões de pessoas melhorassem de forma tangível suas vidas: ensino gratuito, assistência médica totalmente financiada, ação climática agressiva. Após décadas de expectativas reduzidas e imaginação política asfixiada, finalmente os eleitores puderam dizer sim para algo que lhes trazia esperança e empolgação. E foi exatamente isso o que muitos deles fizeram, elevando as projeções de toda uma classe de especialistas.* Vocês provaram que esse é o fim da era de triangulação e remendos. A população tem fome de mudanças profundas — ela está clamando por isso. O problema é: em demasiados países, apenas a extrema direita está oferecendo essa opção, ou parece oferecer através de uma combinação tóxica de falso populismo econômico e um racismo muito real.

Vocês nos mostraram outro caminho, um que fala a linguagem da decência e justiça; que apresenta as verdadeiras forças por trás dessa bagunça — não importando quão poderosas elas sejam; e isso sem ter medo de evocar algumas das ideias que insistiram em afirmar que já faziam parte do passado, como a redistribuição de riqueza e a nacionalização de serviços públicos essenciais. Graças a toda a sua ousadia, agora nós sabemos que essa não precisa ser apenas uma estratégia ética. Essa pode ser uma estratégia vencedora. Ela aciona a base e ativa os eleitores que há muito tempo haviam parado completamente de votar.

Na última eleição, vocês também nos mostraram outra coisa igualmente importante. Vocês nos mostraram que os partidos políticos não precisam temer a criatividade e a independência dos movimentos sociais — e ao se envolverem com a política eleitoral, os movimentos sociais também têm muito a ganhar.

Isso é extremamente importante. Porque, sejamos honestos: quando o assunto é controle, os partidos políticos tendem a ser um pouco bizarros. E os verdadeiros movimentos populares de base — nós

* Nas eleições gerais de 2017, o Partido Trabalhista aumentou sua parcela de votos mais do que em qualquer eleição desde 1945. Os conservadores perderam a maioria, mas permaneceram no poder por meio de uma coligação com o Partido Unionista Democrático da Irlanda (DUP).

gostamos de afirmar nossa independência e somos praticamente impossíveis de controlar. Mas com essa relação extraordinária entre o Partido Trabalhista e o Momentum,* além de outras organizações de campanha maravilhosas, estamos vendo que é possível combinar o melhor dos dois mundos. Se escutarmos e aprendermos uns com os outros, podemos criar uma potência que consiga ser mais forte e mais ágil do que qualquer coisa que partidos ou movimentos possam realizar sozinhos.

O que vocês fizeram aqui está reverberando no mundo todo. Quero que vocês saibam disso. Muitos de nós estão acompanhando com absoluta atenção esse experimento em andamento de uma nova forma de fazer política. E, como não poderia deixar de ser, o que aconteceu aqui faz parte de um fenômeno global. É uma onda liderada por jovens que chegaram à idade adulta no momento em que o sistema financeiro global estava entrando em colapso e no momento em que a ruptura climática batia na porta.

Muitos saíram de movimentos sociais como *Occupy Wall Street* e os *Indignados* da Espanha. O primeiro passo foi dizer não — à austeridade, aos resgates bancários, às guerras e à violência policial, ao fraturamento hidráulico e aos oleodutos. Mas, durante o percurso, eles entenderam que o maior desafio a ser superado era a maneira como o neoliberalismo travou uma guerra contra nossa imaginação coletiva e nossa capacidade de realmente acreditar em algo fora de suas fronteiras sombrias.

E assim esses movimentos começaram a sonhar juntos, desenhando um futuro preenchido tanto por visões ousadas e diferentes quanto por caminhos confiáveis para sair da crise. E o mais importante, para tentar ganhar poder, eles começaram a se envolver com partidos políticos. Em 2016, vimos isso acontecer nos EUA, quando os Millennials, cientes de que a política centrista segura não pode oferecer nenhum tipo de futuro seguro, alimentaram a campanha histórica de Bernie Sanders nas primárias democratas.

---

* Momentum é um movimento de base associado ao Partido Trabalhista que apoia candidatos progressistas e empurra o partido para a esquerda.

Nesses casos e em outros, as campanhas eleitorais pegaram fogo com uma velocidade impressionante, mais rápido do que eu já tenha visto acontecer em qualquer outro programa político genuinamente transformador, seja na Europa ou na América do Norte. Mas, ainda assim, em cada um desses casos, ainda não chegamos perto o suficiente. Portanto, neste período entre as eleições, vale a pena dedicar um tempo para pensar em formas de garantir que todos nossos movimentos possam continuar na próxima vez.

Uma grande parte da resposta se baseia em: continuem. Continuem construindo esse "sim".

Mas vão além.

Existe mais tempo para aprofundar as relações entre as questões e os movimentos quando se está fora da efervescência de uma campanha, e assim nossas soluções podem se endereçar a várias crises ao mesmo tempo. Em todos nossos países, podemos e devemos fazer mais para conectar os pontos entre injustiça econômica, injustiça racial e injustiça de gênero. Precisamos entender e explicar como todos esses sistemas abomináveis que colocam um grupo em posição de domínio sobre o outro (com base na cor da pele, fé religiosa, gênero e orientação sexual) servem e sempre serviram consistentemente aos interesses de poder e dinheiro. Eles fazem isso nos afastando e mantendo para si próprios uma bolha de proteção.

E precisamos fazer mais para reter como prioridade o estado de emergência climática que estamos vivendo, cujas raízes são encontradas no mesmo sistema de ganância infinita no qual nossa emergência econômica está fundamentada. Mas vale lembrar que estados de emergência podem ser catalisadores de profundas vitórias progressivas.

Então, tracemos as conexões entre a economia da terceirização, que trata os seres humanos como um recurso bruto para extrair riqueza e depois descartar, e a economia da escavação, em que as empresas extrativistas tratam a terra com o mesmo desdém. E mostremos exatamente como podemos passar dessa economia da terceirização e escavação para uma sociedade baseada nos princípios de reparação e cuidado, em que respeitamos e valorizamos o trabalho de nossos cuidadores e de nossos protetores da terra e da água. Um mundo em que ninguém e lugar nenhum podem ser jogados fora — mesmo nos bairros residenciais que são verdadeiros barris de pólvora ou nas ilhas devastadas por furacões.

Eu aplaudo a posição transparente adotada pelo Partido Trabalhista contra o fraturamento hidráulico e a favor da energia limpa. Agora precisamos elevar nossa ambição, mostrando como o combate à mudança climática é justamente uma chance única no século para que uma economia mais justa e democrática seja construída. Porque, à medida que realizamos uma transição rápida para a eliminação dos combustíveis fósseis, não podemos replicar a concentração de riqueza e as injustiças geradas pela economia de petróleo e carvão, na qual centenas de bilhões de lucro foram privatizados e os tremendos riscos são socializados.

Nós podemos e devemos elaborar um sistema no qual uma grande parcela do custo da transição para o desligamento dos combustíveis fósseis seja direcionada aos poluidores e em que a energia verde seja mantida nas mãos da comunidade e dos interesses públicos. Dessa forma, as receitas permanecem em suas comunidades, para que as creches, os bombeiros e outros serviços cruciais possam ser pagos por elas. E é a única maneira de garantir que os empregos sustentáveis criados sejam empregos sindicalizados capazes de pagar um salário digno.

"Acabe com o petróleo e o gás, mas não deixe nenhum trabalhador para trás" precisa ser nosso lema. E sabe qual é a melhor parte? Para iniciar essa excelente transição, você não precisa esperar até o momento em que chegarão a Westminster. Vocês podem usar as alavancas que já têm.

Vocês podem transformar as cidades geridas pelo Partido Trabalhista em faróis para esse mundo transformado. Um bom começo seria alienar o dinheiro de suas pensões em combustíveis fósseis, investindo em moradias sociais de baixo carbono e cooperativas de energia verde. Dessa forma, antes mesmo da próxima eleição, os benefícios da próxima economia podem começar a ser experimentados pelas pessoas, e elas saberão na pele que, sim, existe e sempre existiu uma alternativa.

Para encerrar, como sua oradora internacional nesta convenção, quero enfatizar que nada disso pode ser sobre transformar qualquer nação em um museu ou fortaleza progressistas. Em países ricos como o seu e o meu, precisamos de políticas que reflitam o que devemos ao Sul global, em uma dívida dos séculos em que atuamos nas nações mais pobres como desestabilizadores de economias e ecologias.

Por exemplo, durante esta temporada épica de furacões, ouvimos muita conversa sobre as "Ilhas Virgens Britânicas", as "Ilhas Virgens Holandesas", o "Caribe Francês" e por aí vai. Raramente foi algo relevante a se considerar que esses nomes não são apenas reflexos de onde os europeus gostam de passar férias. Eles são reflexos do fato de que grande parte da vasta riqueza do império foi extraída dessas ilhas como resultado direto da escravidão humana — riqueza que superalimentou a Revolução Industrial da Europa e da América do Norte, estabelecendo-nos como os superpoluidores que somos hoje. E isso está intimamente conectado ao fato de que o próprio futuro dessas nações insulares atualmente está sob grave risco devido à tripla ameaça de furacões, aumento do nível do mar e recifes de coral em processo de morte.

Nos dias atuais, o que essa história dolorosa deve significar para nós?

Significa acolher imigrantes e refugiados. E significa ajudar muitos outros países a acelerar suas próprias transições ecológicas baseadas na justiça, pagando o que devemos. A desonestidade que Trump tem manifestado não é desculpa para que possamos exigir menos de nós mesmos nesse caso, seja no Reino Unido, no Canadá ou em qualquer outro lugar. Significa o oposto: precisamos exigir mais de nós mesmos e preencher as lacunas até que os Estados Unidos consigam desobstruir seu sistema de esgoto.

Acredito firmemente que todo esse trabalho, por mais desafiador que seja, é uma parte crucial do caminho para a vitória; que quanto mais ambiciosos, consistentes e holísticos vocês puderem ser enquanto pintam uma imagem do mundo transformado, cada vez mais crédito o governo trabalhista terá.

Porque vocês vieram e nos mostraram que podiam ganhar. Agora vocês *têm* de ganhar.

Todos nós temos.

Ganhar é um imperativo moral. As apostas são muito altas, e o tempo é muito curto para se contentar com qualquer coisa abaixo disso.

O CAPITALISMO MATOU NOSSO IMPULSO CLIMÁTICO, NÃO A "NATUREZA HUMANA"

No exato momento, um novo caminho político em direção à segurança está se apresentando.

AGOSTO DE 2018

NO DOMINGO, UMA EDIÇÃO COMPLETA DA REVISTA *NEW YORK TIMES* SERÁ COMPOSTA por um único artigo sobre um único assunto: o fracasso no enfrentamento da crise climática global na década de 1980, uma época em que a ciência tinha se estabelecido e a política parecia se alinhar. Em várias ocasiões, esse trabalho histórico escrito por Nathaniel Rich, repleto de revelações privilegiadas sobre estradas que não foram percorridas, me fez praguejar em voz alta. E para que não haja dúvidas sobre a magnitude desse fracasso capaz de abalar as estruturas mundiais, as palavras de Rich são ilustradas com fotografias aéreas de George Steinmetz que ocupam páginas inteiras, documentando dolorosamente o rápido desmembramento dos sistemas planetários, desde a água corrente onde costumava ser gelo na Groenlândia até a proliferação maciça de algas no terceiro maior lago da China.

O artigo com páginas suficientes para um romance representa o tipo de compromisso midiático que a crise climática há muito tempo merece, mas quase nunca recebeu. Todos nós já ouvimos as diversas desculpas que foram dadas para justificar os motivos pelos quais a questão irrelevante da degradação de nosso único lar simplesmente não se encaixa em uma notícia interessante: "As mudanças climáticas estão muito distantes no futuro", "É inapropriado falar sobre política quando as pessoas estão perdendo a vida em furacões e incêndios", "Os jornalistas seguem as notícias, eles não as inventam — e os políticos não estão falando sobre mudanças climáticas" e "toda vez que tentamos, todos mudam o canal".

Nenhuma dessas desculpas pode mascarar a negligência do dever. Os principais meios de comunicação sempre tiveram a possibilidade de decidir por conta própria que a desestabilização planetária é uma grande história digna de notícia, e que inquestionavelmente ela será a notícia com as maiores consequências de nossa era. Eles sempre tiveram a capacidade de potencializar as habilidades de seus repórteres e fotógrafos para conectar a ciência abstrata aos eventos climáticos extremos que acontecem. E, se o fizessem de forma consistente, a necessidade dos jornalistas de sempre se anteciparem às políticas seria reduzida, porque, quanto mais informações o público recebe sobre as ameaças como também sobre as soluções tangíveis, mais ele pressiona seus representantes para que ações ousadas sejam tomadas.

É por isso que foi tão empolgante ver a *Times* lançar toda a força de sua máquina editorial por trás da obra de Rich — anunciando-a com um vídeo promocional, lançando-a com um evento ao vivo no Times Center e fornecendo materiais educacionais complementares. É por essa mesma razão que é também tão enfurecedor que a tese central desse texto esteja tão espetacularmente errada.

Segundo Rich, entre os anos de 1979 e 1989, a ciência básica das mudanças climáticas foi entendida e aceita, a divisão partidária sobre o assunto ainda não tinha se desencadeado, as empresas de combustíveis fósseis não haviam iniciado sua campanha de desinformação para valer, e houve um grande impulso político global em direção a um acordo internacional de redução de emissões que fosse arrojado e vinculativo. Ao escrever sobre o período-chave no final da década de 1980, Rich diz: "As condições para o sucesso não poderiam ter sido mais favoráveis."

E, no entanto, nós estragamos tudo — "nós", os humanos, que aparentemente somos cegos demais para proteger nosso próprio futuro. Caso não tenhamos entendido, a resposta de Rich sobre quem e o que devemos culpar pelo fato de estarmos vivendo uma "perda de terra" é apresentada em uma chamada que ocupa uma página inteira: "Todos os fatos foram conhecidos e nada atrapalhou nosso caminho. Nada, exceto nós mesmos."

Sim, você e eu. Não, de acordo com Rich, as empresas de combustíveis fósseis que participaram de todas as maiores reuniões políticas descritas no artigo. (Imagine os executivos de tabaco sendo convidados repetidamente pelo governo dos EUA a fim de elaborarem conjuntamente políticas de proibição do fumo. Quando essas reuniões falharam em conseguir qualquer coisa que fosse significativa, será que concluiríamos que o motivo foi o fato de os seres humanos simplesmente quererem morrer? Será que, em vez disso, não deveríamos determinar que os sistemas políticos estão corrompidos?)

Desde que o artigo foi publicado na internet, muitos cientistas e historiadores do clima apontaram essa leitura errônea.* Outros comentaram sobre as invocações enlouquecedoras a respeito de uma "natureza humana" e o uso do "nós" imperativo para descrever um grupo gritantemente homogêneo de atores que ocupam o poder dos EUA. Em todo o relato de Rich, nada foi ouvido dos líderes políticos do Sul global, que exigiam medidas vinculativas nesse período-chave e depois, de alguma forma, se preocupando com as gerações futuras, apesar de serem humanos. Enquanto isso, as vozes das mulheres são quase tão raras no texto de Rich quanto os vislumbres do pica-pau-bico-de-marfim, ameaçado de extinção, e quando as moças finalmente aparecem, são principalmente esposas sofredoras de homens tragicamente heroicos.

Todas essas falhas já foram bem abordadas, então não irei reintroduzi-las aqui. Meu foco é a premissa central do texto: que o final da década de 1980 apresentava condições que "não poderiam ter sido

---

* Quando o artigo foi expandido para um livro, em 2019, Rich corrigiu essa omissão.

mais favoráveis" a uma ação climática ousada. Pelo contrário, qualquer pessoa dificilmente poderia imaginar um momento mais inoportuno na evolução humana para que nossa espécie estivesse cara a cara com a dura verdade de que as conveniências de consumo do capitalismo moderno estão corroendo constantemente a habitabilidade do planeta. Por quê? O final dos anos 1980 foi o pico absoluto da cruzada neoliberal, o auge na ascensão ideológica do projeto econômico e social que difamou deliberadamente a ação coletiva para ressaltar a presença de "mercados livres" e libertadores em qualquer aspecto de nossa vida. Mesmo assim, Rich não faz qualquer menção a esse cataclismo que ocorreu paralelamente no pensamento econômico e político.

Há alguns anos, quando mergulhei nessa mesma história de mudança climática, concluí, assim como Rich faz, que em 1988 ocorreu uma conjuntura ideal para o desenvolvimento de um impulso mundial em direção a um rígido acordo global baseado na ciência. Foi quando, perante ao Congresso, James Hansen, então diretor do Instituto Goddard de Estudos Espaciais da NASA, testemunhou que ele tinha "99% de confiança" em "uma tendência real de aquecimento" ligada à atividade humana. Mais tarde, naquele mesmo mês, centenas de cientistas e legisladores realizaram em Toronto a histórica Conferência Mundial sobre a Atmosfera em Alteração, onde foram discutidas as primeiras metas de redução de emissões. Em novembro de 1988, no final do mesmo ano, o principal corpo científico que aconselha os governos sobre a ameaça climática, o Painel Intergovernamental das Nações Unidas sobre Alterações Climáticas, realizou sua primeira sessão.

Mas, naquela época, a mudança climática não era uma preocupação que afetava apenas políticos e peritos — tanto que, quando os editores da revista *Time* anunciaram sua "Personalidade do ano" de 1988, eles mudaram para "Planeta do ano: Terra em perigo". A capa mostrava uma imagem do globo unido por barbante, o Sol se pondo sinistramente ao fundo. "Nenhum indivíduo, nenhum evento, nenhum movimento foi capaz de capturar mais a imaginação ou dominar mais as manchetes", explicou o jornalista Thomas Sancton, "do que o aglomerado de rochas, solo, água e ar que é o nosso território em comum".

(Curiosamente, ao contrário de Rich, Sancton não culpou a "natureza humana" pelo assalto planetário. Ele foi mais fundo, rastreando suas origens no uso indevido do conceito judaico-cristão de "domínio" sobre a natureza e ao fato de que essa corrente suplantou a ideia pré-cristã de natureza onde "a terra era vista como uma mãe, uma fértil provedora de vida. A natureza — o solo, a floresta, o mar — era dotada de divindade, e os mortais eram subordinados a ela".)

Quando pesquisei pelas notícias climáticas desse período, parecia que uma profunda mudança realmente estava ao alcance — e então, tragicamente, tudo escorregou de nossas mãos, com os Estados Unidos desviando das negociações internacionais e o resto do mundo se estabelecendo em acordos não vinculativos que recorriam a duvidosos "mecanismos de mercado", como comércio e compensações de carbono e, em alguns casos raros, um imposto diminuto sobre o carbono. Então, assim como Rich, realmente vale a pena perguntar: o que diabos aconteceu? O que foi que interrompeu a urgência e determinação que estavam emanando simultaneamente de todas essas instituições de elite no final dos anos 1980?

Embora não ofereça evidências sociais ou científicas, Rich conclui que algo chamado "natureza humana" tenha surgido, jogando tudo para o ar. "Os seres humanos", ele escreve, "seja em organizações globais, democracias, indústrias, partidos políticos ou como indivíduos, são incapazes de sacrificar a conveniência atual para prevenir uma penalidade que será imposta às gerações futuras". Parece que estamos fadados a "uma obsessão com o momento presente, uma preocupação com o médio prazo e uma exclusão do longo prazo de nossa mente, já que sempre poderemos cuspir o veneno para fora".

Olhando para o mesmo período, cheguei a uma conclusão muito diferente: a de que, em retrospecto, aquilo que à primeira vista poderia parecer como nossa melhor chance para uma ação climática que salvasse vidas, na realidade se mostrou um épico caso de mau alinhamento histórico. Porque o que fica evidente quando você olha para trás e observa essa conjuntura é que, enquanto os governos estavam se reunindo para discutir seriamente sobre as rédeas no setor de combustíveis fósseis, uma revolução neoliberal global explodiu feito supernova, fazendo com que esse projeto de reengenharia econômica e social colidisse em todas as instâncias com os imperativos da ciência climática e da regulamentação corporativa.

O fracasso em nem sequer referenciar essa outra tendência global que estava se desenrolando no final dos anos 1980 representa um ponto cego abissal no texto de Rich. Afinal de contas, o jornalista que retorna a um período não tão distante no passado tem o principal benefício de ser capaz de ver tendências e padrões que ainda não eram visíveis em tempo real para as pessoas que viviam esses tumultuados eventos. Por exemplo, a comunidade climática de 1988 não tinha como saber que estava no limiar de uma revolução econômica convulsiva, em vias de reformular todas as principais economias do planeta.

Mas nós sabemos. E quando você olha para o final dos anos 1980, uma coisa que salta aos olhos é: 1988–89 estava bem longe de oferecer "condições para o sucesso [que] não poderiam ter sido mais favoráveis". Pelo contrário, esse foi o *pior momento possível* para a humanidade tomar a decisão de que colocaria a saúde planetária seriamente como prioridade à frente dos lucros.

Vamos nos lembrar do que mais estava acontecendo naquela época. Em 1988, o Canadá e os Estados Unidos assinaram seu Tratado de Livre Comércio, um protótipo do NAFTA e inúmeros acordos que se seguiriam. O Muro de Berlim estava prestes a cair, um evento prosperamente atribuído como prova do "fim da história" pelos ideólogos de direita nos Estados Unidos e usado como desculpa para que a receita de privatização, desregulamentação e austeridade econômica promovida por Reagan e Thatcher fosse exportada em todos os cantos do globo.

O impulso que Rich identificou corretamente foi desestabilizado pela convergência dessas tendências históricas — o surgimento de uma arquitetura global que deveria enfrentar as mudanças climáticas *e* o surgimento de uma arquitetura global muito mais poderosa para libertar o capital de todas as restrições. Porque, como ele observa repetidamente, o desafio das mudanças climáticas exigiria que regulamentações rígidas fossem impostas aos poluidores, enquanto a esfera pública receberia investimentos para transformar a maneira como energizamos nossa vida, vivemos nas cidades e nos deslocamos por aí.

Nas décadas de 1980 e 1990, tudo isso era possível — e ainda é hoje —, mas exigiria uma batalha frontal com o projeto do neoliberalismo, que na época estava levantando guerra contra a própria ideia da esfera pública. ("Essa coisa de sociedade não existe", Thatcher nos disse.) Enquanto isso, os acordos de livre comércio assinados nesse período ocupavam-se em tornar ilegal a criação de muitas iniciativas climáticas sensíveis sob o direito comercial internacional (como subsidiar e oferecer tratamento preferencial à indústria verde local e recusar muitos projetos poluentes, como fraturamento hidráulico e oleodutos).

Como escrevi em *Tudo Pode Mudar — Capitalismo versus Clima*, "Nós não fizemos as coisas necessárias para reduzir as emissões porque elas entram fundamentalmente em conflito com o capitalismo desregulado, a ideologia reinante durante todo o período em que lutamos para encontrar uma saída para essa crise. Estamos paralisados porque as ações que nos dariam a melhor chance de evitar uma catástrofe, beneficiando a grande maioria, são extremamente ameaçadoras para uma elite minoritária que estrangula nossa economia, nosso processo político e a maioria de nossos principais meios de comunicação".

Por que é importante ressaltar a ausência de menção a esse conflito por Rich, que em seu lugar alega que nosso destino foi selado pela "natureza humana"? É importante porque, se "nós mesmos" representamos a força que interrompeu o impulso em direção à ação, então realmente merecemos ter uma manchete fatalista como PERDENDO A TERRA. Se dentro de nosso DNA coletivo temos a marca da incapacidade de abrir mão de um curto prazo em prol de uma chance de um futuro próximo com saúde e segurança, então não teremos a esperança de mudar as coisas a tempo de evitar um aquecimento verdadeiramente catastrófico.

Por outro lado, se nós, como seres humanos, realmente estivéssemos à beira de salvar nossa espécie durante os anos 1980, mas fomos atolados por uma maré de fanatismo elitista de livre mercado, contra o qual milhões de pessoas se opunham em todo o mundo, então podemos fazer algo realmente concreto sobre isso. Podemos enfrentar essa ordem econômica e tentar substituí-la por algo que está enraizado ao mesmo tempo na segurança humana e planetária, que não coloca como o centro da questão uma busca desenfreada por crescimento e lucro a todo o custo.

E a boa notícia — e, sim, temos algumas delas — é que, ao contrário de 1989, hoje em dia, nos Estados Unidos, vemos o avanço de um movimento jovem e crescente de socialistas democratas ambientalistas que partilham precisamente dessa mesma visão. E isso representa mais do que apenas uma alternativa eleitoral — é nossa única boia salva-vidas planetária.

No entanto, temos de ser bem claros de que precisamos de uma boia salva-vidas diferente de qualquer coisa que já tenha sido tentada antes, pelo menos na escala requisitada. Quando a *Times* tuitou o vídeo promocional do artigo de Rich sobre "a incapacidade humana de enfrentar a catástrofe da mudança climática", a excelente ala de justiça ecológica dos Socialistas Democráticos da América prontamente ofereceu essa correção: "'CAPITALISMO'. Se eles realmente se propuseram a investigar o que deu tão errado, então se trataria da 'incapacidade do capitalismo de enfrentar a catástrofe da mudança climática'. Além do capitalismo, a 'humanidade' é totalmente capaz de organizar as sociedades para que elas prosperem dentro dos limites ecológicos."

O argumento deles é muito bom, ainda que incompleto. Viver sob o capitalismo não determina nada de essencial nos seres humanos. Nós, humanos, somos capazes de nos organizar em todos os tipos de ordens sociais diferentes, incluindo sociedades com horizontes temporais muito mais longos e que dedicam muito mais respeito aos sistemas naturais de suporte à vida. Na verdade, foi assim que os seres humanos viveram durante a maior parte de nossa história, e até hoje diversas cosmologias centradas na Terra são mantidas vivas por muitas culturas indígenas. Na história coletiva de nossa espécie, o capitalismo é um ponto de interferência muito pequeno.

Mas não é o bastante simplesmente culpar o capitalismo. É uma verdade absoluta que a busca por crescimento e lucros inesgotáveis se opõe diretamente ao imperativo para uma rápida transição de desligamento dos combustíveis fósseis. É uma verdade absoluta que o desencadeamento global da forma de um capitalismo sem restrições conhecida como neoliberalismo nos anos 1980 e 1990 tem sido o maior contribuinte do desastroso aumento das emissões globais nas últimas décadas e o maior obstáculo à ação climática baseada na ciência desde que os governos começaram a se reunir para conversar (e conversar e conversar) sobre redução de emissões. E atualmente esse sistema continua sendo o maior obstáculo, mesmo em países que se vendem como líderes climáticos.

Mas temos de ser honestos quanto ao socialismo industrial autocrático também ter sido um desastre para o meio ambiente, como é evidenciado de maneira mais dramática pelo fato de que as emissões de carbono despencaram brevemente quando as economias da antiga União Soviética entraram em colapso no início dos anos 1990. E o petropopulismo da Venezuela é um lembrete de que não há nada inerentemente ecológico no socialismo autodefinido.

Vamos reconhecer esse fato, enquanto destacamos que os países com forte tradição social-democrata (como Dinamarca, Suécia e Uruguai) têm algumas das políticas ambientais mais visionárias do mundo. A partir disso, podemos concluir que o socialismo não é necessariamente ecológico, mas que a melhor chance da humanidade de sobreviver coletivamente parece ser uma nova forma de ecossocialismo democrático, com o aprendizado sobre os deveres para as gerações futuras e a interconexão entre todos os aspectos da vida que podemos humildemente retirar dos ensinamentos indígenas.

Essas são as apostas que temos com o surgimento de políticos e candidatos do movimento de base que estão promovendo uma visão ecossocialista democrática, ligando os pontos entre as depredações econômicas causadas por décadas de ascendência neoliberal e o estado devastado de nosso mundo natural. Juntos, eles estão clamando por um Novo Acordo Ecológico que vá ao encontro das necessidades materiais básicas de todos e ofereça soluções reais para as desigualdades raciais e de gênero, tudo isso enquanto catalisa uma transição rápida para atingir os 100% de energia renovável. Muitos deles também se comprometerem a não receber dinheiro de empresas de combustíveis fósseis, e, em contrapartida, prometem processá-las.

O centrismo neoliberal estabelecido pelo Partido Democrata, com suas mornas "soluções baseadas no mercado" para a crise ecológica, bem como a guerra total proferida por Donald Trump à natureza, estão sendo rejeitados por essa nova geração de líderes políticos. E eles também estão apresentando uma alternativa concreta aos socialistas extrativistas do passado, bem como aos do presente. Talvez o ponto mais importante dessa nova geração de líderes é que ela não está interessada em usar a "humanidade" como bode expiatório para a ganância e corrupção de uma pequena elite. Em vez disso, ela está procurando ajudar a humanidade, particularmente seus incontáveis membros sistematicamente menos ouvidos, a encontrar sua voz e poder coletivos para que possa enfrentar essa elite.

Não estamos perdendo a Terra, mas a Terra está ficando tão quente e em uma velocidade tão rápida que se encaminha para uma trajetória em que muitos de nós serão perdidos. No momento exato, um novo caminho político em direção à segurança está se apresentando. Não é o momento de lamentar nossas décadas perdidas. É o momento de entrar de uma vez por todas nesse bendito caminho.

NÃO TEM NADA DE NATURAL NO DESASTRE DE PORTO RICO

Quando uma sociedade é sistematicamente deixada à míngua e sua essência é desconsiderada, tornando-a naturalmente disfuncional, essa sociedade não tem absolutamente nenhuma capacidade de resistir a uma verdadeira crise.

UM ANO DEPOIS DO FURACÃO MARIA, SETEMBRO DE 2018

DURANTE ALGUMAS DÉCADAS, TENHO INVESTIGADO OS CAMINHOS PELOS QUAIS A dor e o trauma dos choques coletivos (como furacões ou crises econômicas) são sistematicamente explorados por aqueles que já são ricos e poderosos com o objetivo de construir uma sociedade ainda mais desigual e antidemocrática.

Porto Rico já era um exemplo digno de livro didático muito antes do furacão Maria. Antes que esses ventos violentos chegassem, a dívida (ilegítima e em grande parte ilegal) era a desculpa usada para forçar um programa brutal de sofrimento econômico. Cerca de quatro décadas antes, Rodolfo Walsh, um grande autor argentino, chamava esse processo de *miseria planificada*, “miséria planejada” em português.

A própria cola que mantém uma sociedade unida foi atacada sistematicamente por esse programa: todos os níveis de educação, assistência médica, sistemas de eletricidade e água, sistemas de trânsito, redes de comunicação e muito mais.

Esse plano era tão amplamente rejeitado que não se podia confiar em nenhum representante eleito em Porto Rico para executá-lo — por essa razão, em 2016, o Congresso dos EUA aprovou a Lei de Supervisão, Gerenciamento e Estabilidade Econômica de Porto Rico, conhecida como PROMESA. Essa lei representou um golpe de estado financeiro que colocou a economia do território diretamente nas mãos do Conselho de Administração e Supervisão Financeira, o qual não tinha sido eleito pela população. Em Porto Rico, eles chamam de *La Junta*.

O termo se encaixa. Como o ex-ministro das Finanças da Grécia, Yanis Varoufakis, colocou: os governos costumavam ser depostos com tanques — "agora é com bancos".

Foi nesse contexto, com todas as instituições porto-riquenhas cambaleantes pelos ataques de *La Junta*, que os ventos ferozes de Maria chegaram rugindo. Foi uma tempestade tão poderosa que até mesmo a sociedade mais robusta teria vacilado. Mas Porto Rico não apenas vacilou. Porto Rico quebrou.

Não o povo de Porto Rico, mas todos seus sistemas que já estavam deliberadamente à beira do precipício: energia, saúde, água, comunicação, comida. Todos esses sistemas colapsaram. As pesquisas mais recentes estimam que o furacão Maria resultou na perda de aproximadamente três mil pessoas, um número já aceito pelo governador de Porto Rico. Mas sejamos claros: Maria não matou todas aquelas pessoas. Foi essa *combinação* entre a austeridade esmagadora e um furacão extraordinário que roubou tantas vidas preciosas.

Naturalmente, algumas vidas foram perdidas pelo vento e pela água. Mas a grande maioria morreu porque, quando uma sociedade é sistematicamente deixada à míngua e sua essência é desconsiderada, tornando-a naturalmente disfuncional, essa sociedade não tem absolutamente nenhuma capacidade de resistir a uma verdadeira crise. Isso é o que a pesquisa nos diz, esses estudos negados de maneira tão casual por Donald Trump: as principais causas de morte resultaram da incapacidade de as pessoas conseguirem conectar seus equipamentos médicos na tomada porque fazia meses que a rede elétrica tinha caído. Redes de saúde estavam tão reduzidas a ponto de não conseguirem fornecer remédios para doenças tratáveis. As pessoas morreram porque a água que tinham para beber estava contaminada graças a um legado de racismo ambiental. As pessoas morreram porque foram abandonadas e ficaram sem esperança por tanto tempo que o suicídio parecia a única opção.

Essas mortes não resultaram de um "desastre natural" sem precedentes ou mesmo de "um ato de Deus", como costumamos ouvir.

Dizer a verdade é o primeiro passo para honrar aqueles que morreram. E a verdade é que não há nada natural nesse desastre. E se você acredita em Deus, deixe-o fora disso também.

Não foi Deus que, nos anos anteriores à tempestade, demitiu milhares de eletricistas qualificados ou que falhou na hora de fornecer os reparos básicos para que a rede elétrica fosse mantida. Deus não concedeu contratos de reconstrução vitais a empresas com conexões políticas, algumas das quais nem sequer fingiram fazer seu trabalho. Deus não decidiu que Porto Rico deveria importar 85% de seus alimentos — este arquipélago abençoado com alguns dos solos mais férteis do mundo. Deus não decidiu que Porto Rico deveria receber 98% de sua energia proveniente de combustíveis fósseis importados — essas ilhas banhadas pelo Sol, preenchidas pelo vento e cercadas por ondas, três fontes disponíveis de energia renovável barata e limpa.

Essas decisões foram tomadas por pessoas trabalhando para interesses poderosos.

Porque, durante 500 anos ininterruptos, o papel de Porto Rico e dos porto-riquenhos na economia mundial tem sido o de enriquecer outras pessoas, seja com a extração de mão de obra e recursos baratos ou como mercado cativo de alimentos e combustíveis importados.

Por definição, uma economia colonial é uma economia dependente, uma economia centralizada, desigual e distorcida. E, como estamos vendo, uma economia intensamente vulnerável.

E nem é certo chamar a própria tempestade de "desastre natural". Hoje em dia, nenhuma dessas tempestades que quebram recordes é natural — Irma e Maria, Katrina e Sandy, Haiyan e Harvey, e agora Florence e o tufão Mangkhut. O motivo pelo qual estamos vivenciando esses recordes é que os oceanos estão mais quentes e as marés estão mais altas. E isso também não é culpa de Deus.

Esse é o coquetel mortal — não apenas uma tempestade, mas uma tempestade intensificada pela mudança climática que atinge impetuosamente uma sociedade já deliberadamente enfraquecida por décadas de austeridade incessante, sobrepostas a séculos de extração colonial, com esforços de auxílio que nem sequer tentam disfarçar o fato de que dentro de nosso sistema global, a vida dos pobres existe mediante uma expressiva negligência.

Da mesma forma que aconteceu com as folhas sopradas das árvores, o sopro feroz de Maria rasgou todos os disfarces gentis desses sistemas brutais, deixando sua nudez exposta para que todo o mundo pudesse ver. O furacão e as intermináveis falhas da FEMA empurraram Porto Rico para além do suportável. Mas, em primeiro lugar, temos de olhar para os motivos que fizeram com que o território encarasse tão precariamente o abismo.

Parar de enquadrar essas falhas como incompetência também é necessário. Porque, se fosse incompetência, haveria algum esforço para consertar os sistemas subjacentes que produziram as falhas; para reconstruir a esfera pública, projetar um sistema alimentar e energético mais seguro e impedir a poluição de carbono que nos dá como garantida a ocorrência de tempestades ainda mais ferozes nas próximas décadas.

No entanto, o que vimos foi exatamente o oposto. Não vimos nada além do já conhecido capitalismo de desastre usando o trauma da tempestade para promover cortes maciços na educação, centenas de fechamentos de escolas, ondas e ondas de execuções hipotecárias domiciliares e as privatizações de alguns dos bens mais valiosos de Porto Rico. E assim como Trump nega a realidade das milhares de mortes porto-riquenhas, ele também nega a realidade das mudanças climáticas — que é o que seu governo deve fazer se deseja promover dezenas de políticas tóxicas para piorar ainda mais a crise.

Essa é a resposta oficial a essa catástrofe dos tempos modernos: faça tudo o que está ao seu alcance para garantir que isso se repita diversas e diversas vezes. Faça tudo o que está ao seu alcance para trazer à tona um futuro em que os desastres climáticos cheguem tão rápido e tão furiosos que até mesmo se reunir para lamentar os mortos em aniversários dolorosos possa parecer um luxo inatingível para nossos filhos. Eles já estarão no auge da próxima emergência, assim como se encontram neste momento as pessoas na Carolina do Norte e do Sul, no sul da Índia e nas Filipinas, exatamente um ano após Maria ter chegado em terra firme.

É por isso que dezenas de organizações porto-riquenhas, sob a bandeira de *Junte Gente*, "O Povo Junto", se levantam para exigir um futuro diferente. Não apenas um pouco melhor, mas radicalmente melhor. A mensagem deles é clara: essa tempestade deve ser um alerta, um catalisador histórico para uma recuperação e uma transição justas para a próxima economia. E isso tem de acontecer agora mesmo.

Isso começa com uma auditoria e, finalmente, o apagamento da dívida ilegal da ilha e a demissão de *La Junta*, cuja própria existência é uma afronta aos princípios mais básicos do governo autônomo. Somente assim haverá espaço político para redesenhar os sistemas de alimentação, energia, habitação e transporte que falharam em tantos momentos, substituindo-os na sequência por instituições que realmente possam servir ao povo porto-riquenho.

Esse movimento por uma recuperação justa baseia-se nos conhecimentos protegidos relacionados ao aproveitamento máximo da riqueza do solo para que as pessoas possam ser alimentadas e no poder do Sol e do vento para fornecer energia ao arquipélago.

Hoje, fui lembrada das palavras de Dalma Cartagena, uma das grandes líderes do movimento agroecológico de Porto Rico, que vem encabeçando os apelos para que a ilha pare de confiar nos alimentos importados e construa a resiliência revivendo as práticas agrícolas tradicionais. “Maria nos atingiu com muita força”, ela disse. “Mas isso fez com que nossas convicções se fortalecessem. Isso nos fez conhecer o caminho correto.”

A era da miséria planejada e da dependência deliberadamente projetada está terminando. É hora de planejar a alegria e projetar a libertação para que, quando a próxima tempestade chegar — e ela vai chegar —, os ventos possam rugir e as árvores possam tombar, mas Porto Rico mostrará ao mundo que nunca pode ser quebrado.

OS MOVIMENTOS CRIARÃO, OU ENTERRARÃO, O NOVO ACORDO ECOLÓGICO

Nós fomos treinados para manter os nossos problemas em silos; eles nunca pertenceram a esse lugar.

FEVEREIRO DE 2019

"EU REALMENTE NÃO GOSTO DESSAS POLÍTICAS DE ABRIR MÃO DE SEU CARRO, DE abrir mão de seus voos de avião, de 'vamos subir em um trem para a Califórnia' ou 'você não tem mais permissão para ter vacas!'"

Assim mugiu o presidente Donald Trump em El Paso, Texas, em sua primeira ressalva no estilo de sua campanha contra a resolução do Novo Acordo Ecológico da representante Alexandria Ocasio-Cortez e do senador Ed Markey.

Esse momento é digno de ser registrado, porque essas podem ser as famosas últimas palavras do único mandato de um presidente que subestimou intensamente a fome da população por ações transformadoras durante as triplas crises de nosso tempo: desmantelamento ecológico iminente, lacunas de desigualdade econômica (incluindo as diferenças raciais e de gênero) e a crescente supremacia branca.

Ou elas podem se tornar o epitáfio de um clima habitável, com o sucesso das mentiras e táticas assustadoras de Trump em atropelar esse quadro desesperadamente necessário. Elas podem inclusive ajudá-lo a ganhar a reeleição ou encaminhar para a Casa Branca um tímido democrata que não tem nem a coragem nem o mandato democrático para esse tipo de mudança profunda. Qualquer um dos cenários significa soprar para longe os poucos anos que nos restam para implementar as transformações necessárias para manter as temperaturas abaixo dos níveis catastróficos.

Em outubro de 2018, o Painel Intergovernamental sobre Alterações Climáticas publicou seu relatório histórico, nos informando de que em menos de 12 anos as emissões globais precisam ser reduzidas pela metade, uma meta que simplesmente não pode ser alcançada sem que a maior economia do mundo assuma um papel de liderança capaz de mudar o jogo. Se em janeiro de 2021 houver uma nova administração pronta para dar um salto e assumir essa posição, continuará sendo extraordinariamente difícil alcançar o cumprimento dessas metas, mas tecnicamente será possível — especialmente se no ínterim grandes cidades e estados como Califórnia e Nova York continuarem a elevar suas ambições junto da União Europeia, que está no meio de seu próprio debate sobre o Novo Acordo Ecológico. É simplesmente uma piada perder outros quatro anos para um republicano ou um democrata corporativo e começar a mudança somente em 2026.

Então, ou Trump está certo e o Novo Acordo Ecológico é uma questão política perdida, algo que pode ser banido da face da Terra, ou ele está errado e um candidato que tem como argumento central de sua plataforma a necessidade de um Novo Acordo Ecológico vencerá a primária democrata e derrotará Trump na sequência, apresentando um nítido mandato democrático que introduza investimentos como aqueles de tempos de guerra para combater nossas triplas crises desde o primeiro dia. Isso provavelmente faria com que o resto do mundo se inspirasse a finalmente seguisse o exemplo de uma política climática arrojada, dando a todos nós uma chance de lutar.

A boa notícia é que, enquanto escrevo, há candidatos competindo pela liderança do Partido Democrata (principalmente Bernie Sanders e Elizabeth Warren) que não apenas endossaram o Novo Acordo Ecológico, como também têm um histórico comprovado no enfrentamento de duas indústrias mais poderosas que tentam bloqueá-los: empresas de combustíveis fósseis e os bancos que as financiam. Esses líderes (assim como os movimentos que os criaram) entenderam algo crítico sobre a transição necessária: nem todos sairão ganhando. Para que qualquer uma dessas coisas aconteça, as empresas de combustíveis fósseis, que por muitas décadas mantiveram suas margens de lucros exorbitantes, terão de começar a perder, e a perda tem de ser maior do que apenas os incentivos fiscais e os subsídios com os quais estão tão acostumadas. Elas também terão de perder as novas concessões de perfuração e mineração que desejam; elas terão de ter suas permissões negadas para os oleodutos e terminais de exportação que querem tanto construir. Elas terão de deixar os trilhões de dólares em reservas provadas de combustíveis fósseis no solo. Pode ser que elas tenham até de desviar seus lucros remanescentes para pagar pela bagunça que fizeram conscientemente, como vários processos jurídicos estão tentando estabelecer.

Enquanto isso, se tivermos políticas inteligentes prontas para incentivar a proliferação de painéis solares nos telhados, as grandes empresas de energia perderão uma parte significativa de seus lucros, uma vez que seus antigos clientes estarão no negócio de geração de energia. Isso criaria grandes oportunidades para uma economia mais nivelada e, em última instância, para contas mais baratas — mas, novamente, alguns interesses poderosos terão de perder, a saber, as grandes empresas elétricas de carvão que não têm interesse em assistir ao momento em que seus antigos clientes cativos se tornarão concorrentes, vendendo energia de volta à rede.

Para estarem dispostos a infligir essas perdas às empresas de combustíveis fósseis e seus aliados, os políticos precisam fazer mais do que apenas não praticar a corrupção. Eles precisam estar a postos para a luta do século — e absolutamente claros sobre qual é o lado que deve sair vencendo. Mas, mesmo assim, há mais um elemento que nunca devemos esquecer: qualquer governo que tente implementar um Novo Acordo Ecológico precisará de poderosos movimentos sociais, atuando tanto no apoio quanto na pressão para que se vá sempre além.

De fato, as ações tomadas pelos movimentos sociais nos próximos anos serão o fator mais decisivo para definir se a mobilização por um Novo Acordo Ecológico será o que nos afastará do penhasco climático. Porque, por mais importante que seja a eleição de políticos dispostos a encarar essa briga, as questões decisivas não serão resolvidas somente por meio de eleições. No fundo, elas se tratam da construção de poder político — o suficiente para mudar o cálculo do que está ao nosso alcance.

Essa é a lição abrangente que podemos tirar dos poucos e distantes capítulos da história, quando os governos dos países ricos concordaram em introduzir grandes mudanças nos elementos constitutivos de suas economias. Deve-se sempre lembrar que o presidente Franklin D. Roosevelt lançou o *New Deal* em meio a uma onda histórica de agitação trabalhista: houve a Rebelião *Teamster* e a greve geral de Minneapolis em 1934, e no mesmo ano houve o encerramento das atividades dos portos da Costa Oeste durante 83 dias pelos trabalhadores costeiros, e os trabalhadores automobilísticos da cidade de Flint lançando greves em 1936 e 1937.

Durante esse mesmo período, os movimentos de massa, em resposta ao sofrimento da Grande Depressão, exigiram programas sociais abrangentes, como Seguro Social e seguro-desemprego, enquanto os socialistas argumentavam que as fábricas abandonadas deveriam ser entregues aos trabalhadores e transformadas em cooperativas. Upton Sinclair, o escandaloso delator de corrupções e autor de *The Jungle* [*A Selva*, em tradução livre], concorreu ao cargo de governador da Califórnia em 1934 em uma plataforma com o argumento de que a chave para acabar com a pobreza era o completo financiamento estatal às cooperativas de trabalhadores. Ele recebeu quase 900 mil votos, mas, tendo sido violentamente atacado pela direita e minado pelas estruturas democratas, perdeu por pouco o cargo de governador. Um número crescente de norte-americanos também estava prestando muita atenção a Huey Long, o senador populista da Louisiana que acreditava que todos os norte-americanos deveriam receber uma renda anual garantida de US$2.500. Em 1935, quando FDR explicou os motivos para ter adicionado mais benefícios de assistência social ao *New Deal*, ele disse que queria "roubar a cena de Long".

Tudo isso é um lembrete de que o *New Deal* foi adotado por Roosevelt em uma época de militância progressista e esquerdista, e o estabelecimento de seus programas (bastante radicais se forem comparados aos padrões atuais) parecia ser a única maneira de conter uma revolução em larga escala.

Em 1948, quando os Estados Unidos decidiram implementar o Plano Marshall, uma dinâmica semelhante estava em jogo. Com a infraestrutura da Europa em ruínas e suas economias em crise, o governo dos EUA estava preocupado que grande parte da Europa Ocidental pudesse cair sob a influência da União Soviética, vendo nas promessas igualitárias do socialismo a sua maior esperança. De fato, tantos alemães foram atraídos pelo socialismo no pós-guerra que as potências aliadas preferiram dividir a Alemanha em duas partes para que não houvesse risco de perder todo o território para os soviéticos.

Foi nesse contexto que o governo dos EUA decidiu que não reconstruiria a Alemanha Ocidental com o capitalismo de faroeste (como tentaram fazer cinco décadas depois, tendo resultados desastrosos, no momento em que a União Soviética colapsou). Em vez disso, a Alemanha seria reconstruída em um modelo social-democrata misto, com apoio à indústria local, sindicatos fortes e um robusto estado de bem-estar social. Assim como no *New Deal*, a ideia era construir uma economia de mercado que tivesse uma quantidade de elementos socialistas suficiente para que uma abordagem mais revolucionária perdesse seu apelo. Carolyn Eisenberg, autora de uma história aclamada do Plano Marshall, enfatiza que essa abordagem não nasceu do altruísmo. "A União Soviética estava com o dedo no gatilho. A economia estava em crise, havia uma esquerda alemã substancial e eles [o Ocidente] tiveram de conquistar rapidamente a lealdade do povo alemão."

Na forma de movimentos militantes e partidos políticos, essa pressão da esquerda produziu os elementos mais progressistas do *New Deal* e do Plano Marshall. Isso é algo importante de se lembrar, porque os planos atualmente oferecidos do Novo Acordo Ecológico por partidos políticos na América do Norte e na Europa ainda têm fraquezas significativas e precisarão ser reforçados e ampliados, assim como aconteceu com o *New Deal* original ao longo do tempo.

A resolução de Ocasio-Cortez e Markey é uma plataforma frouxa, e por mais que tenha sido criticada na imprensa por ser inclusiva demais, a realidade é que muitas coisas ainda são deixadas de fora. Por exemplo, um Novo Acordo Ecológico precisa ser mais explícito sobre manter o carbono no solo, sobre o papel central das Forças Armadas dos EUA no aumento das emissões, sobre a energia nuclear e o carvão nunca serem recursos "limpos" e sobre as dívidas dos países ricos como os Estados Unidos e de empresas poderosas como Shell e Exxon com países mais pobres que estão lidando com os impactos de crises sobre as quais não tiveram praticamente nenhuma participação.

E de maneira mais profunda, qualquer Novo Acordo Ecológico que almeje ter credibilidade precisa de um plano concreto para garantir que todos os salários dos bons empregos ecológicos criados não sejam imediatamente despejados em estilos de vida de alto consumo que acabam aumentando as emissões inadvertidamente — um cenário em que todos têm um bom trabalho e muita renda disponível, e tudo é gasto em porcarias descartáveis importadas da China, que têm seu fim nos aterros sanitários.

Poderíamos chamar esse problema de "keynesianismo climático" emergente: o boom econômico após a Segunda Guerra Mundial certamente reviveu economias em dificuldades, mas também desencadeou a expansão dos subúrbios, liberando um maremoto consumista que eventualmente acabaria sendo exportado para todos os cantos do globo. Na verdade, os legisladores ainda estão rodando em torno da dúvida, se estamos falando sobre instalar painéis solares no telhado do Walmart e chamar isso de sustentável, ou se estamos prontos para ter uma conversa mais apta a indagar sobre os limites dos estilos de vida que tratam o ato de comprar como a principal maneira de formar identidade, comunidade e cultura.

Essa conversa está intimamente ligada aos tipos de investimentos que priorizamos em nossos Novos Acordos Ecológicos. O que precisamos são transições que reconheçam os limites rígidos da extração e, simultaneamente, criem novas oportunidades para as pessoas melhorarem a qualidade de vida e obterem prazer fora do ciclo interminável do consumo, seja por meio de arte pública e recreação urbana ou acesso à natureza mediante novas áreas de proteções para regiões selvagens. Fundamentalmente, isso significa garantir que semanas de trabalho mais curtas permitam às pessoas o tempo para esse tipo de diversão e que elas não fiquem presas em rotinas de trabalho excessivo, em que soluções rápidas de fast-food e distração entorpecente são artigos requisitados.

Já sabemos que a felicidade e a satisfação aumentam tangivelmente a partir desses tipos de mudanças no estilo de vida e atividades de lazer, mas, particularmente nos EUA, os debates sobre a ação climática permanecem presos em um paradigma que iguala qualidade de vida com prosperidade pessoal e acumulação de riqueza. Se precisamos quebrar os obstáculos políticos para a construção de um Novo Acordo Ecológico, essa equação também precisará ser quebrada.

Como coloca George Monbiot, do jornal *The Guardian*, os recursos de nosso planeta podem nos fornecer "suficiência privada e luxo público", nas formas de "maravilhosos parques e áreas de lazer, centros esportivos e piscinas, galerias, loteamentos e transportes. Todos públicos". No entanto, a Terra não pode sustentar o sonho impossível de luxo privado para todos. Em seu livro *Doughut Economics* [*A Economia da Rosquinha*, em tradução livre], essa é a demanda feita pela economista Kate Raworth: "atender às necessidades de todos dentro dos meios do planeta" por meio de economias que "nos fazem prosperar, independentemente de crescerem ou não".

Olhando por essa perspectiva, temos muito a aprender com os movimentos liderados por indígenas na Bolívia e no Equador que colocaram o conceito de *buen vivir* no centro de seus apelos à transformação ecológica, um foco ao direito de uma vida boa, em oposição ao consumismo que sempre cresce e a obsolescência programada de uma vida baseada em querer sempre mais.

Podemos confiar que os oponentes do Novo Acordo Ecológico continuarão a espalhar o medo de um futuro de austeridade marcado por privações ininterruptas e controles governamentais a partir das propostas veiculadas. Negar que existirá uma mudança na maneira com que os 10% a 20% mais ricos da humanidade passarão a viver não pode ser a resposta. Haverá mudanças, haverá áreas nessa categoria que nós deveremos reduzir — incluindo viagens aéreas, consumo de carne e uso extravagante de energia —, mas também haverá novos prazeres e novos espaços onde podemos construir abundância.

Como esses debates difíceis estão vindo à tona, também precisamos nos lembrar de que a qualidade de vida depende exclusivamente da saúde de nosso planeta. E, tendo caminhado por mais destroços do que eu deveria depois de furacões e tempestades, desde o Katrina ao Sandy e Maria, e inalado muito ar sufocado com as partículas de muitas florestas em combustão espontânea, sinto confiança para dizer que um futuro com perturbações climáticas é um futuro sombrio e austero, capaz de transformar com uma velocidade assustadora todos nossos bens materiais em escombros ou cinzas. Podemos fingir que estender sem alterações o *status quo* para o futuro é uma das opções disponíveis para nós. Mas isso é uma fantasia. De um jeito ou de outro, a mudança está chegando. A escolha que nos resta é se vamos tentar moldar essa mudança para que o máximo de pessoas possa ser beneficiada ou se esperaremos passivamente enquanto as forças do desastre climático, da escassez e do medo do "outro" nos remodelam fundamentalmente.

É por isso que deve haver freios e contrapesos rigorosos — incluindo auditorias de carbono regulares — incorporados ao Novo Acordo Ecológico de cada país para garantir que realmente atingiremos as acentuadas metas de redução das emissões exigidas pela ciência. Se simplesmente assumirmos que, fazendo a transição para fontes renováveis e construindo moradias com baixo consumo de energia, isso acontecerá por conta própria, poderemos acabar na situação extremamente irônica em que um pico de emissões será atingido graças ao Novo Acordo Ecológico.

Em suma, o Novo Acordo Ecológico precisa ser um trabalho em andamento para que ele cumpra sua promessa e seja tão robusto quanto o que vem sendo pressionado pelos movimentos sociais, sindicatos, cientistas e comunidades locais. No momento, a sociedade civil não está nem de longe tão forte ou organizada como era na década de 1930, quando conseguiram as enormes concessões da era do *New Deal* — embora os sinais de força certamente sejam perceptíveis, de movimentos contra o encarceramento e deportação em massa, ao *#MeToo*, à onda de greves dos professores, aos bloqueios de oleodutos liderados por indígenas, ao desinvestimento nos combustíveis fósseis, às marchas das mulheres, às greves climáticas escolares, ao movimento Sunrise, ao ímpeto do Medicare for All e muito mais.

Ainda assim, temos um longo caminho pela frente se quisermos construir o tipo de poder externo necessário para vencer e proteger um Novo Acordo Ecológico verdadeiramente transformador, e é por isso que é tão crucial que usemos a estrutura existente como uma ferramenta poderosa para construir esse poder — uma visão que possa unir os movimentos que atualmente não estão conversando entre si, expandindo dramaticamente todas as suas bases.

O ponto central desse projeto é transformar o que está sendo ridicularizado como uma "lista de tarefas" ou "lista de desejos" de esquerda em uma história irresistível do futuro, conectando os pontos entre as muitas partes da vida cotidiana que há tanto tempo esperam para serem transformadas, da assistência de saúde aos empregos, da creche às celas de prisão, do ar puro ao lazer.

No momento, o Novo Acordo Ecológico está sendo caracterizado como uma sacola de compras aleatória, porque muitos de nós fomos treinados para evitar uma análise sistêmica e histórica do capitalismo, separando praticamente todas as crises que nosso sistema produz (desigualdade econômica, violência contra as mulheres, supremacia branca, guerras intermináveis, destruição ecológica) em silos isolados por muralhas. A partir dessa mentalidade quadrada, é fácil categorizar uma visão abrangente e interseccional tal qual o Novo Acordo Ecológico como uma "lista de tarefas" pintada de verde contendo tudo o que a esquerda já desejou em sua vida.

Por esse motivo, uma das tarefas mais urgentes que temos a nossa frente é usar todas as ferramentas possíveis para argumentar como todas nossas crises estão vinculadas e sobrepostas de maneira indissociável — e só podem ser superadas com uma visão holística da transformação social e econômica. Por exemplo, podemos destacar que não importa a rapidez com que reduzimos as emissões, o planeta ficará mais quente e as tempestades ficarão mais ferozes. Quando essas tempestades se chocam com os sistemas de saúde desnutridos pelas décadas de austeridade, milhares de pessoas pagam o preço com a própria vida, como aconteceu tão tragicamente após o furacão Maria em Porto Rico. É por isso que colocar a assistência médica universal no Novo Acordo Ecológico não é um complemento oportunista — é uma parte essencial de como manteremos nossa humanidade no futuro tempestuoso à frente.

E muitas outras conexões precisam ser traçadas. Seria importante que aqueles que vêm reclamando do sobrepeso que os tópicos como assistência infantil e educação pós-secundária gratuita infligem sobre a política climática, além de alegarem que são demandas supostamente não relacionadas, se lembrassem de que as profissões de assistência (a maioria delas dominada por mulheres) são relativamente baixas em carbono e, com um planejamento inteligente, podem se tornar ainda mais. Em outras palavras, elas merecem ser vistas como "empregos verdes", com as mesmas proteções, os mesmos investimentos e os mesmos salários que aqueles das forças de trabalho dominadas por homens nos setores de energias renováveis, de eficiência e transporte público. Enquanto isso, para que esses setores sejam menos dominados por homens, a licença parental e a igualdade salarial são obrigatórios, e é por isso que ambos estão incluídos na resolução do Novo Acordo Ecológico. Fomos treinados para manter nossos problemas em silos,eles nunca pertenceram a esse lugar.

Capturar a imaginação do público por meio do estabelecimento dessas conexões exigirá um exercício maciço de democracia participativa. Como primeiro passo, os trabalhadores de todos os setores (hospitais, escolas, universidades, tecnologia, manufatura, mídia e muito mais) devem criar seus próprios planos para uma rápida descarbonização enquanto promovem as missões definidas pelo Novo Acordo Ecológico: eliminação da pobreza, criação de bons empregos e o fim das divisões raciais e de gênero. Esse tipo de liderança democrática e descentralizada é explicitamente exigida pela resolução do Novo Acordo Ecológico, e um longo caminho deverá ser trilhado para fazê-la acontecer, em que uma base ampla de apoio seja construída para que essa estrutura encare as forças poderosas da elite que já estão se alinhando contra isso.

E há muitas outras conexões que precisam ser feitas. Longe de ser um adendo socialista não relacionado, a garantia de empregos é uma parte crítica para que uma transição rápida e justa seja alcançada. A intensa pressão sobre os trabalhadores para que eles assumam os tipos de empregos desestabilizadores de nosso planeta seria imediatamente reduzida, porque todos seriam livres para gastar o tempo que fosse necessário para um novo treinamento e até para encontrar trabalho em um dos muitos setores que serão expandidos dramaticamente.

Fundamentalmente, todas essas medidas básicas (segurança no emprego, assistência médica, assistência infantil, educação e moradia) dizem respeito à criação de um contexto em que a origem da insegurança econômica desenfreada de nossa época é endereçada. E isso está completamente relacionado com nossa capacidade de suportar as perturbações climáticas, porque, sabendo que suas famílias não necessitarão de comida, remédios e abrigo, as pessoas se sentirão mais seguras e menos vulneráveis às forças da demagogia racista que se aproveitará dos medos que invariavelmente acompanham tempos de grandes mudanças. Em outras palavras, é assim que lidaremos com a crise de empatia em um mundo que só esquenta.

Mencionarei uma última conexão relacionada ao conceito de "reparação". A resolução exige a criação de empregos bem remunerados, "restauração e proteção de ecossistemas ameaçados, frágeis e em risco de extinção" e "limpeza de resíduos perigosos existentes e de locais abandonados, garantindo desenvolvimento econômico e sustentabilidade nesses locais".

Existem muitos lugares assim nos Estados Unidos, paisagens inteiras que foram largadas à própria sorte depois que não eram mais úteis para o fraturamento hidráulico, os mineiros e os petroleiros. É muito parecido com o modo como essa cultura trata as pessoas. Certamente é como fomos treinados para tratar nossas coisas — use uma vez ou até que se quebre, depois jogue fora e compre um pouco mais. É semelhante ao que foi feito com tantos trabalhadores no período neoliberal: eles são usados e depois abandonados ao vício e ao desespero. É disso que se trata todo o estado carcerário: prender grandes setores da população que economicamente são mais valiosos como trabalhadores penitenciários e números na planilha de uma prisão privada do que como trabalhadores livres.

Existe uma grande história a ser contada aqui que diz respeito ao dever de reparar — reparar nosso relacionamento com a Terra e uns com os outros. Porque, embora seja verdade que a mudança climática seja uma crise produzida pelo excesso de gases de efeito estufa na atmosfera, em um sentido mais profundo ela também é uma crise produzida por uma mentalidade extrativista, por uma maneira de ver tanto o mundo natural quanto a maioria de seus habitantes como recursos para gastar e depois descartar. Chamo isso de economia da "terceirização e escavação" e acredito firmemente que sem uma mudança na visão de mundo em todos os níveis e uma transformação para um *ethos* de cuidado, não conseguiremos sair dessa crise. Reparando a terra. Reparando nossas coisas. Reparando corajosamente nossos relacionamentos dentro de nossos países e entre eles.

Devemos sempre nos lembrar de que a era dos combustíveis fósseis começou em violenta cleptocracia, com o roubo de pessoas e o roubo de terras figurando como os dois roubos fundamentais que deram início a uma nova era de expansão aparentemente interminável. O caminho para a renovação passa pelo acerto de contas e pelo reparo: acertar as contas com nosso passado e reparar nosso relacionamento com as pessoas que pagaram o preço mais alto da primeira Revolução Industrial.

Há muito tempo que essas falhas ao confrontar verdades difíceis zombam de qualquer noção de um "nós" coletivo. Nossas sociedades só serão liberadas para encontrar nosso objetivo coletivo quando o reconhecermos. Na verdade, talvez a maior promessa do Novo Acordo Ecológico seja entregar esse senso de propósito comum. Porque o que está se desmantelando na frente de nossos olhos não são apenas os sistemas de suporte à vida do planeta. O mesmo está acontecendo em muitas frentes, ao mesmo tempo, em nosso tecido social.

Por todas as partes vemos os sinais de fratura — desde o surgimento de notícias falsas e teorias conspiratórias desequilibradas até as artérias endurecidas de nosso corpo político. Nesse contexto, pela sua grande escala, ambição e urgência, o Novo Acordo Ecológico poderia ser o propósito coletivo que finalmente ajudaria a superar muitas dessas cisões.

Não se trata de uma cura mágica para o racismo, a misoginia, a homofobia ou a transfobia — ainda temos de enfrentar esses males. Mas se, mesmo com todos os poderes que estão a postos contra ele, o acordo se tornar lei, muitos de nós receberíamos um senso de que podemos trabalhar juntos em direção a algo maior que nós mesmos. Algo que todos nós participamos da criação. E isso nos daria uma destinação em comum — algum lugar nitidamente melhor do que este onde estamos agora. No momento, nossa cultura de capitalismo tardio precisa urgentemente desse tipo de missão compartilhada.

Se para os legisladores esses tipos de conexões mais profundas entre pessoas fraturadas e um planeta em rápido aquecimento parecerem muito além de seu escopo, vale a pena relembrar o papel absolutamente central dos artistas durante a era do *New Deal*. Contar a história de um mundo possível teve a participação de todos os dramaturgos, fotógrafos, muralistas e romancistas. Para que o Novo Acordo Ecológico seja bem-sucedido, também precisaremos das habilidades e conhecimentos de muitos tipos diferentes de contadores de histórias: artistas, psicólogos, líderes religiosos, historiadores e muito mais.

Antes que todos possam vê-lo em seu futuro, a estrutura do Novo Acordo Ecológico precisa percorrer um longo caminho. Erros já foram cometidos, e ao longo do caminho outros tantos aparecerão. Mas nada disso tem tanta importância quanto os acertos precisos desse projeto político de rápido crescimento.

O Novo Acordo Ecológico precisará se sujeitar à vigilância e pressão constantes de especialistas que entendem exatamente o que será necessário para reduzir nossas emissões tão rapidamente quanto a ciência exige e de movimentos sociais que têm décadas de experiência em aguentar o impacto da poluição e as falsas soluções climáticas. Mas, ao permanecermos vigilantes, também devemos ter cuidado para não deixar que o quadro geral escape de nossa vista: todos nós temos uma responsabilidade sagrada e moral de alcançar essa boia salva-vidas.

Os jovens organizadores do Movimento Sunrise, que fizeram tanto para estimular o impulso do Novo Acordo Ecológico, falam sobre nosso momento coletivo como um momento cheio de "promessa e perigo". Eles acertaram em cheio. E daqui para a frente, tudo o que acontecer terá um pouco dos dois.

A ARTE DO NOVO ACORDO ECOLÓGICO

"Não foi só a infraestrutura que mudamos. Nós mudamos a maneira como fizemos as coisas. Nós nos tornamos uma sociedade que não era apenas moderna e rica, mas também digna e humana."

ABRIL DE 2019

ALGUMAS VEZES UM PROJETO ACESSA UMA FORÇA EXTREMAMENTE PODEROSA, ultrapassando qualquer expectativa de seus criadores. Foi assim que aconteceu com o vídeo de sete minutos que concebi com a artista Molly Crabapple e onde atuei como produtora executiva.

Uma Mensagem do Futuro, com Alexandria Ocasio-Cortez é narrado pela congressista e ilustrado por Crabapple, tendo como cenário o futuro próximo de algumas décadas. O filme começa com Ocasio--Cortez, com uma mecha branca no cabelo, andando de trem-bala de Nova York a Washington, D.C. Pela janela, vemos passar apressadamente o futuro criado pela implementação bem-sucedida do Novo Acordo Ecológico.

O projeto do filme surgiu de uma conversa que tive com Crabapple (uma ilustradora, escritora e cineasta brilhante) logo depois que a ideia de um Novo Acordo Ecológico começou a ganhar força nos Estados Unidos. Estávamos fazendo um *brainstorm* sobre como poderíamos envolver mais artistas no projeto. Afinal de contas, a maior parte das formas de arte é de baixo carbono, e o *New Deal* de

Franklin D. Roosevelt levou a um renascimento da arte por meio do financiamento público, com a participação direta de artistas de todos os tipos nas transformações da época.

Queríamos tentar estimular os artistas nesse tipo de missão social novamente, mas não nos anos seguintes, caso o Novo Acordo Ecológico venha a se tornar lei federal. Não, em primeiro lugar, queríamos que a arte se manifestasse imediatamente para ajudar a vencer a batalha pelos corações e mentes que determinariam se o Novo Acordo Ecológico tem alguma chance de existir.

Crabapple sugeriu que fizéssemos um filme sobre o Novo Acordo Ecológico em que ela mesma seria a ilustradora e que tivesse Ocasio-Cortez como narradora. A questão que pairava era: como contamos a história de algo que até então nem sequer aconteceu?

À medida que lançávamos ideias, percebemos que o vídeo padrão institucional não serviria. Para o tipo de mudança transformadora que o Novo Acordo Ecológico prevê, o maior obstáculo não é a dificuldade de compreensão das pessoas sobre o que está sendo proposto (embora certamente exista muita desinformação rolando por aí). O desafio é que muitos estão convencidos de que a humanidade nunca poderia bancar algo assim, nessa escala e velocidade. E muita gente passou a acreditar que a distopia é nosso fim inevitável.

É razoável que haja ceticismo. A ideia de que as sociedades podem tomar a decisão de adotar rápidas mudanças fundamentais no transporte, moradia, energia, agricultura, silvicultura e muito mais coletivamente — precisamente o que é necessário para evitar o colapso climático — não é algo que tenha qualquer tipo de referência viva para a maioria de nós. Crescemos bombardeados pela mensagem de que não existe alternativa ao péssimo sistema que está desestabilizando o planeta e concentrando uma vasta riqueza no topo. Ouvimos da maioria dos economistas que somos fundamentalmente egoístas, individualistas sempre buscando gratificação. Dos historiadores, aprendemos que a mudança social sempre foi obra de grandes homens singulares.

Hollywood também não foi de muita ajuda. Quase todas as visões de futuro criadas pelos filmes de ficção científica de grande orçamento têm como prerrogativa algum tipo de apocalipse ecológico e social. É quase como se coletivamente não acreditássemos mais na existência de um futuro, quem dirá que em muitas maneiras ele poderia ser melhor do que o presente.

Contudo, nem toda arte aceita o colapso como garantia. Há muito tempo existem criadores nas margens, de afrofuturistas a fantasistas feministas, que vêm tentando acabar com a ideia de que o futuro deve ser como o presente, só que ainda pior e com robôs sexuais. Uma dessas artistas visionárias foi a grande escritora de ficção científica Ursula K. Le Guin, que em 2014, quatro anos antes de sua morte, proferiu um discurso abrasador ao receber a Medalha da National Book Foundation: "Tempos difíceis estão se aproximando", ela disse.

> No momento em que desejarmos que as vozes dos escritores capazes de ver alternativas às formas com que vivemos agora, capazes de ver outras formas de ser através de nossa sociedade invadida pelo medo e dotada de suas tecnologias obsessivas, e capazes até mesmo de imaginar motivos reais de esperança. Precisaremos de escritores que possam se lembrar da liberdade — poetas, visionários — realistas de uma realidade maior (...) Vivemos no capitalismo, parece que não podemos escapar de seu poder — mas assim também parecia ser o direito divino dos reis. Os seres humanos podem resistir e alterar qualquer forma de poder humano. Resistência e mudança geralmente começam na arte.

Um dos legados mais duradouros do *New Deal* original é o poder da arte de inspirar a transformação. E, curiosamente, na década de 1930, esse projeto de transformação também estava sob um ataque persistente na imprensa, e, no entanto, nem por um minuto ele perdeu sua potência.

Desde o início, os planos de FDR foram ridicularizados com todos os nomes possíveis pelos críticos de elite, desde fascismo rastejante a comunismo reprimido. No equivalente de 1933 de "Eles estão vindo pelos seus hambúrgueres!", o senador republicano Henry D. Hatfield, da Virgínia Ocidental, escreveu a um colega: "Isso é despotismo, isso é tirania, é a aniquilação da liberdade. O norte-americano comum é, portanto, reduzido ao status de robô." Um ex-executivo da DuPont reclamou que, com a oferta de empregos com salários decentes pelo governo, "na minha casa em Carolina do Sul, cinco negros se recusaram a trabalhar nesta primavera (...) e em Fort Myerts, na minha casa flutuante, um cozinheiro se demitiu porque o governo estava pagando um dólar por hora para que ele trabalhasse como pintor".

Milícias de extrema direita se formaram; para derrubar FDR, até uma conspiração piegas foi levantada por um grupo de banqueiros.

Uma tática mais sutil foi adotada pelos pseudocentristas: nos editoriais e artigos de opiniões dos jornais, eles advertiam FDR a ir mais devagar e baixar a bola. A historiadora e autora de *Invisible Hands: The Businessmen's Crusade Agains the New Deal* [*Mãos Invisíveis: A Cruzada dos Empresários Contra o New Deal*, em tradução livre], Kim Phillips-Fein me disse que podemos traçar paralelos evidentes entre os ataques de hoje ao Novo Acordo Ecológico em grandes meios de comunicação como o *New York Times*. "Eles não se opunham totalmente ao que estava acontecendo, mas, em muitos casos, eles iriam argumentar que você não iria querer mudar tudo ao mesmo tempo, que era grande demais, rápido demais. Que a administração deveria esperar e estudar mais."

Mesmo com todas suas muitas contradições e exclusões, a popularidade do *New Deal* continuou a crescer, conquistando a grande maioria dos democratas nas eleições intermediárias do Congresso e concedendo uma reeleição esmagadora de FDR em 1936.

Os ataques da elite nunca conseguiram virar o público contra o *New Deal* pelo principal motivo de que seus programas estavam ajudando as pessoas. Mas outra razão tinha a ver com o poder imensurável da arte, que estava incorporado em praticamente todos os aspectos das transformações da época. Para os apoiadores do *New Deal*, os artistas eram vistos como trabalhadores assim como qualquer outro: pessoas que, nas profundezas da Depressão, também mereciam assistência direta do governo para praticar seu ofício. Como disse Harry Hopkins, o diretor da Works Progress Administration (WPA): "Diabo, eles precisam comer igual todo mundo."

Por meio de programas que incluíam o Federal Art Project, Federal Music Project, Federal Theatre Project e Federal Writers Project (todos parte do WPA), bem como a Treasury Section of Painting and Sculpture e vários outros, dezenas de milhares de pintores, músicos, fotógrafos, dramaturgos, cineastas, atores, autores e uma enorme variedade de artesãos encontraram trabalhos significativos, com um apoio a artistas afro-americanos e indígenas que jamais tinha sido presenciado.

O resultado foi uma explosão de criatividade e um corpo de trabalho espantoso. O Federal Art Project produziu sozinho cerca de 475 mil obras de artes visuais, incluindo mais de 2 mil pôsteres, 2.500 murais e 100 mil telas para espaços públicos. Sua plataforma de artistas incluía Jackson Pollock e Willem de Kooning. Entre os autores que participaram do Federal Writers Project estavam Zora Neale Hurston, Ralph Ellison e John Steinbeck. O Federal Music Project foi responsável por 225 mil apresentações, atingindo cerca de 150 milhões de norte-americanos.

Grande parte da arte produzida pelos programas do *New Deal* simplesmente falavam sobre trazer alegria e beleza às pessoas devastadas pela Depressão — enquanto desafiava a ideia predominante de que a arte pertencia exclusivamente aos ricos. Como FDR disse em uma carta de 1938 ao autor Hendrik Willem van Loon: "Eu também tenho um sonho — mostrar às pessoas marginalizadas, algumas das quais não estão apenas em pequenas cidades, mas também nos cantos de Nova York (...) algumas pinturas, impressões e gravuras de verdade, algumas músicas de verdade."

No período do *New Deal*, algumas formas de arte se propuseram a refletir a realidade de um país destruído e, no processo, argumentar de maneira inquestionável a urgente necessidade dos programas de assistência do *New Deal*. Trabalho icônicos resultaram dessa proposta, desde as fotografias de Dorothea Lange abordando as famílias do

Dust Bowl envoltas em nuvens de sujeira e forçadas a se deslocar, às imagens angustiantes de Walker Evans dos fazendeiros arrendatários que encheram as páginas do livro *Let Us Now Praise Famous Men* [*Louvemos Agora os Homens Famosos*, em tradução livre], de 1941, a Gordon Parks com sua fotografia pioneira do cotidiano do Harlem.

Usando arte gráfica, curtas-metragens e vastos murais, outros artistas produziram criações mais otimistas e até utópicas para documentar a transformação em andamento nos programas do *New Deal* — corpos fortes construindo novas infraestruturas, plantando árvores e recolhendo os pedaços de sua nação de várias formas.

Enquanto Crabapple e eu, inspiradas pela arte utópica do *New Deal*, começávamos a matutar a ideia de um curta-metragem do Novo Acordo Ecológico, o *Intercept* publicou um artigo de Kate Aronoff ambientado em 2043, tempos em que o Novo Acordo Ecológico já teria acontecido. O texto contava a história ficcional da vida de "Gina", que tinha crescido em um mundo criado pelas políticas do Novo Acordo Ecológico: "Ela teve uma infância relativamente estável. Seus pais se beneficiaram do direito a uma parte do ano remunerada pela licença familiar, e, depois disso, ela passou a ser deixada em uma creche oferecida pelo programa gratuito de assistência à infância." Depois da universidade pública, "ela passou seis meses trabalhando na restauração de pântanos e outros seis meses como voluntária em uma creche muito parecida com a que tinha frequentado".

O artigo cutucava a ferida, e isso se justificava em grande parte pela imaginação de um tempo futuro que não se relacionava com qualquer tipo de versão dos guerreiros de *Mad Max* lutando em círculos com bandos de senhores da guerra canibais. Crabapple e eu decidimos que nosso filme poderia fazer algo semelhante, mas desta vez do ponto de vista de Ocasio-Cortez. Contaria a história de como a sociedade optou pela ousadia, em vez da desistência, e pintaria uma imagem do mundo depois que o Novo Acordo Ecológico defendido pela congressista havia se tornado uma realidade.

O resultado final é um cartão postal de sete minutos do futuro, com codireção de Kim Boekbinder e Jim Batt, colaboradores de longa data de Crabapple, e coescrito por Ocasio-Cortez e por Avi Lewis, cineasta e organizador do movimento de justiça climática (que por acaso também é meu marido). O filme é uma história sobre como, no momento oportuno, uma massa crítica da humanidade na maior economia da Terra finalmente acreditou que se salvar era um bom negócio.

Um país ao mesmo tempo familiar e inteiramente novo é retratado pelos pincéis de Crabapple. As cidades são conectadas por trens-bala, idosos indígenas ajudam os mais jovens a restaurar pântanos, a reforma de moradias acessíveis garante emprego a milhões de pessoas — e quando as tempestades afogam as principais cidades, os moradores respondem não com vigilantismo e recriminação, mas com cooperação e solidariedade. Sobre essas pinturas exuberantes, ouvimos a voz de Ocasio-Cortez:

> Enquanto lutávamos contra as inundações, os incêndios e as secas, sabíamos como éramos sortudos por termos começado a agir no momento em que agimos. Não foi só a infraestrutura que mudamos. Nós mudamos a maneira como fizemos as coisas. Nós nos tornamos uma sociedade que não era apenas moderna e rica, mas também digna e humana. Paramos de ter tanto medo do futuro quando firmamos um compromisso com os direitos universais, como assistência médica e trabalhos relevantes para todo o mundo. Paramos de ter medo uns dos outros e encontramos nosso propósito em comum.

Nem de longe esperávamos uma resposta como a que tivemos. No dia 17 de abril, o filme foi publicado. Em 48 horas, ele já tinha sido visualizado mais de seis milhões de vezes. Dentro de 72 horas, como parte de uma turnê nacional organizada pelo Movimento Sunrise para criar impulso para o Novo Acordo Ecológico, nosso filme estava sendo exibido em salas para mais de mil pessoas. Nas salas, as pessoas festejavam cada uma das linhas. No período de uma semana, escutamos de vários professores (do ensino fundamental até a universidade) que eles estavam mostrando o vídeo em suas salas de aula.

Lia-se em um relatório típico: "Nossos alunos têm fome de esperança." Centenas de pessoas nos escreveram para dizer que tinham se debulhado em lágrimas em suas mesas — por tudo aquilo que já estava perdido e por tudo aquilo que ainda podemos conquistar.

Revivendo esse projeto e a velocidade na qual ele viajou pelo mundo, me ocorre que, apesar de toda a limitação dessa analogia histórica, estamos começando a ver o verdadeiro poder de projetar nossas respostas coletivas à mudança climática como um "Novo Acordo Ecológico". Evocando as transformações industriais e sociais do período FDR que alteraram o mundo real há quase um século, buscando imaginar nosso mundo daqui a meio século, todos nossos horizontes temporais são alargados.

De repente, não somos mais prisioneiros de nossas linhas do tempo das mídias sociais com seu presente perpétuo e interminável. Fazemos parte de uma longa e complexa história coletiva, na qual os seres humanos não são um conjunto de atributos, fixos e imutáveis, mas, em vez disso, somos um trabalho em andamento capaz de provocar mudanças profundas. Enquanto enfrentamos nosso denso momento histórico olhando simultaneamente para as décadas passadas e futuras, não nos sentimos mais sozinhos. Estamos rodeados pelos sussurros de nossos ancestrais que nos dizem que podemos fazer o que nosso momento exige, exatamente como eles fizeram, e estamos rodeados pelas gerações futuras gritando que elas não merecem perder nada.

Quanto à visão esperançosa do futuro apresentada pelo Novo Acordo Ecológico, acho que muitos de nós estão respondendo fortemente a esse horizonte temporal prolongado. Porque não há nada mais desorientador do que se encontrar flutuando no tempo, desvinculado do futuro e do passado. Nós só teremos um lugar robusto para firmarmos nossos pés quando soubermos de onde viemos e para onde queremos ir.

Só então acreditaremos, como Ocasio-Cortez diz no filme, que nosso futuro ainda não foi escrito e "podemos ser qualquer coisa que tivermos a coragem de enxergar".

EPÍLOGO: A BREVE ARGUMENTAÇÃO PARA UM NOVO ACORDO ECOLÓGICO

EXISTEM MUITOS ARGUMENTOS SÉRIOS LEVANTADOS PELOS CRÍTICOS DO NOVO acordo ecológico sobre o porquê de tudo isso estar condenado. Em Washington, a paralisia política é real. Mesmo em um mundo onde os republicanos negadores das alterações climática foram varridos para fora do poder, ainda existiriam muitos democratas centristas convencidos de que seus constituintes não tinham apetite por mudanças radicais. Os planos custam caro, e seria necessário um esforço hercúleo para aprovar os orçamentos.

Ouvimos dizer que seria melhor se adotássemos como guia para nossas ações certas políticas climáticas que são capazes de atrair muitas pessoas da direita, como uma mudança do carvão para a energia nuclear, ou um pequeno imposto sobre o carbono que retorna as receitas como um "dividendo" para todos os cidadãos.

O principal problema dessas abordagens incrementais é que elas simplesmente não são capazes de resolver o problema. Para atrair o apoio dos republicanos mergulhados no dinheiro de combustíveis fósseis, o imposto no carbono teria que ser muito baixo para causar qualquer impacto. Em comparação com os renováveis, a energia nuclear é cara e leva muito tempo para ser implementada — e isso sem mencionar os riscos associados à mineração de urânio e ao armazenamento de resíduos.

A verdade é a seguinte: precisamos reduzir as emissões de forma rápida e considerável para que consigamos sair dessa trajetória perigosa, e isso não acontecerá sem uma ampla reforma de infraestrutura e industrial. A boa notícia é que o Novo Acordo Ecológico não é nem de perto tão impraticável ou tão irrealista quanto muitos críticos afirmam. Ao longo deste livro, defendi esse argumento, mas a seguir trago mais nove razões pelas quais existe uma chance na batalha para o Novo Acordo Ecológico — e se sairmos em sua defesa, essa chance só tende a crescer cada vez mais.

1. É UM CRIADOR MACIÇO DE EMPREGOS

Todas as partes do mundo que investiram pesadamente em energias renováveis e eficiência descobriram que esses setores criam empregos de um modo muito mais poderoso que os combustíveis fósseis. O Estado de Nova York viu um aumento imediato na criação de empregos quando se comprometeu que até 2030 (uma velocidade não tão rápida) metade de sua energia seria obtida por meio das energias renováveis.

A concepção do Novo Acordo Ecológico dos EUA como uma linha temporal acelerada fará com que ele se transforme em uma máquina criadora de trabalho. Mesmo sem apoio federal — na verdade, com uma sabotagem ativa da Casa Branca —, a economia verde já está criando muito mais empregos do que o petróleo e o gás. De acordo com o Relatório de Energia e Emprego dos EUA (USEER) de 2018, os empregos nos setores de energia eólica, eficiência solar e outros setores de energia limpa superaram os empregos fósseis em uma taxa de três para um. Isso está acontecendo por causa de uma combinação de incentivos estaduais e municipais e por meio da queda do custo das energias renováveis. Um Novo Acordo Ecológico levaria a uma supernova da indústria enquanto garantiria que os empregos tivessem salários e benefícios comparáveis aos oferecidos no setor de petróleo e gás.

Não faltam pesquisas para apoiar isso. Por exemplo, um estudo de 2019 no estado do Colorado sobre os impactos que um programa semelhante ao Novo Acordo Ecológico poderia gerar na construção de empregos descobriu que muito mais empregos seriam criados do que perdidos. O estudo, publicado pelo Departamento de Economia e pelo Instituto de Pesquisa em Economia Política da Universidade de

Massachusetts-Amherst, analisou o que seria necessário para o estado alcançar uma redução de 50% nas emissões até 2030. Foi constatado que cerca de 585 empregos não gerenciais seriam perdidos, mas que, com um investimento de US$14,5 bilhões por ano em energia limpa, "o Colorado gerará cerca de 100 mil empregos no estado por ano".

Existem muitos outros estudos com resultados igualmente impressionantes. Um plano apresentado pela Aliança BlueGreen dos EUA, um órgão que reúne sindicatos e ambientalistas, estimou que se durante um período de seis anos o investimento anual em transporte público e ferrovias de alta velocidade fosse de US$40 bilhões, isso produziria mais de 3,7 milhões de empregos. E de acordo com um relatório da European Transport Workers Federation, sete milhões de novos empregos seriam criados em todo o continente por meio de políticas abrangentes que reduziriam 80% das emissões no setor de transportes, enquanto outros cinco milhões de empregos em energia limpa na Europa poderiam reduzir as emissões de eletricidade em 90%.

2. SEU INVESTIMENTO CRIARÁ UMA ECONOMIA MAIS JUSTA

Como deixou claro o relatório do IPCC de 2018 a respeito da necessidade de mantermos o aquecimento abaixo de 1,5° C, se não partirmos para ações transformadoras na redução das emissões, os custos serão astronômicos. A estimativa do painel é a de que, se permitirmos o aumento de 2° C nas temperaturas (em oposição aos 1,5° C), os danos econômicos globais atingiriam US$69 trilhões.

Obviamente, os custos para a implementação de um Novo Acordo Ecológico também seriam altos, mas os defensores do plano apontaram para as diversas maneiras pelas quais ele poderia ser financiado. A versão dos EUA, segundo Alexandria Ocasio-Cortez, deve ser financiada da mesma maneira que qualquer outro gasto de emergência anterior: por meio da simples autorização dos fundos pelo Congresso dos EUA, apoiada pela Tesouraria da moeda de última instância do mundo. De acordo com o New Consensus, um *think tank* estreitamente associado às suas propostas políticas: "já que o Novo Acordo Ecológico produzirá novos bens e serviços para acompanhar e absorver as novas despesas de sua criação, não existe mais razões para permitir que o medo sobre o financiamento interrompa o progresso do que havia para fazê-lo interromper guerras ou cortes tributários."

Enquanto isso, a proposta da Primavera Europeia para um Novo Acordo Ecológico exige uma taxa global mínima de imposto corporativo para capturar a receita tributária frequentemente evitada por meio de esquemas transnacionais pelas "Apples" e os "Googles" da vida. Uma reversão da ortodoxia monetária também é exigida por meio do apoio dos bancos centrais a um investimento público que esteja de acordo com as obrigações ecológicas. "Precisamos reverter as políticas econômicas que nos levaram a essa iminência para que a verdadeira ameaça existencial que enfrentamos hoje seja combatida. Austeridade significa extinção." Alguns analistas, como Christian Parenti, enfatizaram que os governos federais podem conduzir a transição com suas políticas de aquisição.

Em resumo, existem muitas maneiras para obter financiamento, incluindo formas que atacam níveis insustentáveis de concentração de riqueza, transferindo o fardo para aqueles que de fato são os mais responsáveis pela poluição climática. E não é uma tarefa difícil de descobrir quem eles são. Graças à pesquisa do Climate Accountability Institute, sabemos que, desde 1988, somente 100 gigantes empresas corporativas e estatais de combustíveis fósseis apelidadas de "As Gigantes do Carbono" carregam os gritantes 71% do total de emissões de gases de efeito estufa.

Trazendo isso à tona, existem várias medidas que podem ser tomadas com a bandeira "o poluidor é quem paga", visando garantir que os maiores responsáveis por essa crise façam o máximo para assegurar a transição — por meio de danos legais, royalties mais altos e redução dos subsídios. Cerca de US$775 bilhões por ano em todo o mundo e mais de US$20 bilhões somente nos Estados Unidos são gastos em investimentos diretos para subsidiar os combustíveis fósseis. Obrigatoriamente, a primeira coisa que deve acontecer é a transferência desses subsídios para investimentos em energias renováveis e eficiência.

As empresas de combustíveis fósseis não são as únicas que há décadas colocam seus próprios lucros exorbitantes à frente da segurança de nossa espécie; as instituições financeiras que aprovaram seus investimentos, mesmo tendo pleno conhecimento dos riscos, também fizeram a mesma coisa. Por essa razão, além da eliminação dos subsídios aos combustíveis fósseis e por meio de um imposto sobre as transações, os governos podem insistir no recebimento de uma parcela muito mais justa dos ganhos massivos do setor financeiro, que, de acordo com o Parlamento Europeu, poderia arrecadar US$650 bilhões em todo o mundo.

E então há as forças armadas. Segundo números relatados pelo Instituto Internacional de Pesquisa para a Paz de Estocolmo, se os dez países do mundo que têm os maiores gastos no setor militar reduzissem seus orçamentos nesse departamento em 25%, isso liberaria US$325 bilhões anualmente — fundos de investimento que poderiam ser gastos na transição energética e no preparo das comunidades para o clima extremo que está por vir.

Enquanto tudo isso acontece, segundo as Nações Unidas, um mero imposto de 1% sobre os bilionários poderia arrecadar US$45 bilhões por ano em todo o mundo — sem mencionar o dinheiro que seria arrecadado por meio de um esforço internacional para fechar os paraísos fiscais. Em 2015, de acordo com James S. Henry, consultor sênior da Tax Justice Network, sediada no Reino Unido, a estimativa do valor das riquezas financeiras privadas escondidas por indivíduos em paraísos fiscais ao redor do mundo situava-se entre US$24 trilhões e US$36 trilhões. Para pagar o preço da transição industrial de que tanto precisamos, o encerramento das atividades de alguns desses paraísos definitivamente ajudaria bastante.

3. ACIONA O PODER DA EMERGÊNCIA

A crise climática não é abordada pelo Novo Acordo Ecológico como apenas uma das questões a serem cumpridas dentre uma lista de prioridades dignas. Pelo contrário, segue ao chamado de Greta Thunberg de que devemos "agir como se sua casa estivesse em chamas. Porque ela está". A verdade é que, com os prazos científicos tão curtos para uma profunda transformação, se uma mudança radical não acontecer a cada ano durante os próximos 30 anos, poderemos perder a minúscula janela aberta que nos resta para evitar um aquecimento realmente catastrófico. Tratar uma emergência como uma emergência significa que, em vez de gritar sobre a necessidade de ação, que é o que está acontecendo agora, podemos colocar todas nossas energias em agir.

Por sua vez, isso libertaria todos nós da dissonância cognitiva debilitante que habita essa cultura em que a realidade tão necessária para uma crise tão profunda como essa é constantemente negada. O Novo Acordo Ecológico coloca todos nós em pé de emergência: por mais assustador que isso possa ser para alguns, a catarse e o alívio para muitos outros, principalmente os jovens, seria uma fonte potente de energia.

4. É À PROVA DE PROCRASTINAÇÃO

A resolução do Novo Acordo Ecológico foi criticada por alguns pela afirmação de que os Estados Unidos teriam apenas uma década para acabar com os combustíveis fósseis. Por que ter pressa se os cientistas disseram que o mundo precisa chegar a zero de emissões líquidas até 2050? "Justiça" é a primeira resposta: a poluição sem limites fez com que os países se tornassem ricos, logo, eles precisam descarbonizar mais rapidamente para que a transição seja mais gradual nos países mais pobres, onde a maioria ainda não tem o básico em água potável e eletricidade.

Mas a segunda resposta é estratégica: um prazo de dez anos significa o fim da procrastinação. Até o Novo Acordo Ecológico, todas as respostas políticas à crise climática estabeleceram o prazo de décadas à frente para as metas mais ambiciosas, muito depois que os políticos que fizeram essas promessas já tivessem deixado seus cargos. Por sua vez, comparativamente, as tarefas que esses políticos deram a si mesmos eram relativamente fáceis, como a introdução de esquemas de mercado de carbono ou a retirada de antigas usinas de carvão com a substituição por gás natural. O trabalho árduo de enfrentar todo o modelo de negócios da indústria de combustíveis fósseis foi sendo perenemente transferido para os sucessores.

Adotar uma linha do tempo de transição de dez anos não significa que absolutamente todo o trabalho deve ser feito em uma década. A resolução estabelece um prazo ambicioso, mas acrescenta repetidamente "na medida do que for viável tecnologicamente". Isso significa fundamentalmente que não estamos mais procrastinando. O que finalmente estaria sendo dito pela atual safra de políticos que introduzem um Novo Acordo Ecológico seria: "nós somos as pessoas que daremos conta desse trabalho. Não outras pessoas."

Tendo em vista o dano que a tentação de procrastinar já causou ao nosso planeta, isso é algo muito importante.

5. É À PROVA DE RECESSÃO

Durante as últimas três décadas, a volatilidade do mercado tem sido um dos maiores obstáculos na busca por um progresso sólido na ação climática. Geralmente existe algum tipo de boa vontade para adotar políticas ambientais que significam pagar um pouco mais pelo gás, eletricidade e produtos "verdes" em nossos bons tempos econômicos. Mas, de maneira compreensível, assim que a economia sofre uma recessão dolorosa, vemos essa predisposição evaporar.

E esse pode ser um dos grandes benefícios de modelar nossa abordagem climática com base no *New Deal* de FDR, o estímulo econômico mais famoso de todos os tempos, surgido no ápice da pior crise econômica da história moderna. Quando outra recessão ou crise atingir nossa economia global, o que certamente acontecerá, não veremos a decadência do apoio a um Novo Acordo Ecológico como aconteceu com todas as outras grandes iniciativas ecológicas durante as recessões passadas. Em vez disso, podemos esperar que o apoio só aumente, já que ele se tornará a grande esperança para as pessoas enfrentarem suas dores econômicas por meio de um estímulo em larga escala com um poder suficiente para criar milhões de empregos.

6. É UM DESTRUIDOR DE REPERCUSSÃO NEGATIVA

Quando os políticos introduzem políticas climáticas isoladas de uma agenda mais ampla de justiça econômica, com muita frequência essas políticas introduzidas são ativamente injustas — e a resposta do público é pertinente. Por exemplo, olhe para a França sob o comando de Emmanuel Macron, ridicularizado pelos seus oponentes como o "presidente dos ricos". Macron perseguiu uma agenda clássica de "livre mercado" para a França, cortando os impostos dos ricos e das empresas, revertendo proteções trabalhistas conquistadas com muito esforço, tornando o ensino superior menos acessível — tudo isso depois dos anos de austeridade nas administrações anteriores.

Foi nesse contexto que ele introduziu, em 2018, uma taxa de combustível projetada para que a condução de veículos se tornasse um artigo de luxo, reduzindo assim o consumo e levantando alguns fundos para programas climáticos.

Exceto pelo fato de não ter funcionado dessa forma. Um grande número de trabalhadores na França, já sob intenso estresse econômico causado pelas outras políticas de Macron, viu essa abordagem da crise climática baseada nas leis de mercado como um ataque direto a eles: por que eles deveriam pagar mais para se locomoverem até seus trabalhos quando os super-ricos estavam livres para abastecer seus jatos particulares e visitar seus paraísos fiscais? Dezenas de milhares saíram às ruas com raiva, muitos deles usando coletes salva-vidas (*gilets jaunes*), com vários protestos se transformando em enormes rebeliões.

"O governo se preocupa com o fim do mundo", muitos coletes amarelos clamavam. "Nós estamos preocupados com o fim do mês." Em uma tentativa desesperada de recuperar o controle sobre o país, entre outras concessões, Macron reduziu seu imposto sobre combustíveis e introduziu um aumento do salário mínimo — ao mesmo tempo em que reprimia brutalmente o movimento.

Uma das grandes forças da abordagem do Novo Acordo Ecológico é que ele não gerará esse tipo de reação. Nada em sua estrutura obriga as pessoas a escolherem se colocarão sua preocupação no fim do mundo ou no fim de mês. Toda a discussão gira em torno da elaboração de políticas que permitam que todos nós possamos nos importar com ambas as situações, políticas que simultaneamente reduzem as emissões e reduzem a pressão econômica sobre os trabalhadores — garantindo que na nova economia todos tenham a oportunidade de conseguir um bom emprego; que todos tenham acesso a proteções sociais básicas, como assistência médica, educação e creche; e que todos os empregos ecológicos sejam bons, sindicalizados e que apoiem a família com benefícios e tempo de férias. O carbono certamente terá um preço, mas se as pessoas que pagarão pelo aumento dos custos não ficarem penduradas pelo último fio de cabelo, a chance de sobrevivermos se torna muito maior.

7. ELE PODE ANGARIAR UM EXÉRCITO DE APOIADORES

Desde seu lançamento, o foco intenso do Novo Acordo Ecológico na justiça econômica e social vem recebendo críticas frequentes, já que, comparado a um plano limitado às reduções de carbono, essa nova abordagem aumenta a dificuldade de vender a ideia das ações climáticas. "Meu coração está com os ambientalistas", escreveu Thomas Friedman no *New York Times*. "Mas, racionalmente, minha cabeça diz que não podemos transformar na mesma escala o nosso sistema energético e socioeconômico de uma só vez. Temos de priorizar a energia/clima. Porque, para o meio ambiente, fazer algo depois será tarde demais. No depois tudo terá acabado."

Isso pressupõe que o Novo Acordo Ecológico esteja sobrecarregado pelos componentes sociais/econômicos. Na verdade, eles são a precisa razão para sua elevação.

Diferentemente das abordagens que repassam os custos da transição para os trabalhadores, o Novo Acordo Ecológico foi formatado para se concentrar na combinação da redução da poluição às prioridades principais tanto dos trabalhadores que estão mais vulneráveis quanto das comunidades que estão mais excluídas. Faz muita diferença ter, dentro do Congresso, representantes enraizados nas lutas da classe trabalhadora por empregos remunerados e por água e ar não tóxicos

— mulheres como Rashida Tlaib, que ajudaram a travar uma batalha bem-sucedida contra a Koch Industries e sua montanha nociva de coque de petróleo em Detroit.

Se, assim como muitos políticos, você faz parte da classe vencedora da economia e é financiado por vencedores ainda maiores, suas tentativas de desenhar uma legislação climática tendem a ser guiadas pela ideia de que, para o *status quo*, a mudança deve ser tão mínima e menos desafiadora quanto possível. Afinal, para você e seus doadores, o *status quo* está funcionando muito bem. Essa foi a abordagem que falhou, durante os anos de Obama, na hora de passar o mercado de carbono no Senado e, na França, foi essa a abordagem que explodiu na cara de Macron.

Por outro lado, os líderes com raízes nas comunidades gravemente abandonadas pela engenharia do sistema atual adotam sem o menor pudor uma abordagem muito diferente. Suas políticas climáticas podem abraçar mudanças profundas e sistêmicas, porque mudanças profundas são exatamente aquilo de que suas bases precisam para prosperar.

Durante décadas, uma ampla incompatibilidade no poder tem sido a maior barreira para obter uma legislação climática vitoriosa. A oposição à ação das empresas de combustíveis fósseis era feroz, criativa e tenaz. Mas, quando se tratava dos tipos de políticas climáticas fracas (e muitas vezes injustas) baseadas no mercado que tiveram o seu lugar na agenda política, o apoio da população era morno, na melhor das hipóteses.

Contudo, o Novo Acordo Ecológico já está nos mostrando que tem o poder de mobilizar um movimento de massa verdadeiramente interseccional — e sua ambição abrangente não é um impeditivo. Na verdade, é precisamente por causa dela que isso está acontecendo. Como vem sendo argumentado há muitos anos pelas organizações de justiça climática, quando o movimento é liderado pelas comunidades que têm mais a ganhar com a mudança, a luta é para vencer.

8. ELE CONSTRUIRÁ NOVAS ALIANÇAS — E ANULARÁ A DIREITA

Um dos bloqueios ao Novo Acordo Ecológico é que, com o aprofundamento da polarização política por meio da vinculação da ação climática a tantos outros objetivos políticos progressistas, os conservadores ficarão mais convencidos de que o aquecimento global é um plano para o socialismo se infiltrar.

Não há dúvida de que em Washington os republicanos continuarão a pintar o Novo Acordo Ecológico como uma receita para transformar os Estados Unidos na Venezuela — sobre esse ponto, podemos ter certeza. Mas essa preocupação deixa passar um dos maiores benefícios de abordar a emergência climática como um vasto projeto de infraestrutura e regeneração de terras: nada é capaz de curar divisões ideológicas mais rapidamente do que um projeto concreto que gere empregos e recursos para as comunidades afetadas.

FDR foi uma pessoa que entendeu isso muito bem. Por exemplo, quando lançou a rede de acampamentos que compunha o Civilian Conservation Corps, muitos deles foram agregados propositalmente em áreas rurais que votaram contra ele para presidente. Quatro anos depois, essas comunidades estavam muito menos vulneráveis ao terrorismo republicano que alarmava para uma tomada socialista do governo, já que tinham experimentado na própria pele os benefícios do *New Deal*, e muitas delas votaram nos democratas.

Podemos esperar que o desenvolvimento maciço de empregos por meio dos projetos de infraestrutura ecológica e reabilitação de terrenos tenha um efeito semelhante nos dias de hoje. Algumas pessoas ainda estarão convencidas de que a mudança climática é uma farsa — mas se é uma farsa que cria bons empregos e desintoxica o meio ambiente, especialmente em regiões onde o único outro desenvolvimento econômico oferecido é uma prisão de segurança máxima, quem realmente vai ligar para isso?

9. NÓS NASCEMOS PARA ESSE MOMENTO

De longe, o maior obstáculo que enfrentamos é a falta de esperança, uma sensação de que é tarde demais, que ignoramos essa questão por muito tempo e que nunca terminaremos esse trabalho em um prazo tão apertado.

E tudo isso seria verdade se o processo de transformação fosse apenas um rascunho. Mas a verdade é que existem dezenas de milhares de pessoas, e um grande número de organizações, se preparando para uma inovação no estilo revolucionário do Novo Acordo Ecológico por décadas (séculos, no caso de comunidades indígenas que vêm protegendo seu modo de vida). Discretamente, essas forças vêm construindo modelos locais e testando políticas com o objetivo de colocar a justiça no centro de nossa resposta climática — na forma com que protegemos as florestas, geramos energia renovável, projetamos transporte público e muito mais.

"Quem é a sociedade?", quis saber a primeira-ministra britânica Margaret Thatcher em 1987, justificando seus ataques constantes aos serviços sociais. "Isso é uma coisa que não existe! Existem indivíduos, homens e mulheres, e existem as famílias."

Por muito tempo essa visão sombria da humanidade — de que não passamos de uma coleção de indivíduos atomizados e famílias nucleares e que, exceto pela guerra, somos incapazes de fazer algo significativo coletivamente — dominou a imaginação da população. Não é de se admirar que muitos de nós tenham acreditado que nunca conseguiríamos enfrentar o desafio climático.

Porém, mais de 30 anos depois, com a certeza de que as geleiras estão derretendo e as camadas de gelo estão se partindo, a ideologia do "livre mercado" também está se dissolvendo. Em seu lugar está emergindo uma nova visão do que a humanidade pode ser. Ela está vindo das ruas, das escolas, dos locais de trabalho e até de dentro das instituições governamentais. É uma visão que nos lembra que todos nós, juntos, formamos o tecido da sociedade.

E não há nada que não possamos alcançar quando o futuro da vida está em jogo.

CRÉDITOS DA PUBLICAÇÃO

Muitos desses ensaios podem ser encontrados em versões modificadas sob os seguintes títulos — ainda sem tradução para o português:

18 de junho de 2010 — The Guardian : "Gulf Oil Spill: A Hole in the World"

9 de novembro de 2011 — The Nation: "Capitalism vs. the Climate"

27 de outubro de 2012 — New York Times: "Geoengineering: Testing the Waters"

29 de outubro de 2013 — New Statesman America: "How Science Is Telling Us All to Revolt"

23 de abril de 2014 — The Guardian: "Climate Change Is the Fight of Our Lives—Yet We Can Hardly Bear to Look at It"

6 de junho de 2015 — College of the Atlantic 2015 Commencement Address, Bar Harbor: "Climate Change Is a Crisis We Can Only Solve Together"

10 de julho de 2015 — The New Yorker: "A Radical Vatican"

2 de junho de 2016 — London Review of Books: "Let Them Drown: The Violence of Othering in a Warming World", *Conferência Anual Edward W. Said – Londres, 5 de abril de 2016*

14 de dezembro de 2016 — The Nation: "We Are Hitting the Wall of Maximum Grabbing", discurso de agradecimento no Prêmio Sydney da Paz em 11 de novembro de 2016

9 de setembro de 2017 — The Intercept: "Season of Smoke: In a Summer of Wildfires and Hurricanes, My Son Asks 'Why Is Everything Going Wrong?'". Pesquisadora assistente: Sharon J. Riley

26 de setembro de 2017 — Conferência Anual do Partido Trabalhista, Brighton, Grã-Bretanha: "Speech to the 2017 Labour Party Conference"

3 de agosto, 2018 — The Intercept: "Capitalism Killed Our Climate Momentum, Not 'Human Nature'"

21 de setembro de 2018 — The Intercept: "There's Nothing Natural About Puerto Rico's Disaster". Esse ensaio teve como base as considerações proferidas na manifestação "One Year Since Maria", que aconteceu em Nova York, organizada pela UPROSE e OurPowerPRnyc em 20 de setembro

13 de fevereiro de 2019 — The Intercept: "The Battle Lines Have Been Drawn on the Green New Deal"

ÍNDICE

Projetos corporativos e edições personalizadas dentro da sua estratégia de negócio. Já pensou nisso?

Coordenação de Eventos
Viviane Paiva
viviane@altabooks.com.br

Assistente Comercial
Fillipe Amorim
vendas.corporativas@altabooks.com.br

A Alta Books tem criado experiências incríveis no meio corporativo. Com a crescente implementação da educação corporativa nas empresas, o livro entra como uma importante fonte de conhecimento. Com atendimento personalizado, conseguimos identificar as principais necessidades, e criar uma seleção de livros que podem ser utilizados de diversas maneiras, como por exemplo, para fortalecer relacionamento com suas equipes/ seus clientes. Você já utilizou o livro para alguma ação estratégica na sua empresa?

Entre em contato com nosso time para entender melhor as possibilidades de personalização e incentivo ao desenvolvimento pessoal e profissional.

PUBLIQUE **SEU LIVRO**

Publique seu livro com a Alta Books. Para mais informações envie um e-mail para: autoria@altabooks.com.br

 /altabooks  /alta-books   /altabooks  /altabooks

CONHEÇA OUTROS LIVROS DA **ALTA BOOKS**

Todas as imagens são meramente ilustrativas.

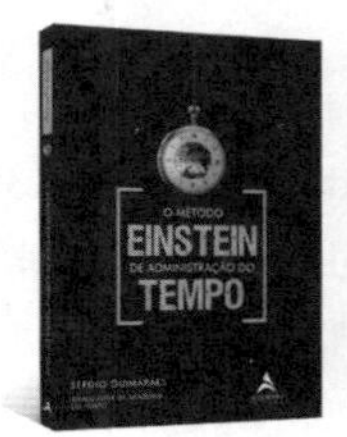

Este livro foi impresso nas oficinas gráficas da Editora Vozes Ltda.,
Rua Frei Luís, 100 – Petrópolis, RJ.